日本ビジネスシステムズ株式会社［原著］
株式会社K-model代表
近藤誠司 著

運用設計の教科書【改訂新版】

現場でもっと困らないITサービスマネジメントの実践ノウハウ

技術評論社

はじめに

今日(こんにち)では、IT は社会インフラになりました。世界中の拠点で機器が管理され、その上で OS やミドルウェア、アプリケーションが稼働してさまざまなサービスが提供されています。そのサービスはネットワークを経由してスマートフォンやノートパソコン、タブレットなどから簡単に利用できます。

しかし、簡単に利用できるようになった分、システムに求められる要望は日々増え続けています。システムに不具合が発生したら、社会生活や企業活動が危ぶまれます。重要データがシステムに集まれば集まるほど、情報流出やサイバー攻撃などのセキュリティリスクも高まります。

そのようなリスクやイベントに対して、できる限り事前に対応方法をまとめておく必要があり、それが運用設計の重要な役割のひとつです。

システムが完璧に組まれ、すべてが自律的、かつ自動的に動いていれば人間による維持管理は不要となるでしょう。しかし、クラウドサービスも含め、どんなシステムでも未だにそこまでは到達していません。システムが正常に動いているか、正常に動き続けるかを人間が見張る必要があります。つまり、システムには必ずどこかで人による運用が必要になるのです。

また、システムを含めたサービスを運用するという定義はものすごく曖昧で、誰かと運用の話をしていると、想像している範囲が違っていて話がかみ合わないこともしばしばあります。本書では、運用を設計するという行為を通して、運用がカバーしている範囲についてまとめていきます。

本書は徹底的に実践で活用できるように構成しています。初めて運用設計を行う人にはすぐ役立つように、すでに運用設計を経験している人には体系的に知識の棚卸ができるように、運用現場で働いている人には現在行っている作業がどのように設計されたのかを理解できるように心がけました。また、改訂にあたりクラウドサービス、情報セキュリティ、アジャイル開発などの要素を追加し、新たな気づきが得られるようにしています。もしあなたが、運用設計に少しでも興味があってこの本を手に取っていただけたのなら、そのご要望にお応えできる内容となっていると思います。

本書の構成

本書の構成は以下となります。

- **1章　運用設計の範囲**
  運用設計の範囲と、前提となる知識を説明します。
- **2章　フェーズから考える運用設計**
  システム導入プロジェクトの流れに沿って、運用設計をどう進めるか、どのようなドキュメントを作成する必要があるのかを解説します。
- **3章　業務運用のケーススタディ**
  システムと利用者のやり取りをどのようにまとめて設計するかを解説します。
- **4章　基盤運用のケーススタディ**
  サービス提供の前提となる、システム基盤の維持管理をどのように設計するかを解説します。
- **5章　運用管理のケーススタディ**
  運用全体をどのように管理していくかについて解説します。

順番に読み進めていただくのが一番良いのですが、もしいますぐ具体的な運用設計方法を知りたければ、目次からキーワードを探して該当の箇所から読んでいただいても問題ありません。

改訂にあたり、設計根拠となる資料の引用などをできるだけ記載しました。本書と合わせて、それらの資料に目を通していただくことで、より深い知識を得ることができると思います。

また、巻頭付録の「運用項目一覧サンプル」をダウンロードできるようにしたので、運用設計を実施する際にはご活用ください。

・「運用項目一覧サンプル」のダウンロード（Excel ファイル）
https://gihyo.jp/book/2023/978-4-297-13657-4/support

姉妹書『運用改善の教科書』との関係

本書は姉妹書である『運用改善の教科書 ～クラウド時代にも困らない、変化に迅速に対応するためのシステム運用ノウハウ』（以下、運用改善の教科書）と少しだけ関連性があります。

『運用改善の教科書』では、導入後のサービス運用を改善していく方法を記載しています。本書だけ読んでいただいても運用を理解できる作りになっていますが、より理解を深めたい場合は『運用改善の教科書』もご一読いただけると幸いです。

▶『運用改善の教科書』との関係

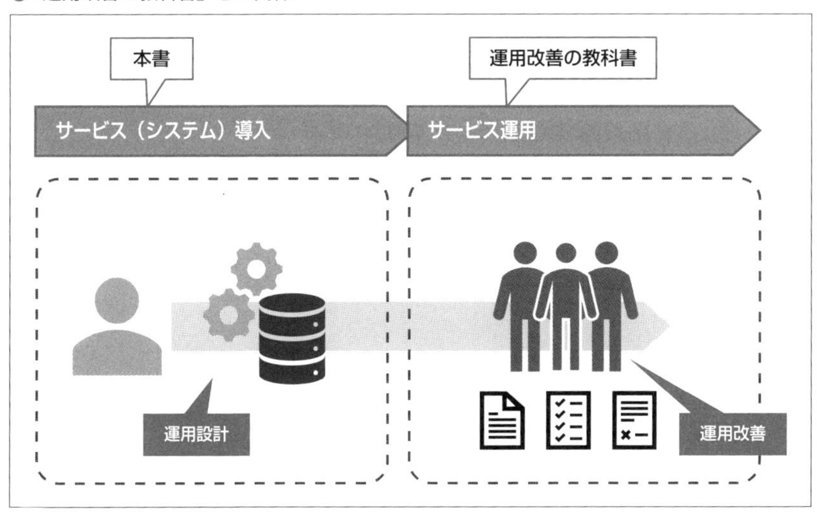

本書があなたの仕事をサポートして、より良いシステム構築の一助となれば幸いです。どうぞ最後までお付き合いください。

目次

2章 フェーズから考える運用設計 33

基盤運用のケーススタディ 207

運用管理のケーススタディ 303

第1章

運用設計とは

1.1 運用と運用設計

本書では、IT システムの運用設計の方法を解説していきます。

その詳しいやり方を説明する前に、そもそも運用とは、そして運用設計とは何なのかを説明する必要がありますので、少しお付き合いください。

1.1.1 運用とはなにか

IT システムの運用と聞いてなにを思い浮かべますか？

問い合わせなどの対応を行うことでしょうか。それとも、パッチ適用などのメンテナンス作業でしょうか。もしくは、監視などでシステムの不具合を発見することでしょうか。

どれも運用の一部ではありますが、すべてではありません。まずは、本書で扱う運用がどこからどこまでなのかを説明していきましょう。

運用は設計構築が終わり、システムがリリースされてサービス開始されたところから始まります。システムの設計構築は期限が決まっているのに対して、運用業務はサービスが終了するまで続くという特徴があります。

▶ 設計構築と運用の違い

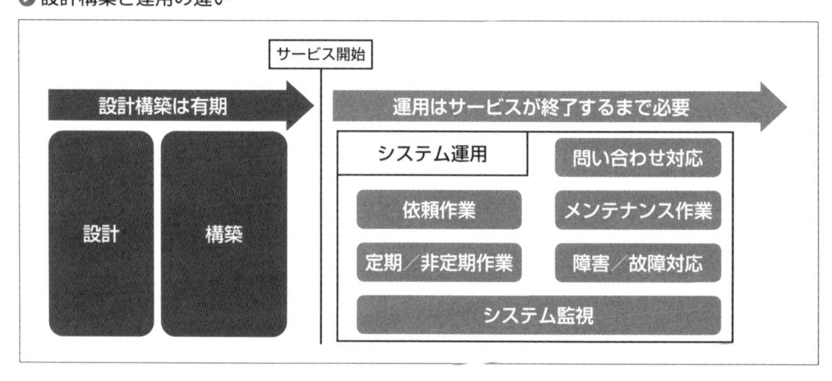

システムで不具合や故障が発生した時にだれも直す人がいなかったら、いずれシステムは使えなくなります。サービスについての問い合わせができないと、いずれサービスが利用されなくなるかもしれません。

そもそも、サービスの利用申請を受け付ける人がいなければ、本来システムを使うべき人が利用できなくなります。

システム運用を実施しないと、せっかく作ったシステムの機能が利用できずに宝の持ち腐れになってしまいます。

そのような状況を避けるためにも、システム運用は絶対に必要となります。

1.1.2　運用設計とはなにか

提供を開始したサービスが終了するのは4年後かもしれませんし、20年後かもしれません。サービス終了のその時まで、システムリプレースや機能追加などを行いながら、体制を維持して運用し続けなければなりません。そのような長期的な視野に立つと、場当たり的な運用では、いずれ限界がくることは想像に難くないかと思います。

運用設計を一言で説明すると、**運用で守るルールを決めて、必要な作業を取りまとめ、管理するデータを決めていくこと**です。利用者からどのように申請を受けるのか。障害を検知した時に最初に行う手順はなにか。特権アカウントを管理するためにはどのようなデータを管理するのか。といった、システムを運用している際に出てくるさまざまな事柄を事前に取り決めておきます。

正しく運用設計がされていないと、システムに関わる人たちは何をどこまでやればよいかわからない状態に陥ります。何事もなくサービス提供できているときはよいのですが、ルールの決まっていない運用現場で大きな障害が発生すると混乱が生じます。

運用が混乱するとシステムをうまく活用することができなくなり、サービス提供に深刻な影響がでます。すると、発注者の不満は溜まって、運用を改善してほしいとの要求が出ます。運用改善をしたいのですが、その作業を「なぜ」しているのか、どんな「ものさし」と「ルール」で運用しているのかがわからなければ右往左往してしまいます。

そんなときに限ってさらに大きなシステムトラブルが発生して、その対応と再発防止策の検討で残業が日常化してしまう。そこに追い打ちをかけるように重大なセキュリティリスクが発表され、緊急でパッチ適用をしなければならなくなり、現場はまさに火の海へ。

そんな疲弊した運用現場を、これまでいくつも見てきました。

運用現場が屍の山にならないための第一歩として、システム導入時にしっかりと運用設計して範囲とルールを明確にしておくことは本当に大切です。

運用担当者が実施する作業範囲とルールを把握していれば、たとえ障害が起きても冷静に対応でき、適切な処置を取ることができます。ひいてはそれがシステムの安定稼働につながっていきます。

1.1.3　運用と運用設計の目的

運用の目的は、**システムを安定稼働させて効率的にサービスを提供すること**です。

「運用設計の目的」は、「運用の目的」の先にある「サービスの目的」を理解しなければなりません。そのためには、そもそも提供するサービスが何なのかを把握する必要があります。

消費者がスマホにアプリをインストールしてサービスを受けるタイプの社外システムなのか、経理部が社内で使っている小さな社内システムのリプレースなのかによって、運用設計に求められる内容は変わってきます。

また、24時間365日サービス提供が必要なシステムと、平日の9時から17時だけサービス提供するシステムでは、運用設計する内容は違ってきます。

▶運用設計と運用の目的

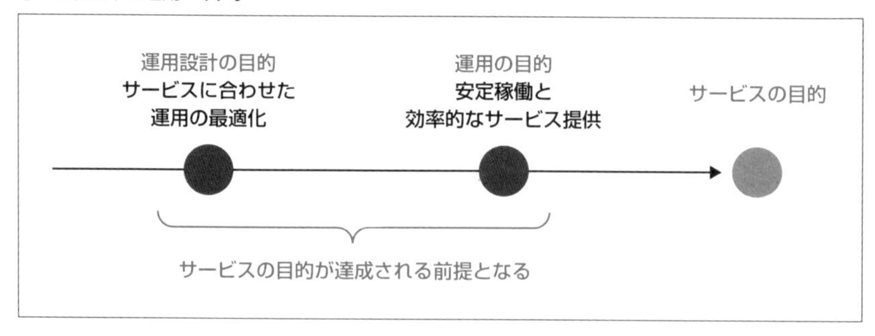

システムが提供するサービスの重要度を把握し、そのサービスレベルに合わせた運用を設計する必要があります。つまり、運用設計の目的とは、**サービスの重**

要度に合わせて運用を最適化することなのです。

■運用設計が運用コストに直結する

サービスの重要度に合わせて運用を最適化すると、必然的に運用コストも最適化されます。これがシステム導入プロジェクトに運用設計担当が参加する一番の目的となります。

たとえば、24時間365日使われるシステムで、システム監視を9～17時しか行わなかったら確実な考慮不足となります。逆に、10名の社員が営業時間中にしか使わないシステムなのに、24時間365日のサポートデスクを準備することは手厚すぎるサポートとなるでしょう。

提供されるサービスに合わせて不足が出ないように、しかしやりすぎもないように、運用設計をしっかりと行うことが重要です。

1.1.4 運用設計の効果

運用設計されていないシステムがリリースされると、システム稼働中にさまざまな不具合が起こります。代表的なトラブルの例をいくつか考えてみましょう。

① 何をやればこのシステムが維持管理されていくのかわからない（運用範囲の未整理）
② 障害や故障が発生した場合にだれに連絡したらよいかわからず、影響が大きくなる（サービスレベルの低下）
③ スキルの高い特定の運用担当者へ作業負荷が集中する（属人化）
④ 手順書がメモレベルのため、作業を実施する運用担当者によって結果にバラつきが出る（サービス品質のばらつき）
⑤ ドキュメントが整理されていないので、運用改善しようにも何をどうしたらよいかわからない（運用業務のブラックボックス化）

運用設計がされていないと、サービス開始後にこのようなトラブルが徐々に露見してくることになります。

運用設計担当が求められていることは、これらのトラブルが発生しないようにすることです。システム導入時に運用設計をしっかりしておけば、これらのトラブルを未然に防ぐことができます。

① プロジェクト期間中に関連システムと調整するため、どこまでが自分たちの運用範囲なのかわかる（運用範囲の決定）
② 障害や故障が発生した場合の連絡先と方法が整理されているので、システム停止時間を最小限にできる（サービスレベルの安定）
③ 運用に必要な手順書や台帳を作成するため、スキルに大きく左右されない（属人化排除）
④ 手順書の粒度をそろえるため、だれが作業を実施しても同じ結果が得られる（サービス品質の安定）
⑤ 運用改善を行った場合、修正対象となるドキュメントが明確である（運用業務の可視化）

ほかにも、サービス開始時から運用設計がされていることにより、早い段階から安定稼働が実現できます。サービス開始直後から運用担当者による作業が可能になり、システムリリース直後の高稼働も抑えられ、運用担当者の負荷も軽くなります。

また、運用範囲とルールの明確化、必要なドキュメント類がそろっていることによって、もっと効率的な運用や利用方法の提案が運用側からできる余裕も生まれるかもしれません。

運用設計は、運用担当者がより良いサービス提供していくための武器を与えることでもあるのです。

1.2 運用設計の範囲

運用設計をするうえで、設計範囲を定めることはとても大切です。設計に向けて定めなければならない範囲は次の 3 つがあります。

・システムを運用する人の範囲
・導入するシステムの運用業務の範囲
・周辺システムと連携する範囲

以下、順番に見ていきましょう。

1.2.1 システムを運用する人の範囲

まずはシステムを運用する人的な範囲について、役割関連図から読み解いていきましょう。

役割関連図とは、サービス開始後にシステムについての問い合わせや障害などを解消できる体制の役割を記載した図となります。

▶役割関連図

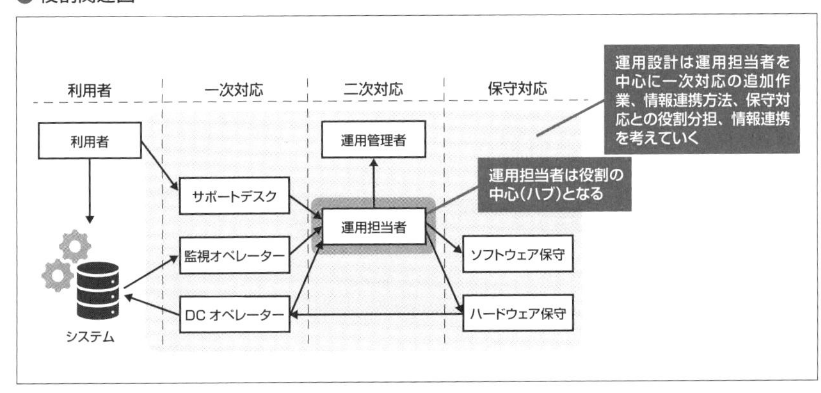

▶ 役割概要表

役割名	役割概要
利用者	システムが提供しているサービスを利用する人。サービスを利用するための申請や不具合が発生した時にサポートデスクへ問い合わせを行う
システム	利用者へ価値の提供を行うハードウェアやソフトウェアの集合体
サポートデスク	利用者からの問い合わせ窓口。問い合わせを受領し、一次対応、運用担当者へのエスカレーションなどを行う
運用管理者	システムの発注者側の責任者。システム変更の承認などを行う
運用担当者	システム運用を行う。本書の中心となる役割
監視オペレーター	システムのアラート確認窓口。障害メッセージを検知し、一次対応、運用担当へのエスカレーションなどを行う
DC オペレーター	データセンターの作業立ち会いや、機器のランプチェックといった、システムのハードウェアの管理を行う
ソフトウェア保守	アプリケーションやミドルウェア、OS などのソフトウェア保守対応を行う
ハードウェア保守	ハードウェア故障時や障害発生時の製品保守対応を行う

システムによって細かい違いはあると思いますが、システム運用を行うためにはおおよそこれぐらいの役割が必要になります。

なお、この図は役割を示した図なので、実際はサポートデスクと運用担当者が同じチームのこともありますし、運用担当者と監視オペレーターと DC オペレーターが同じチームのこともあるでしょう。逆に運用担当者が、アプリケーション運用担当と基盤運用担当に分かれている場合もあるでしょう。

また、システムには自社社員が利用する社内向けシステムと、社外にサービスを提供する社外向けシステムがあります。システム種別が違うと、サポートデスクと運用管理者の担当者に違いが出てきます。

▶ 表　システム種別による登場人物の違い

システム種別	サポートデスク	運用管理者
社内向けシステム	社員向けサポートデスク	情報システム部門
社外向けシステム	ユーザー向けサポートデスク	業務部門や開発部門

サービスに合わせた運用の最適化が運用設計の目的なので、利用者の違い、システム種別の違いは運用設計に少なからず影響を与えます。運用設計を行う場合、**誰にサービスを提供しているシステムの運用設計をしているのか**を常に意識しておくとよいでしょう。

ただ、どのようなシステムであれ、運用設計の範囲は運用担当者を中心に一次対応から保守対応までとなります。

人の動きを設計する運用設計では、役割間の情報連携方法を整理していく必要があります。具体的には以下の箇所となります。

・利用者からサポートデスクへの問い合わせ方法（利用者から一次対応へ）
・サポートデスク、監視オペレーター、DC オペレーターから運用担当者への連絡方法（一次対応から二次対応へ）
・運用担当者から運用管理者への情報連携方法（作業承認、障害報告など）
・運用担当者から保守担当への連絡方法（二次対応から保守対応へ）

1.2.2　導入するシステムの運用業務の範囲

次に導入するシステムの運用業務の範囲を、運用業務と役割のマトリクス表で確認してみましょう。

▶運用業務と役割分担マトリクス表

役割 / 運用業務	一次対応			二次対応		保守対応	
	サポートデスク	監視オペレーター	DC オペレーター	運用担当者	情報管理者	ソフトウェア保守	ハードウェア保守
問い合わせ対応	●			○	◎		
システム監視		●		○	◎		
メンテナンス作業				●	◎	○	○
障害対応		○		●	◎	○	○
故障対応			●	○	◎		●
定期／非定期運用作業	●	●	●	●	◎	○	○

［凡例］●：主担当　○：関連部門　◎：報告受領、作業内容確認、承認作業
※運用担当者はすべての運用業務に関係する

代表的な運用業務で役割分担マトリクス表を作成してみましたが、運用担当者はすべての運用業務に関わるハブとなっていることがわかると思います。

一次対応は、特定の運用業務を担っています。サポートデスクなら「問い合わせ対応」、監視オペレーターなら「システム監視」、DC オペレーターなら「故障対応」となります。保守対応は技術的に特化した対応や高度な情報提供などを行

います。ソフトウェア保守はメンテナンス作業や障害対応の時に運用担当者からの質問に答えて運用をサポートします。ハードウェア保守は故障した部品交換なども行います。

運用設計は、**システム追加したらどの役割にどのような運用業務が必要となるのか**、ということを考えなければなりません。

それぞれ役割ごとの作業範囲を、各担当と調整しながら定めていくことになります。

1.2.3　周辺システムと連携する範囲

最後は、導入するシステムが周辺システムと連携する範囲です。

ほとんどのシステムは、何か周辺のシステムと連携を取りながらサービスを提供しています。

認証システムや監視システム、ログ管理サーバーなどは全社で共通のシステムを利用している場合も多いことでしょう。Windows Serverのパッチ適用は、SCCM（Microsoft System Center Configuration Manager）で全社横断して更新プログラムの管理を行っている場合もあるでしょう。

運用設計では、どのような機能でどこにデータを連携するという話をベースに、**システム連携相関図**を作成してシステムを横断した作業や障害発生時の役割を明確にしていきます。こうした**周辺システムとの連携方法、役割分担を事前に決めておくこと**も運用設計の重要な要素です。

▶システム連携相関図

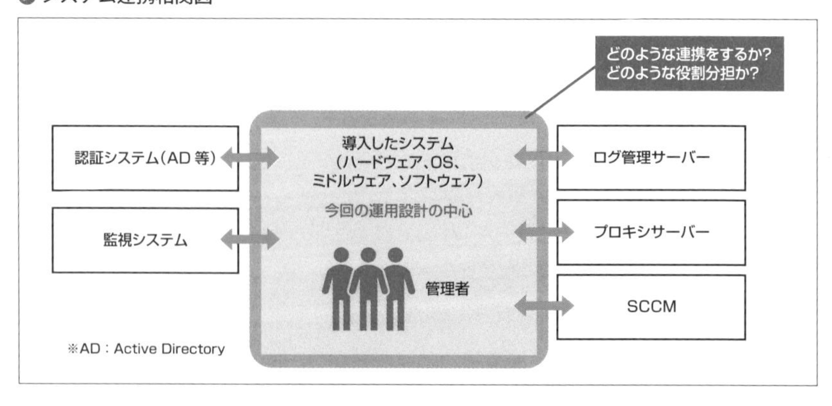

運用設計では、このような人的な範囲、業務的な範囲、周辺システムと連携する範囲が存在することを覚えておいてください。

1.2.4 運用設計の目指すレベル

運用設計の範囲は理解いただけたと思いますが、それをどのレベルまで設計するかに疑問を持たれる方もいるかと思います。

レベルとは、どこまで運用設計を行えば完了となるかの基準を指します。設計レベルの考え方として参考になるのがCOBIT（コビット：control objective for information and related technology）の「成熟度モデル」です。

COBIT成熟度モデルでは、社内でITシステムがどのぐらい適切に定義され、管理しているかを客観的に測定する手段として、レベル0～5の6段階のモデルが定義されています。

▶COBIT成熟度モデル

レベル	最適化範囲	例
0	プロセス不在	・運用プロセスがまったく存在せず、解決すべき課題、問題があることすら認識できていない
1	個別対応	・解決すべき課題、問題があることは認識できているが、まとまった運用プロセスは存在せず、対応は個人が場当たり的にアプローチしている ・運用管理が体系化されていない
2	再現性はあるが直感的	・メモレベルの手順があり、同じ作業を誰が行っても似たような結果が取得できるが、手順を習得するためのスキトラ（技術継承）、情報共有は行われていない ・責任、スキルは個人に依存しているので、エラー発生率が高い
3	定められたプロセス	・運用管理がある程度体系化されているが強制力はない ・必要なドキュメントは体系化／標準化されており、研修を通じて共有がなされている ・作業に必須なものはそろっているが、想定外のトラブルに対処できない
4	管理・測定が可能	・運用管理が確立されており、作業内容を確認し、運用改善プロセスが常時おこなわれている ・手順、台帳、一覧などのフォーマットが定義され、目指すべきレベルが示されている ・自動化やツールの活用が限定的な範囲で行われている
5	最適化	・運用管理チームが主体となり、継続した改善活動、他社比較により運用プロセスがベストプラクティスまで最適化されている ・IT全体の統合が行われ、品質を担保しながら効果を最大化するツールが提供されて、変化に対応してビジネスを加速する手段として使われている

このうち、運用設計は「レベル３　定められたプロセス」を目指して設計を行っていきます。レベル4、レベル5を目指したいところですが、レベル3以上は実際の運用担当者が改善していく要素が多いので、まだ運用の始まっていない運用設計の段階ではなかなか難しいものがあります。

手順書をはじめとした必要なドキュメントをすべてそろえ、より良い運用へ改善していく準備を整える……それが運用設計が目指すレベルとなります。

ここがポイント！

「運用設計をすれば運用は完璧！」ではないんですね。運用開始後に使いやすく変えていくことも考えた設計をしたいものです

1.3 運用設計に大事な「3 つの分類」

運用にはシステムを活用してサービスを提供する業務、システムを維持する業務、そして運用全体を管理する業務の 3 つの業務があります。本書ではそれらを**業務運用**、**基盤運用**、**運用管理**に分類して解説を進めていきます。

- 業務運用：システムから提供されるサービスと利用者に関する業務
- 基盤運用：システムを維持して、アプリケーションが問題なく動作するためのシステム基盤に関する業務
- 運用管理：運用全体を管理して、円滑に行えるように全体のルールとものさしを決めて管理する業務

▶3 つの分類

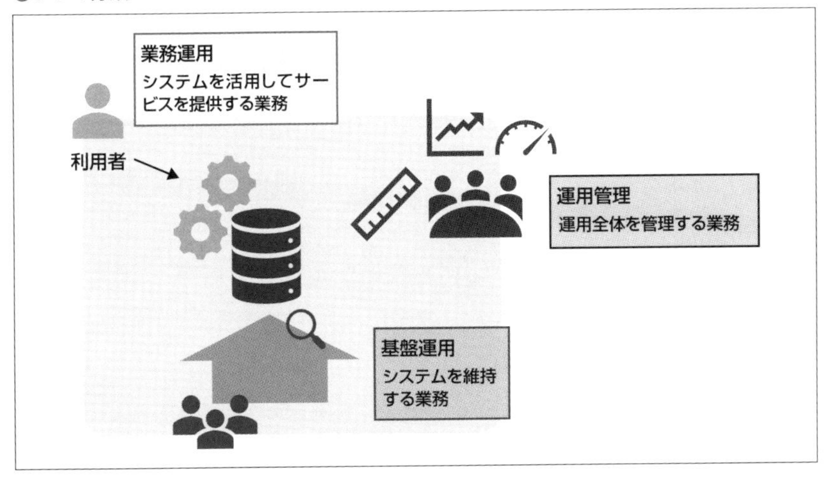

3 つとも重要な要素なのですが、運用設計を行ううえでは分けて考える必要があります。実際の開発の現場でも、業務運用と基盤運用と運用管理をまとめて「運

用」と呼んでいることが多く、お互いが想像している「運用」が異なり話がすれ違うことがよくあります。運用設計の話をするときは、この3つの分類のどの部分の話をしているのかを意識しておく必要があります。

■なぜこのように分類するのか

なぜこの3つに分類するのかというと、**分類ごとに設計する考え方に類似性が見られる**からです。それぞれの分類ごとにインプット／アウトプット情報、調整先、設計の進め方などが違ってきます。

次に、それぞれの分類にどのような目的で、どのような業務が存在するのかを見てみましょう。

▶分類ごとの目的と代表的な項目

分類	目的	代表的な運用項目	運用項目の増減
業務運用	利用者とシステム側のやりとりが円滑に行われるようにする	システム利用者管理運用 サポートデスク運用※ PC ライフサイクル管理 など	構築したシステムによってかなり変動する
基盤運用	アプリケーションなどの業務運用が継続されるようにする	パッチ運用 ジョブ／スクリプト運用 バックアップ／リストア運用 監視運用 ログ管理 運用アカウント管理 保守管理	ほとんどない
運用管理	他システムも含めて、業務運用、基盤運用が統一した基準で行われるようにする	運用維持管理（ものさし決め） 運用情報統制（情報選別方法、対応の仕組み） 定期報告（情報共有）	ほとんどない

※本来、サポートデスクは独立した機能として取り上げられるべきですが、本書では利用者の対面するものとして業務運用の一部として取り扱います。

この3つの中で、業務運用と基盤運用は単一のシステムに対する設計なので、設計する対象は同じです。運用管理は複数のシステムを横断して管理するため異なる考え方をしています。

そのあたりを少し詳しく説明していきましょう。

1.3.1 業務運用

システムというのは、人の作業を代替してくれる魔法の箱のようなものです。システムにデータを投入したら、決められた処理を正確に高速でこなしてくれます。

ただし、完璧に人間の代わりをしてくれるわけではありません。同じ処理を正確に繰り返すのは得意ですが、多数の判断が伴う例外的な処理をいくつもこなすのはまだあまり得意ではありません。

新たにシステムを導入することによって今までの**業務の8割を自動化できたとしても、残り2割は人間がやらなければなりません。**このシステムが自動化できなかった業務部分を、本書では業務運用と呼びます。運用設計では、この残り2割をだれがどのように実施するかを決めていくことになります。

1.3.2 基盤運用

システムという魔法の箱を作るためには、ハードウェア、OS、ミドルウェア、ソフトウェアといった部品を組み合わせる必要があります。

ただし、ハードウェアは物理的に故障する可能性がありますし、OSなどは定期的にパッチ適用やアップデートが必要となります。

クラウドサービスを利用すれば、ハードウェアの故障やOSのパッチ適用などを減らすことができます。しかし、システムのエラーを発見するためには、どんな基盤でも監視が必要となります。また、不具合やインシデントが発生した時のために、バックアップデータを取得してリストアができる状態を準備する必要があります。このようにシステムを維持するための基盤メンテナンス部分を、本書では基盤運用と呼びます。

1.3.3 運用管理

運用管理とは、運用に関わる人が守るべきルールと基準を決めることです。

たとえば利用申請で「Aシステムを使う場合はメールで申請、Bシステムを使う場合はシステム固有のチケットシステムで申請、Cシステムではワークフローシステムで申請」といったように、システムによって申請方法が違うと利用者の混乱を招きます。同じ方法で申請が行えたほうが利用者の負荷は下がりますし、一元管理できるので管理側の運用負荷を下げることもできます。

障害対応なども、情報選別方法、初動対応のルールなど情報統制に関するルールは全社共通としておいたほうが、システムを横断して情報を分析する場合に有利に働きます。

システムのサービスレベルもシステムごとに考えるよりも、全社共通で定められているべきです。システムごとに勝手に定められたサービスレベルでは、システム間のサービス重要度比較ができなくなってしまい、会社規模でシステム最適化を行う材料を失うことになります。

セキュリティに関しても、システム個別で特例を設けることはリスクを高めることになりかねないため、できるだけ例外なく同じルールが適用されることが求められます。

共通のルール、測定基準を適用することによって、システム横断して運用状況を比較することが可能になります。このようにシステムを横断して運用全体を管理している部分を、本書では運用管理と呼びます。

それぞれの運用分類で、具体的にどのような運用設計を行うのかは 3 章以降で詳しく説明します。

Column　今回を機に運用をキレイにしたい

せっかく新しいモノを入れるのだから、運用周りも整理して一新したい……気持ちはよくわかります。「でも、運用設計と運用改善ではスコープが違うんですよ」と私は言葉を続けます。

運用設計と運用改善は、同じツールを使って同じことをやるのですが、運用設計はシステム導入が目的で、運用改善はシステム運用の効率化が目的です。運用設計では短期間でシステムを立ち上げることに注力するため、運用管理などの全社共通ルールに関しては既存踏襲したほうがよい場合がほとんどです。逆に運用改善では、全社ルール改定などの運用管理ルールの変更も視野に入れて効率化を図ります。

新しく入れるシステムの運用を整理することと、すでにある運用を整理することでは、方法論が似ていても目的が異なります。運用設計と運用改善は、明確に分けて考えたほうが上手くいくでしょう。

1.4 本書で説明する運用設計のパターン

システム追加などを実施する期間の決まった案件のことを、本書では**プロジェクト**と呼びます。プロジェクトには、ハードウェア、OS、ミドルウェア、アプリケーションなど、それぞれの専門家が呼ばれますが、最近では、ここに運用の専門家も呼ばれるようになってきました。

本書では、プロジェクトに運用の専門家として呼ばれた場合に、どのようにプロジェクトに関わって運用設計していけばよいかを解説していきます。

なお、プロジェクトの流れと運用設計担当が果たすべき役割については、2章で詳しく解説していきます。

■本書で説明するプロジェクトのタイプ

プロジェクトのタイプはいくつかあるのですが、本書では新規システム追加とシステム更改する場合をメインに解説していきたいと思います。

新規システム追加

利用者が新たなサービスを利用できるようになる。

▶新規システム追加

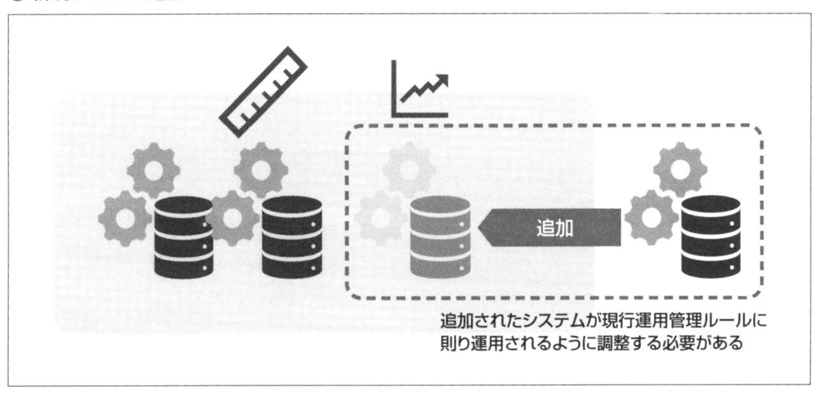

システム更改

今までのシステムを更改（リプレース）する。

▶システム更改

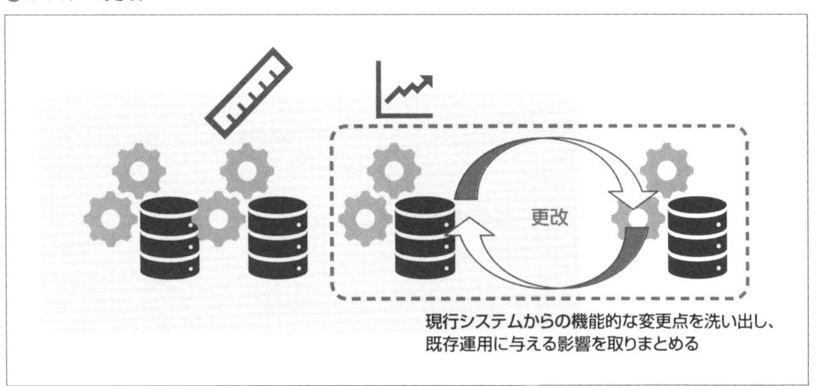

1.4.1　1章のまとめ

システムを安定して稼働させ、効率的に利用するためには、運用設計が必要であることの概要は理解していただけたかと思います。運用設計担当に求められているものは、サービスや機能からシステムに必要な運用を洗い出し、効率的な運用を設計することです。

もし、みなさんが運用経験者なら、ここまで読み進めて運用設計が必要なタイミングはいろいろとありそうだと感じていると思います。

・「うちの会社は運用管理がうまくいっていないから運用管理設計する必要がありそう」
・「サービス提供ルールが緩いから業務運用設計する必要がありそう」
・「そもそも、今の現場は根本的に運用設計されていないから、一から設計しなおしたほうがよさそう」

このような社内のシステム運用改善でも運用設計のスキルは必要になるのですが、本書ではシステム追加・更改のような外部ベンダーと協力して行うプロジェクトとして運用設計をする方法に絞ってお伝えします。本書で解説する「プロジェクトとしての運用設計」を考えることによって、運用改善を行うための基礎的なスキルが習得できると考えています。システム運用改善についてさらに知りたい方は、本書の姉妹書である『運用改善の教科書』を手に取っていただければ幸いです。

次章では、社外プロジェクトとして運用設計をすることが具体的にどのようなことなのかを説明していきます。

ここがポイント！

運用設計をするためには、そもそも運用をしっかり理解しておく必要がありそうですね！

Column なぜ、運用設計の専門家は少ないのか

運用設計の専門書や専門家はまだまだ少ない状況です。大きな理由として、発注者がシステム導入に求めているものと、システム運用に求めているものの乖離（かいり）があります。

システム導入に求めているものは、新しいサービスの提供です。発注者は新たなサービスを得るために費用を払っているので、サービスを提供するためのシステム完成はプロジェクトの必達条件となります。サービスの品質は利用者の満足度に直結するため、発注者を含めてプロジェクト全体でより良いシステムの完成には力を注いでいきます。

それに比べて、システム運用に求められているものは安定稼働と効率的なサービス提供です。昔、運用はシステム導入後に固めていけばよい、と考えている発注者も少なからずいました。なぜなら、特定のハイスキルな運用担当者がいればなんとかなるという現実があります。そのような運用担当者がいなくても、設計構築メンバーが運用担当者として残れば何とか運用を回すことができます。

そのため、システム導入プロジェクトで運用設計は後回しにされ、ノウハウが溜まりづらく専門家がいない状況が出来上がってしまいました。

第2章

フェーズから考える運用設計

2.1 プロジェクトの全体像

本章では、システム構築プロジェクトに参加した際の運用設計の進め方について、プロジェクトの各フェーズで運用設計担当が何を行うかを順を追って解説します。

最初に、プロジェクトのフェーズの分け方や登場人物といった全体像について説明していきます。

2.1.1 プロジェクトのフェーズ

プロジェクトは大きく分けると 6 つのフェーズに分かれます。フェーズの呼び名は、業界や会社によって違いますが、本書では運用設計をメインと据えるため以下と定義します。

▶プロジェクトの流れ

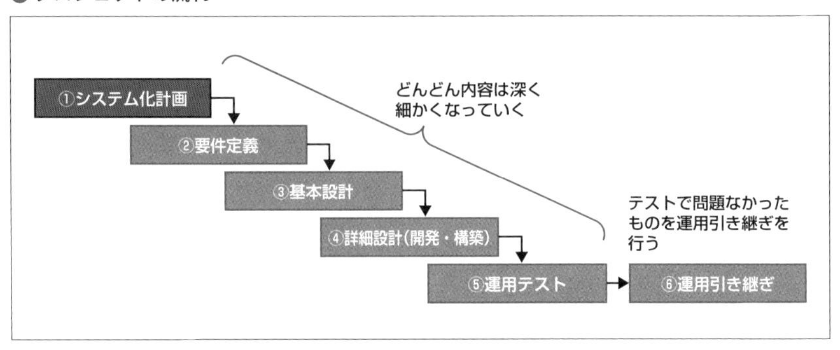

■①システム化計画

システムを開発するかを企画するフェーズ。

社会的なニーズ、ビジネスの方向性から、企業として今後どのようなサービスを市場に提供するのか、そのために社内にはどのようなシステムが必要なのかを検討します。

限られた予算の中から、優先度を付けて導入するシステムや更改するシステムの優先度を定めていきます。

システム化計画では、大枠のユースケース、導入後の会社の状況、目指すべき未来像など、システムのグランドデザインを決めるフェーズなので、運用設計が出てくることはほぼありません。

■②要件定義

システムに必要とされる要件を決めるフェーズ。

システムの利用方法（ユースケース）、機能、非機能などを明確し、基本設計以降のフェーズで人やモノを含むコストがどのぐらいかかるかを見定めていきます。

短納期のプロジェクトの場合、このフェーズで機器発注などを行います。

運用設計としては、プロジェクトとして運用設計にかかるコストと合わせて、運用で実施する作業の一覧を作成して、運用対象と運用開始後のランニングコストの概算を算出します。

運用で必要な作業をまとめた一覧を**運用項目一覧**と呼びます。運用項目一覧の作成方法については、2.3 節で詳しく解説していきます。

■③基本設計

システムの基本的な仕組み、実現方法について決めるフェーズ。

アプリケーション担当はどのように要件を実現するかの機能設計を行い、基盤構築担当はハードウェア／ OS ／ミドルウェアの構造や必要となる機能の実装方法の設計を行います。

運用設計では機能を利用する上でのルールをとりまとめ、登場人物間の情報伝達の方針を決め、システム稼働後に必要となる作業を詳細に洗い出します。

設計上で確定した情報は運用設計書、運用フロー図、運用項目一覧へ取りまとめて記載していきます。

■④詳細設計（開発・構築）

基本設計で決めた内容を、実際の設定値まで落とし込んで実装・構築を行うフェーズ。

構築を行ったら、設定値が間違っていないかの単体テストを行い、その後にシステム内外と連携ができるかの結合テストを実施します。

運用設計では、アプリケーション担当と基盤構築担当から運用開始後に利用する手順書を受領し、ユーザー利用手順書や運用手順書を作成していきます。

合わせて、運用上で可変情報を記載しておく台帳や、運用上必要な情報をまとめた一覧などを作成します。

申請書や報告書など、運用上で必要となるドキュメントはこのフェーズで作成します。

■⑤運用テスト

詳細設計で作成したドキュメントが運用上問題ないかのテストを行うフェーズ。

プロジェクトとしては、ユーザーがシステムを利用するシステムテストやユーザー受け入れテストを行っています。

運用テストとしては、「合意した運用フローが問題なく実施できるか」と「作成した手順書が問題なく実施できるか」という2つの観点でテストを実施します。

■⑥運用引き継ぎ

運用テストで合格となったドキュメント一式を運用担当者へ引き継ぐフェーズ。

運用テストに運用担当者が参加している場合は、簡略化されることもあります。

運用引き継ぎの完了条件定義はプロジェクトと発注者の合意条件によりますが、リリース直後の初期流動期間は運用設計担当が運用担当者をフォローしつつ運用習熟を図る場合が多くあります。

2.1.2　プロジェクトの登場人物

概要だけまとめると段取りどおりに物事が進むように見えますが、「炎上しないプロジェクトはない」と言われるぐらいに実際はいろいろと想定外な問題が発生します。その問題は常に人と人の間に発生します。要件や仕様を詰め切れていなかったり、システムが抱えるリスクの説明が甘かったりといった問題が発生すると、関係者間で「言った、言わない」の争いが始まります。

エンジニアとしての技術やスキルも大切ですが、プロジェクトでは関係者間のコミュニケーションも大切となります。コミュニケーションを円滑にするために、まずはプロジェクトに参加する人たちの役割を確認していきましょう。

プロジェクトの規模によって人数はさまざまですが、おおむね以下の役割が出てきます。

▶ プロジェクトの役割分担図

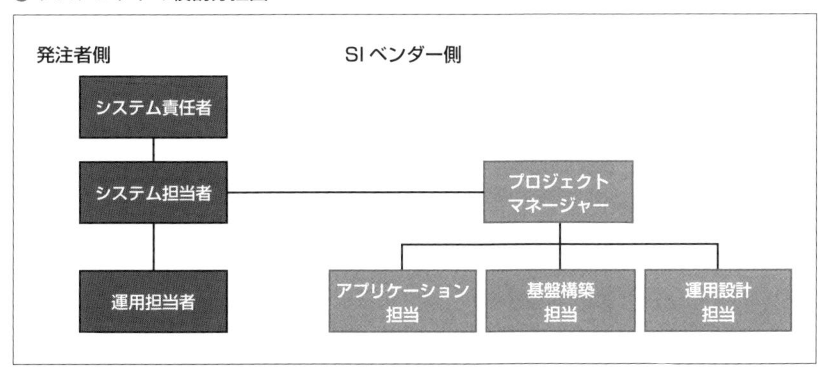

■発注者側

システム責任者

プロジェクトの最終意思決定者。会社におけるシステム導入の予算、システムリリースの決定権を持ちます。

定期的にプロジェクト進捗の報告を受けて、会社として判断が必要な仕様変更、重要課題に対する対応方針の決定なども行います。

システム担当者

プロジェクトを含め、システムに対する発注者側の実担当者。プロジェクトマネージャー、プロジェクト各担当者とサービスの利用方法や機能の討議を行い、発注者側としてシステム設計を進めます。

システム責任者へプロジェクトの進捗報告、プロジェクト課題の社内調整なども行います。

運用担当者

システムリリース後の運用を行う担当者。システム更改の場合は既存運用担当者がいる場合が多いですが、新規システム構築の場合は運用担当者も新規で編成します。

プロジェクトからの既存運用に対する質問、既存システムとの連携がある場合の仕様確認などを行います。

運用設計担当とは、プロジェクトを通じて情報連携を図り、運用テスト、運用引き継ぎフェーズでは受け手としてプロジェクトに参加します。

■SI ベンダー側

プロジェクトマネージャー

プロジェクト全体の推進担当。全体の進捗を管理して、発注者との課題、問題の調整を行います。

また、担当者間の調整を行うのもプロジェクトマネージャーの役割です。運用設計担当は、プロジェクト全体に対して、運用上無理な設計がなされていないかをチェックする必要がありますが、もし無理な設計がされていた場合は、プロジェクトマネージャーと調整の上で設計変更を検討してもらう必要があります。

アプリケーション担当

サービス提供するアプリケーションの開発担当。発注者とディスカッションを行いながら、システムに必要な機能を開発していきます。

運用設計としては、アプリケーション担当と連携しながら、サービスを利用するために行わなければならない作業、サービス維持管理に必要な情報を連携するための申請書やワークフローなどを取りまとめていくことになります。

基盤構築担当

システムの基盤部分（いわゆるインフラ部分）の構築担当。アプリケーションが安定して提供されるよう、可用性要件やサービスレベルを維持するために、システムとしてどのような基盤機能を実装するかを考えます。なお、本書ではハードウェアの調達・設置、OS やミドルウェア（データベースなど）の設定、場合によってはネットワーク環境の構築までを基盤の範囲とします。

運用設計としては、基盤構築担当が実装した機能をいつどのような時に利用するかを考えていくことになります。

最近はAWS、Azure、GCPなどのクラウドサービスを活用してハードウェアやOSの部分の管理をアウトソースしたり、SaaS型の認証システムや監視システムを利用するなど、多様化が進んでいる分野でもあります。運用範囲についても、基盤構築担当と連携して決めていく必要があります。

運用設計担当

追加するシステムの特徴と現行運用を理解して、その橋渡しをする担当です。構築したシステムが最大の効果を発揮できるように、ステークホルダー（利害関係者）と調整していきます。

内外の関係者との調整が多いため、ほかの担当よりもコミュニケーション能力が必要となります。また、アプリケーションと基盤の仕組みを理解する必要があるため、ITの知識は広く知っておく必要があります。

■各フェーズの人員構成

システム化計画や要件定義などの上流工程は発注者側が中心となって行われます。そのため、SIベンダー側は呼ばれたとしてもプロジェクトマネージャーと各担当のリーダーレベルだけです。

基本設計や詳細設計になるとアプリケーション担当、基盤構築担当、運用設計担当と、実働のメンバーが増えていきます。

運用テストや運用引き継ぎになると、アプリケーション担当、基盤構築担当のメンバーは徐々に減っていき、運用設計担当がメインで対応することになります。

人員構成移行イメージ

システム化計画 / 要件定義 / 基本設計 / 詳細設計 / 運用テスト / 運用引き継ぎ

発注者側：システム責任者 / システム担当者 / 運用担当者

SIベンダー側：PM / アプリ担当 / 基盤構築担当 / 運用設計担当

Column インフラとはなにか？

システム運用において、インフラという言葉の扱いはちょっと注意が必要です。インフラは、日本語に訳すと「基盤」「下部構造」などの意味をもっています。サービスにとってなにが「下部構造」なのかは、だれに主語を置くかで変わってきます。

会社で使用する PC を例にしてインフラを考えてみたいと思います。

PC を管理している運用部隊にとって、PC を貸し出したり棚卸をすることが「業務」になります。

ただ、PC は単体ではあまり役割は果たさないので、ログインするためのアカウントやインターネットに接続するためのネットワークが必要になります。

そのため、PC から見ると AD（Active Directory）やネットワーク機器はインフラ（下部構造）になります。

ここで AD を管理している部隊を主語にすると、アカウントの管理は「業務」で、PC 利用者や PC 管理者はユーザーになります。

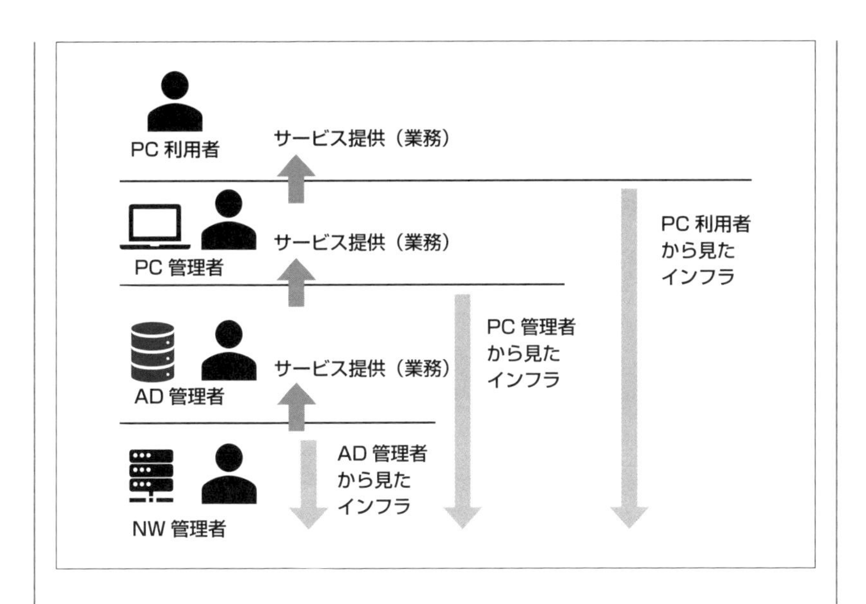

プロジェクトメンバーと会話する際に、このプロジェクトではどこまでを「インフラ」としているかを意識すると認識齟齬が減るので頭の片隅で認識しておくと良いでしょう。

2.1.3　運用設計担当が作成するドキュメント

プロジェクト内の人たちとディスカッションを行いながら、導入するシステムの運用方針や手順を確定していきます。

確定した内容はどこかに記載しておいて、運用方針や作業内容を合意していきます。

合意した文章は、そのまま運用に必要となるドキュメントになります。それらを**運用ドキュメント**と呼んでいます。

運用ドキュメントは、おおよそ次の 8 種類で構成されています。

ドキュメント分類と概要

ドキュメント分類	概要	書き方の参照先
運用設計書	運用項目ごとの方針、概要が記載されているドキュメント。方針と合わせて、方針決定の理由やあえて採用しなかった方針なども記載する	2.4　基本設計
運用項目一覧	導入するシステムで実施するすべての運用項目、作業項目、役割分担、関連ドキュメントが記載されているドキュメント	2.3　要件定義
運用フロー図	運用項目の中で、複数の役割が情報のやりとりをする場合、情報伝達方法、タイミングなどを図で表したドキュメント	2.4　基本設計
運用手順書	運用項目一覧記載の作業、運用フロー図内の処理プロセスを実施するために必要な手順をまとめたもの	2.5　詳細設計
利用者手順書	利用者がシステムを利用するときに参照する手順をまとめたもの	2.5　詳細設計
申請書	運用フロー図内で情報連携のために必要項目をまとめたドキュメント。社内ワークフローシステムなどで代替される場合もある	2.5　詳細設計
台帳	運用中に定期的に変更するデータを集めたドキュメント。おもに手順書実施後に更新される	2.5　詳細設計
一覧	運用中によく参照するパラメーター値などをカテゴリごとに集めたドキュメント。おもに手順書から参照される	2.5　詳細設計

ドキュメント相関図

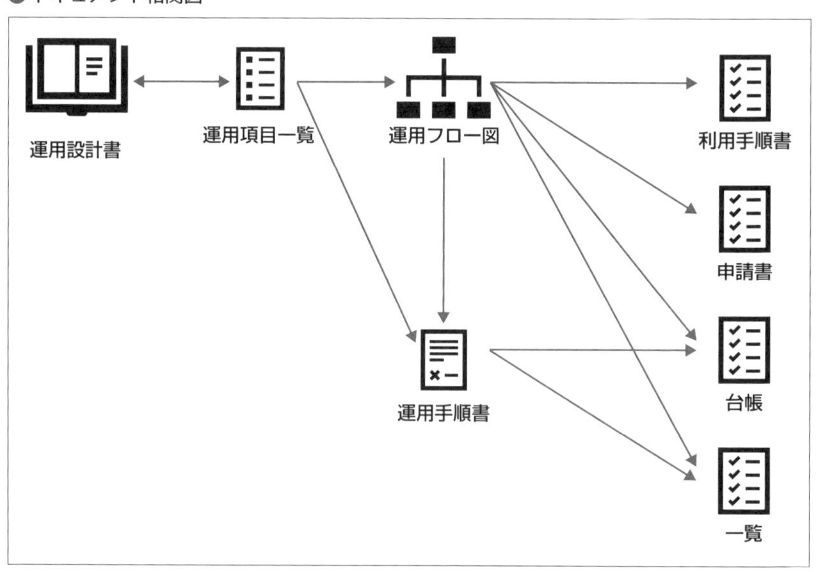

運用ドキュメントが完成したら、実際に使えるかどうかを運用テストで検証す

る必要があります。

　また、運用ドキュメントではありませんが、運用テストに向けてテスト計画書とテスト仕様書を作成する必要があります。運用テストのインプット情報は、運用フロー図と運用手順書となります。

▶運用テストで必要となるドキュメント

ドキュメント分類	概要	書き方の参照先
運用テスト計画書	運用テストの目的、実施範囲、スケジュールなどを取りまとめて記載するドキュメント	2.6　運用テスト
運用テスト仕様書	運用フローテスト、運用手順書テストの実施項目が記載されたドキュメント	2.6　運用テスト

▶運用テスト計画書と仕様書のインプット情報

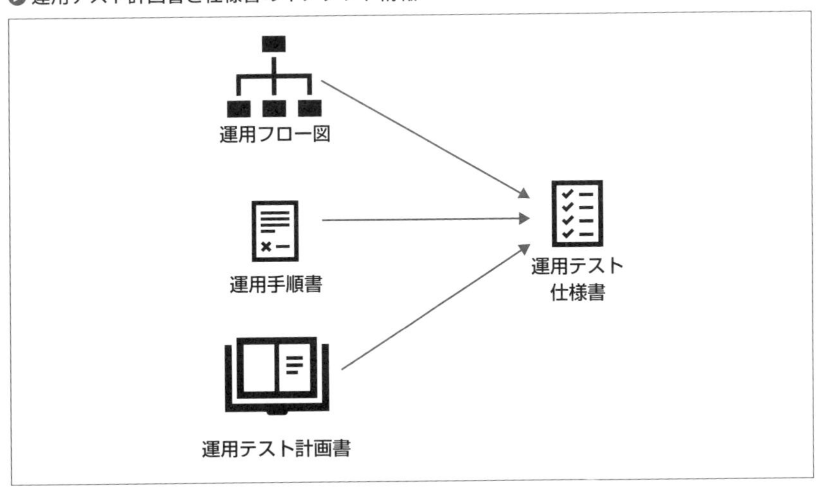

　ここまで、プロジェクトの流れ、関係者、運用設計が作成するドキュメントの概要について説明してきました。

　ここからは実際に各フェーズで、運用設計担当がどのような役割を果たさなければならないのかを細かく説明していきましょう。

Column アジャイル開発における運用設計

第２章ではウォーターフォール・モデルをベースに運用設計を解説していますが、アジャイル開発でも運用設計内容に大きな違いはありません。

実際にアジャイル開発の運用設計をやってみた経験では、ごく初期に主要な運用方針を固めておくと高速な開発にも追随できるようになります。

アジャイル開発は以下の特徴があります。

- 新たな機能が頻繁にリリースされる
- 開発担当が解散せずに存在する

これらの違いについて注意点をまとめておきます。

- リリースのたびに業務運用／基盤運用の運用項目に対する影響チェックを行う。追加／削除／変更があった場合はリリースされる前までに再設計を行う
- 定型作業の手順が固まってきたら、どこかの開発タイミングでシステム側の処理として組み込めないか依頼する
- MVP（Minimum Viable Product）などミニマムでサービスをリリースする場合、最低限の業務運用、必須となるセキュリティ運用、死活監視だけは実装して運用し、徐々にその他の運用を実装していく

DevOpsにおけるGoogleの実装例であるSREなどでは、オペレーションチーム（Opsチーム）のコードによる業務効率化作業も求められています。

ただ、現状の日本の多くの運用組織で、開発担当の書いたソースを解読して改善していくのはスキルとしてかなりハードルが高いので、定型作業を標準化して開発担当へ連携して次のリリースに組み込んでもらうのが現実的でしょう。

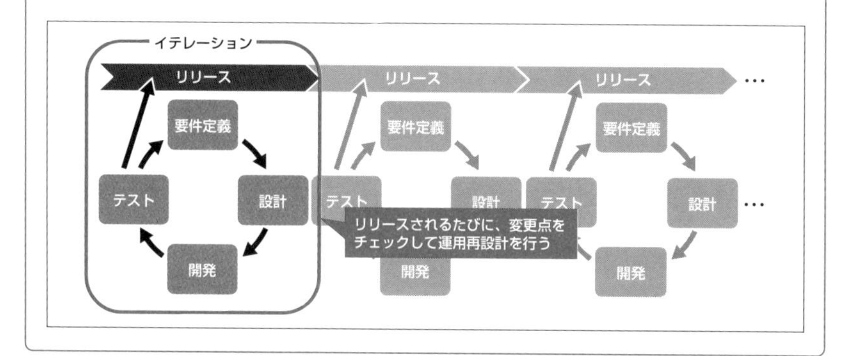

2.2 システム化計画

システム化計画 〉要件定義 〉基本設計 〉詳細設計 〉運用テスト 〉運用引き継ぎ

システム化計画では、どんなサービスや業務をシステム化するのか、それをどのような方針とスケジュールで開発・導入するのかといったシステム導入のグランドデザインを決めます。

簡単にいうと、発注者側の「いつごろまでに、こんなサービスが欲しい」という構想をまとめます。

システム化計画の段階では、まだだれが実際にシステム構築をするかは決まっていないので、運用設計担当が参加することはほとんどありません。

しかし、要件定義以降にプロジェクトに参加したとき、システム化計画で作成された資料を読み込むので、このフェーズでどのようなことが行われているかを知っておくことは重要です。

2.2.1 プロジェクト案件の立案から受注までの流れ

簡単ですが、官公庁のような入札があるプロジェクトで行われているシステム化計画の流れを説明しておきましょう。

まずは発注者側にて、サービス提供内容を中心にシステム化構想をまとめます。

まとまったシステム化構想は、**システム化計画書**としてドキュメント化されます。それが発注者内で承認されたら、予算が組まれシステム導入するSIベンダーの選定が始まります。

システム化計画書をもとに、発注者にて**提案依頼書**（**RFP**：Request For Proposal）を作成して、実際にシステム構築ができそうなSIベンダーに提案書作成依頼をします。

複数のSIベンダーから提出された**提案書**を見比べて、どのSIベンダーがもっとも要望に沿ったシステムを作ってくれそうかを判断します。提案書の内容が同レベルであった場合は、システム構築にかかる金額が安いか、納期の短いSIベンダーが受注することになります。

このようなやりとりを経て発注者はSIベンダーを選定し、システム構築プロジェクトが始まります。

▶発注までの流れ

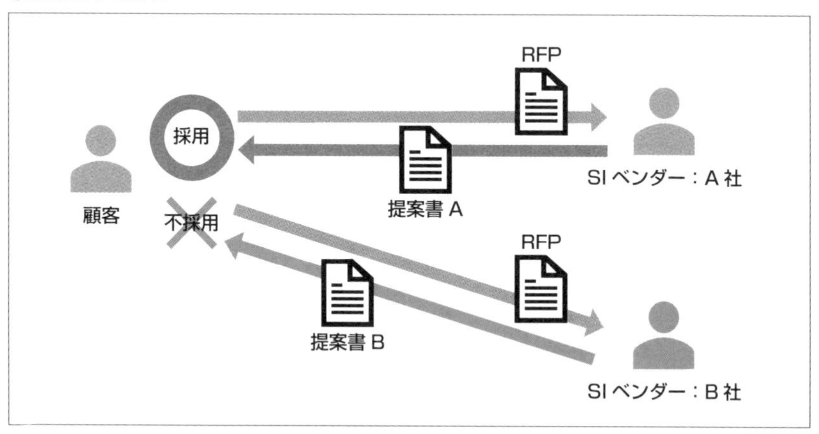

覚えておいてほしいことは、次工程の要件定義の前にこのようなやりとりがされているということです。要件定義はゼロから始まるのではなく、発注者側の「こんなサービスを提供するシステムが欲しいな」（RFP）に対して、SIベンダー側の「ウチならこうやって実現できますよ！」（提案書）というやりとりが合意されている状態から始まります。

官公庁ではなく企業で消費者向けのサービス開発を行う場合は、システム化計画からエンジニアやコンサルタントが参画して検討し、最低限の機能を素早く実装していくアジャイル開発を行う場合もあります。その場合、RFPと提案書のやり取りはなくなりますが、システムに対する期待値をまとめるという作業がどこかで必要となることは変わりません。

また、変化の速度よりも確実性が求められる官公庁、公共系業務、金融などではまだまだRFPと提案書のやり取りがあるため、知識として覚えておいてください。

2.2.2　システム化計画のまとめ

システム化計画で行った内容をまとめておきましょう。

- 発注者内で「いつごろまでに、こんなサービスが欲しい」をまとめたシステム化計画書が作成される
- システム化計画書をもとにRFPが作成され、システム構築ができそうなSIベンダーへ提案を依頼する
- SIベンダーから提出された提案書をもとに、システム構築を実施してもらうSIベンダーを選定する

システム化計画を行うことによって、システム導入プロジェクトが始まります。

ここがポイント！

システム化計画書、RFP、提案書なんかのドキュメント名は覚えておいたほうがよさそうですね

Column 要件が途中で変わったら

発注者は恐るべきほど気軽に「そういえば、あれってこうならないかな？」と要件変更の提案をしてきます。頑なに要件変更を断ることもできますが、プロジェクトが進んできたからこそ見えてくる要件もあります。最終的にはプロジェクトマネージャーの判断ですが、いったん要件変更を検討してみることも悪いことではありません。

その際に要件変更がプロジェクトにどれほどのダメージを与えるかを判断しなければなりません。運用設計についても同様です。運用項目一覧の登場人物が増えれば、以下のような作業が必要となります。

・運用設計書も合わせて登場人物の修正が必要
・運用フロー図のスイムレーンが増えれば、情報連携方法のヒアリングが必要
・手順書を役割に合わせて分割／修正が必要
・運用テスト対象、運用引き継ぎ先が増えれば追加で調整が必要

どうしても要件変更が必要となった場合は、マスタースケジュールやWBSを点検して、要件変更のリスクをプロジェクト全体で共有するようにしておきましょう。

2.3 要件定義

システム化計画 ＞ 要件定義 ＞ 基本設計 ＞ 詳細設計 ＞ 運用テスト ＞ 運用引き継ぎ

2.3.1 要件定義で運用設計がやるべきこと

要件定義では、システム化計画で検討されたサービスを提供するために、実装する機能や性能などの非機能を明確にしていきます。その中で運用設計担当としては、**サービス開始後に運用が必要となる範囲**を決めていきます。

サービス開始後の運用範囲は、そのまま今回のプロジェクトの運用設計範囲にもなります。運用設計の範囲が決まることにより、基本設計以降で運用設計にどの程度工数が必要になるかを決めることができます。

以下、本書では要件定義から運用設計に参加する前提で説明しますが、基本設計から運用設計担当にアサインされた場合でも本項記載の検討は行う必要があるので、本項についてはしっかりと理解しておいてください。

運用設計に限らず、要件定義でしっかりと設計範囲を発注者と合意できなくて基本設計以降で設計範囲が拡大してしまった場合、リソース不足によりスケジュール遅延が発生して、いわゆる炎上プロジェクトとなります。

もれなく設計範囲を検討して合意するということは難易度の高い業務ですが、重要でやりがいがあるフェーズとなります。

要件定義の進め方は、以下の流れとなります。

・人的な範囲としての運用体制図を作り、発注者と合意する
・運用作業範囲としての運用項目一覧のドラフト版を作り、発注者と合意する
・運用項目の範囲としての運用項目一覧のドラフト版を作り、発注者と合意する
・運用体制図と運用項目一覧ドラフト版作成の中で合意された要件を、要件定義書としてまとめる

要件定義では、運用項目一覧という運用設計全体のガイドラインを作成して、基本設計以降で何をすればよいかわかるようにするのが目的です。

要件定義の目的を達成するためにはどうしたらよいか、時系列に沿って確認していきましょう。

2.3.2 案件の概要とこれまでの決定事項を把握する

要件定義から案件に参画したら、システム化計画で何が検討されていたのかを正しく把握する必要があります。

よく「システム化計画書があるから、それを読んでおいて」と言われるのですが、それだけでは状況を正しく把握することはできません。ドキュメントには書かれていないプロジェクトの行間も把握してから、要件定義に挑まなければなりません。

RFP、提案書、システム化計画書に加えて、具体的に把握しておいたほうがよい内容は以下のようなものになります。

・発注者のプロジェクトに対する期待度
・システム化計画時に検討されたが採用されなかったアイデア
・プロジェクトとシステムの変動要素
・発注者側重要人物の把握

■発注者のプロジェクトに対する期待度

まずはプロジェクトに対して、発注者がどれぐらい期待しているかを把握する必要があります。

システム更改で提供するサービスはそのまま変わらないのか、新規サービスを提供するためにシステム追加するのかでは、期待度は大きく変わってきます。

特に後者のシステム追加の場合は、期待度が高くなっている場合が多いです。その際、出来上がったシステムの機能実装がうまくいかず、思ったようなサービスが得られないと利用者の満足度は著しく下がります。

期待度はそのまま予算に反映されていることもあります。期待度の高いシステムには予算も潤沢に準備されていることが多く、アサインするメンバーも高スキル要員が望まれます。

■システム化計画時に検討されたが採用されなかったアイデア

システム化計画時には、さまざまなアイデアが検討されています。その内容を把握しておかないと、要件定義でシステム化計画と同じ検討をしてしまう可能性があります。

また、要件を詰めていく中で、システム化計画で採用されなかったアイデアのほうが要件を満たせる場合もあります。その場合は、再びそのアイデアを検討することも視野に入れます。

要件を固めていく前提条件として、システム化計画時に検討されたアイデアはヒアリングして聞き出すか、議事録などが残っていれば目を通しておきましょう。

■プロジェクトとシステムの変動要素

プロジェクトとシステムの変動要素、この２つを押さえておく必要があります。

プロジェクト変動要素

・リリース日はどの時点で確定するのか
・スケジュールの延長に対する許容はあるのか
・途中で要員の追加は可能なのか

このあたりは発注者側のプロジェクトに対する予算感と比例します。細かい話はプロジェクトマネージャーが管理する範疇ですが、運用設計担当としてもリソース不足となった場合にどのような手が考えられるのかの一助となるため把握しておきましょう。

システム変動要素のおもなものは以下となります。

システム変動要素

・システムの利用者数
・サービス提供時間
・運用中にシステム拡張があるか

利用者数やサービス提供時間は運用体制に多く影響を与えます。要件定義時にこれらが確定できない場合は、予想される最大値と最小値で、それぞれの運用ケースも想定しておく必要があります。

運用としてシステム拡張を対応するかしないかで運用項目、手順書作成数に大きく影響を与えます。

利用者数増加などで運用中にシステム拡張がある場合、それが運用の範囲なのか別途プロジェクトとして対応する範囲なのかは必ず確認しておきましょう。

要件定義は基本設計以降の変動要素を少なくする作業でもあります。変動要素に対してはその時点で考えられるケースの洗い出し、それぞれのケースにおける設計にかかる費用感、運用開始後の工数などを提示して検討し、可能ならば要件定義で合意して変動要素を減らしておきましょう。

■発注者側重要人物の把握

プロジェクトで発注者側のシステム担当者と合意しても、担当者の上司のシステム責任者が承認しないということがまれに発生します。基本設計以降でも、担当者間で散々ディスカッションした内容が、そもそもシステム責任者の方針と違っていて検討が無意味となってしまうことがあります。

このような手戻りを避けるためには、だれがプロジェクト全体の決定権を持っているのかを早めに把握しておく必要があります。

それとは別に、だれが運用設計に対する承認権を持っているのかも重要です。最終的にだれが承認したら運用引き継ぎ完了となるのかも早めに確認しておきましょう。プロジェクト全体の承認者と運用設計の承認者が同じこともあれば、細かく分かれている場合もあるので注意が必要です。

関連して、だれにヒアリングを行えば必要な情報を正確に引き出せるかを見定めておくことも、その後の進捗に大きく関わってきます。運用設計の場合、現行運用担当者へ運用をヒアリングすることが多くなります。

よくしゃべる人が一番運用を把握しているとは限りません。発注側担当者の話す内容を訂正する人、質疑応答で必ず質問をする人、ディスカッション会やヒアリング会をした際に端のほうに不満げな顔で座っている人…… 経験上そのような人が既存運用を一番理解していることが多いです。運用設計や引き継ぎを行ううえで、そのような人に設計を納得してもらうことは重要です。

重要人物を早めに味方にしておくと、すべてのフェーズがスムーズに進みます。しっかりとした設計と対応をして、重要人物からの信頼を勝ち取れるようにしていきましょう。

2.3.3 運用開始後に必要な登場人物の役割を決める

要件定義で最初に決めなければいけないのは、今回のシステムをどのような体制で運用するのかということです。今回のシステムで関連する組織がいくつあって、どの組織がどのような役割を担っているのか、その組織の対応時間、対応場所なども確認します。人的な範囲が決まらないことには、基本設計以降でだれに向けて資料作成をしているのかわからなくなってしまいます。

運用体制のパターンとしては、大きく 2 つあります。

システムを構築したベンダーがそのまま運用を実施する

この場合はシステム運用に最適な役割を決めて、その後に要員計画を立てることになります。引き継ぎなどもプロジェクト側で管理ができるので、シームレスなシステムリリース、サービス開始が期待できます。

発注者側の既存運用体制が実施する

この場合はシステムに必要な役割を既存運用体制へ割り当てていく必要があります。既存運用体制がそれぞれに何をどこまで実施するのかをヒアリングして、運用業務や作業をどの組織が実施するかを整理する必要があります。

役割体制図と要件定義時のヒアリング項目は、おおむね以下となります。

▶ 役割体制図

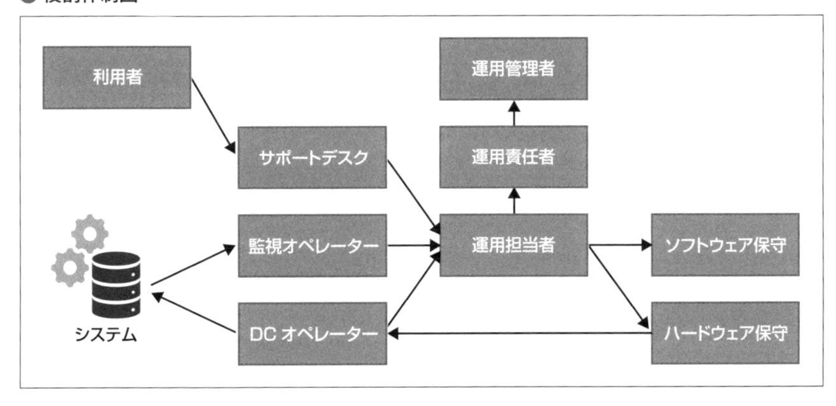

▶要件定義時のヒアリング項目

分類	役割	ヒアリング項目
発注者側	利用者	利用人数、利用時間、利用場所、利用方法
	運用管理者	対応時間、今回のシステムで必要となるおおよその工数
運用側	サポートデスク	他システムと兼務するか今回のシステムで独立されるか、対応時間、今回のシステムで必要となるおおよその人数
	監視オペレーター	他システムと兼務するか今回のシステムで独立されるか、対応時間、今回のシステムで必要となるおおよその人数
	DC オペレーター	他システムと兼務するか今回のシステムで独立されるか、対応時間、今回のシステムで必要なおおよその工数
	運用責任者	対応時間、今回のシステムで必要となるおおよその人数
	運用担当者	対応時間、今回のシステムで必要となるおおよその人数
	ソフトウェア保守	契約内容、対応時間
	ハードウェア保守	契約内容、対応時間

表に挙げた項目についての発注者側へのヒアリングや検討が終わると、今回のシステムの運用に必要な体制が見えてきます。運用体制の整理が終わったら、必ず体制図を作り発注者としっかり合意しましょう。ヒアリングした内容を可視化することにより、発注者側と運用設計範囲の具体的なイメージの共有ができるようになります。体制図が実際と違う場合は、この段階で指摘してもらえます。また、要件定義フェーズで実際に運用するチームが決まっていない場合は、運用に必要な役割を合意させておいて基本設計以降で実際のチームへ役割を割り振ります。

この体制図は、この後すべての工程において説明資料になりますので、変更が入ったら常に更新していきましょう。

2.3.4　運用設計の範囲を決める運用項目一覧

今回のシステムで、どのような作業が設計範囲なのかを決めるために運用項目一覧を作成します。運用項目一覧を作ることには、次の目的があります。

・運用中に発生する作業を明確にし、運用設計を行う全量を合意する
・運用作業における役割分担を明確にし、運用に必要な工数を明らかにする
・運用作業に必要となるドキュメントを明確にし、運用設計で作成するドキュメントを合意する

運用項目一覧は、運用で管理するドキュメントの全量把握の発端となる、運用設計の最重要ドキュメントになります。

運用項目一覧が固まれば運用設計書の目次を作ることができます。運用項目に必要な作業から作成するべき運用フロー図や運用手順書が見えてきます。運用フロー図と運用手順書ができれば、どのような申請書や台帳、一覧が必要かが見えてきます。

▶運用ドキュメント相関図

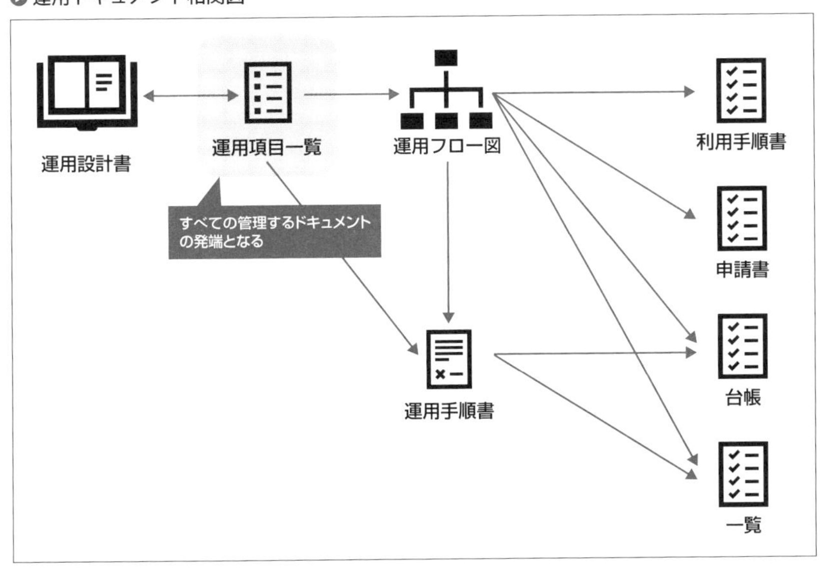

運用項目一覧には、次ページの表に挙げた内容を記載します。

▶運用項目一覧記載内容

項目名	記載内容
運用分類	業務運用、基盤運用、運用管理のいずれかの分類を記載
運用項目名	利用者管理、パッチ運用、バックアップ／リストア運用、変更管理などの一括りのグループとなる運用項目名を記載
作業名	業務を実現するための作業名を記載。原則は 1 フロー図、1 手順書ぐらいのまとまりになるようする
作業概要	作業内容をまとめたものを記載
関連ドキュメント名	作業を行ううえで必要となるドキュメント名を記載
担当者 / 役割分担	作業における主担当、承認担当、情報連携先などを記載
作業頻度	作業が発生する頻度を記載。定期であれば日次、週次、月次などを記載、不定期であれば月に何度ぐらい発生するかを記載
作業工数	作業が始まってから終わるまでの概算工数を記載
特記事項	作業実施にあたり、特殊な条件がある場合は記載

表をじっくり見ると、これらが決まってくれば運用設計ができるような気がしませんか？

正しく作成された運用項目一覧には、運用設計の対象である運用担当者が実施する作業、関連するドキュメントが記載されています。「いつ、だれが、何の作業を、どのような役割で、何のドキュメントを見て、作業すると、どのぐらいの時間がかかるか」が書いてあるのです。

■運用項目一覧の作成手順

運用項目一覧は以下の手順で作成していきます。

- 運用項目一覧のドラフトを作成する
- 各ディスカッションから運用項目一覧をアップデートする
- 役割分担のサマリを作成する
- 運用に必要な工数を算出する

まず、要件定義でドラフトを作成して、基本設計、詳細設計、運用テストで修正と加筆を重ねていきます。

各フェーズで新たな運用項目や作業、役割分担の変更が発生したら、まずはこの運用項目一覧を修正します。詳細設計で手順書名や台帳名が確定したら情報をアップデートしていきます。

▶プロジェクトのフェーズと運用項目一覧の完成度

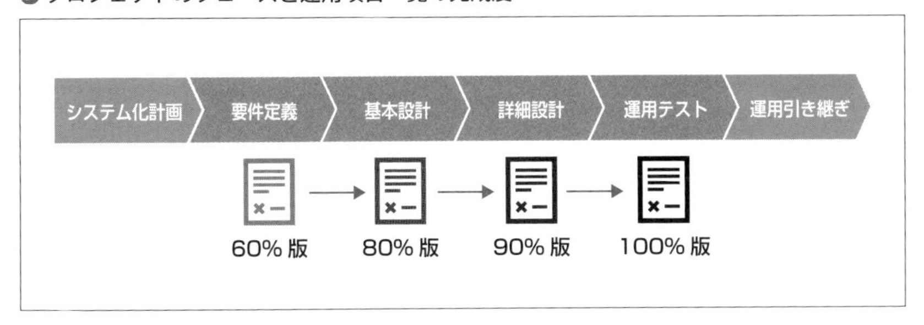

運用項目一覧の変更は運用範囲の変更なので、常に修正を怠ってはいけません。修正を怠ることは、設計範囲を見失うことです。それは大海原でコンパスと海図を捨てることと同じです。

2.3.5 運用項目一覧のドラフトを作成する

要件定義ではまず、運用項目一覧のドラフトを作成していきます。ここでも運用を業務運用、基盤運用、運用管理に分けて考えると整理がしやすくなります。

運用項目は、毎回新規で洗い出す必要はありません。同様のサービスであれば業務運用項目には類似性があります。基盤運用や運用管理については、どんなシステムでもある程度定型があります。社内にフォーマットなどがあれば流用することをお勧めしますし、本書の口絵にもサンプルを付けてありますので、そちらもぜひご利用ください。

それをもとに業務分類ごとに関係者へヒアリングを行ってドラフトを作成していきます。

■業務運用の運用項目

業務運用はシステム更改と新システム追加では、項目の出し方がだいぶ違ってきます。

システム更改であれば、更改前後のユースケースを見比べて、サービスとして追加／削除されている項目がないかを確認します。

ここで見つけた変更点は、運用設計で必ず検討が必要となるポイントとなります。その後、既存で使っている運用項目一覧を確認します。

次に、既存運用項目一覧とサービス変更箇所を見比べて、手作業となる部分が増えていないか、機能実装されて自動化されて作業が不要となっていないかを点検します。

なお、既存項目すべてをそのまま流用するのは危険です。経験上、発注者から「既存通りでいいから」と言われて、本当にすべてが既存通りだったケースは今のところありません。丹念に新旧システムの変更点をあぶり出す必要があります。

新システム追加の場合は、既存運用項目一覧はありませんが、他案件の事例があればそれをベースにすることは可能です。利用者数や利用方法、システム基盤は違いますが、提供しているサービスが同じであれば業務運用項目は似てきます。

▶既存の運用項目を流用できるケース

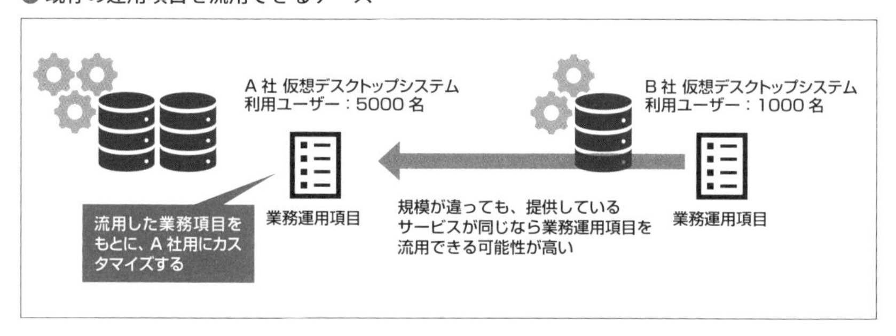

もし、前例のない本当に新規のサービスを担当した場合には、ユースケースと機能から業務運用項目を一から検証していく必要があります。

まずはプロジェクト内のアプリケーション担当から、システムのユースケースと実装する機能について説明を受けましょう。その機能一つひとつが、どのようなトリガーで実施されるものなのか、そしてどのような結果を返してどこへ連携するのかを考えていきます。トリガーが人であるならば、そこに何かしらの運用が必要となる可能性が高くなります。結果を人が受け取る場合も運用作業が発生する可能性があります。

おもな業務運用項目には以下のような項目があります。

・システムを利用するための利用者アカウントや権限設定などの申請書のやり取り
・社内システムの場合は人事異動などによる属性情報の変更作業
・社外システムの場合は企業名変更、会社統合などによる属性情報変更作業
・アカウント、管理データなどの定期的な棚卸。データ整合性チェック

このように、まずは人による作業が発生しそうな箇所を洗い出して、それらを項目や作業としてまとめていきましょう。まとめた運用項目をもとに、発注者とディスカッションして利用者の動きを考え、そこに運用としてフォローする箇所がないかを探していくことになります。

このとき、実装する機能についてはアプリケーション担当が検討する領域になるので、運用設計担当からはあまりコメントしません。ただ、あまりにも運用による手作業が必要な設計だと、サービス開始後の運用コストが増えます。それを許容できるか、要件定義フェーズでプロジェクト全体で合意しておく必要があります。

このように、まったく新規の案件だと業務運用項目の洗い出し自体に時間がかかりますので、工数としては余裕を持つようにしましょう。

■基盤運用の運用項目

基盤運用項目はどのシステムでもだいたい同じです。パッチ運用、ジョブ／スクリプト運用、バックアップ／リストア運用、監視運用、ログ管理、運用アカウント管理、保守運用などになります。

基盤運用は、構築された基盤の仕様によって運用項目の詳細が変わってきます。インフラ構築担当と情報連携しながら細かい内容を詰めていく必要があります。事前にやらなければいけない作業、事後にやらなければいけない作業についても取りまとめを行います。

要件定義では、項目ごとに必要な作業と、想定でよいので作業タイミング（定期／非定期レベル）をまとめます。

詳細なタイミングについては、基本設計以降でシステムのサービスレベルなどを考慮しながら運用フロー図や手順書をまとめて発注者と詰めていくことになります。

基盤構築担当がサービスレベルを守れない設計、たとえばRTO（Recovery

Time Objective：目標復旧時間）が８時間なのにリストアに24時間かかるという場合には改善要望を出します。

機能上、どうしてもサービスレベルを守れないとなったときは、プロジェクト全体として発注者とリスクを許容してもらうようにしましょう。

運用項目ごとに検討しなければならない内容については、４章に記載しますのでそちらをご確認ください。

・パッチ運用（4.2節）
・ジョブ／スクリプト運用（4.3節）
・バックアップ／リストア運用（4.4節）
・監視運用（4.5節）
・ログ運用（4.6節）
・運用アカウント管理（4.7節）
・保守契約管理（4.8節）

■運用管理の運用項目

運用管理は全社的に同じ基準・ルールで行われていることに意味があるため、個別のシステムで独自に検討する項目は多くありません。項目としては、**大きく分けると運用情報統制、運用維持管理、定期報告の３つ**になります。運用設計をしているとよく出てくる「既存踏襲しましょう」というセリフは、おもにこの場面で用いられるものです。

まずは既存運用の管理ルールをヒアリングします。既存ルールに従うのであれば、既存ルールで今回のシステムがうまくまわるのかを点検する必要があります。導入するシステムを理解して、既存運用をうまく利用できるかが運用設計者の腕の見せ所です。詳細設計までに既存運用と同じで問題ないかをしっかり検討して、運用テストで検証できるようにしておきましょう。

システムに新たな機能が追加されることで、全社ルールの考え方が変わる場合も多々あります。必要であれば、既存ルールの変更提案も検討しましょう。

なお、運用管理の代表的なベストプラクティス集として、ITIL（Information Technology Infrastructure Library）があります。本書ではITILの詳細については触れませんが、導入するシステムがITILに準拠する場合は最低限の知識が必要となります。ITIL に関してはさまざまな良書がすでに存在しているので、そちらを一読してみてください。

運用維持管理

運用上のルールや基準についてまとめます。システム重要度、セキュリティポリシーなどがあれば確認します。また、全社的に決まっているルールと基準があれば、今回のシステムではどう適用されるのかを検討します。

項目としては、サービスレベル管理、キャパシティ管理、可用性管理、情報セキュリティ管理、IT サービス継続性管理、運用要員教育などがあります。

運用情報統制

運用上で発生した情報選別方法、対応の仕組みをまとめます。インシデントの扱い、そのインシデントからどのようなものを問題として扱うか、運用中のシステム変更に対するルール、本番リリースのルールなどが存在するかを確認します。全社的に決まっているのであれば、既存の運用方針を今回のシステムにどのように適用するかをすり合わせることも行います。

項目としては、インシデント管理、問題管理、変更管理、リリース管理、リクエスト対応（改善要望）、ナレッジ管理、構成管理などがあります。

定期報告

運用上で運用管理者へ報告が必要となる項目、内容、周期をまとめます。既存運用の定期報告を行うタイミング、内容などをまとめ、報告書のサンプルがあれば連携してもらいます。また、報告を受けた際の判断基準を明確にしておく、ということも重要です。

項目としては定期報告に向けた集計、定期報告資料作成、定期報告会などがあります。

ここがポイント！

運用項目一覧のドラフト版を使って、発注者と認識を合わせよう！

2.3.6　各ディスカッションから運用項目一覧をアップデートする

要件定義では、運用設計だけをピックアップして取り上げることはあまりありません。要件定義の中で行われるさまざまなディスカッションから、運用担当者が手作業で行う作業を洗い出して運用項目一覧をアップデートしていくことになります。

要件定義で行われるディスカッションは、おおむね以下の 3 つとなります。

▶要件定義で行われるディスカッション

項目	ディスカッションの内容と担当者
ユースケース	・システムの根本的な使い方 ・PM とアプリケーション担当がメイン担当者
機能要件	・サービス提供に必要な機能の要件 ・アプリケーション担当がメイン担当者
非機能要件	・サービス継続のために必要な機能以外の要件 ・基盤構築担当と運用設計担当がメイン担当者

各担当者が発注者と要件を固めていくのですが、それらすべてのディスカッションの中に運用項目や運用の作業が少しずつ埋まっています。

たとえばユースケースで「半期は人事異動が多いのでユーザーに対するフォローが必要である」という発言が発注者側から出てきたとして、そのフォローを機能で実装できない場合は運用項目となります。「利用者がシステムに保管できるデータは 1GB」という要件があれば、保管データが最大容量に迫った場合にどのように対応するかを決めておかなければなりません。

それぞれのディスカッションにどのような運用項目があるのかを探っていきましょう。

■ユースケースの運用項目

ユーザーがどのようにシステムを利用するかを検討していきます。おもにはプロジェクトマネージャーとアプリケーション担当が発注者とディスカッションしながら、システム化計画で概要まで決められたユースケースを確定させていきます。ここで議論されて出てくる運用項目はほとんどが業務運用にあたります。

ユースケースで運用項目となりやすいのは例外ケースです。「原則～～だけれど、～～したい」という記述が出てきたときは運用項目が発生する可能性が高く、

運用設計としてさらに要件を掘り下げる必要があります。

「原則は社員しか使えないけれど、一部派遣社員にも使わせたい」「原則は国内の社員がメインで使うけれど、今後の拡張に向けてアメリカ支社だけは使わせたい」などです。これらは議事録などから見つけることもできます。

たとえば、通常は部署Aが A サービス、部署Bが B サービスを利用するが、ごく少数の部署を兼務している人は両方使えるようにする。といった例外処理が必要な場合は「兼務者対応」といった運用項目が必要となります。

▶例外処理が運用項目となるケース

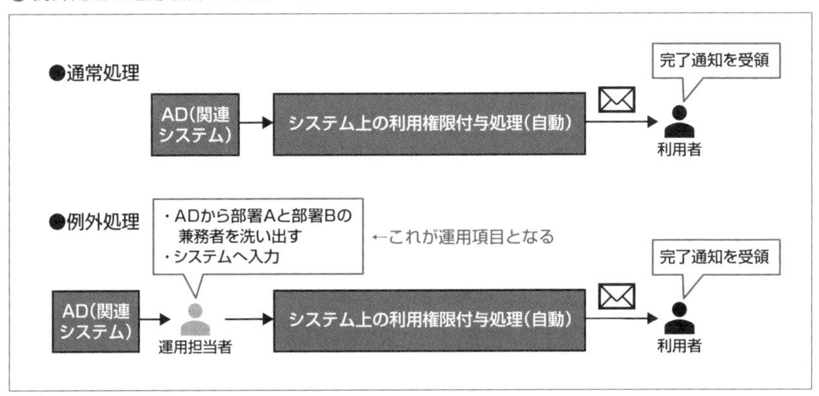

■機能要件の運用項目

サービス提供するためには、どのような機能が必要となるのかを検討していきます。ユースケースで洗い出されたシステムの利用方法を実現するために、どのような機能を実装すればよいかをアプリケーション担当が検討します。ここで議論されることも、ほとんどが業務運用にあたります。ただし、機能をジョブ管理システムなどで実装する場合は、基盤運用の項目となる場合もあります。

機能要件で運用項目となり得るものは、ユースケースの中でどうしても機能実装できない部分となります。

たとえば、利用者の利用拠点が増えるごとに、ネットワークの設定が手動で必要な場合は、運用項目として対応する必要があります。なぜ手動対応になるかというと、次にどの拠点が増えるのかといったインプット情報が固定できないからです。また、自動化するとしてもコストがかかりすぎることが懸念されます。

このように費用対効果からシステム化されず、手作業とすることを**運用回避**と呼びます。運用回避となった項目は運用作業として対応となるので注目しておきましょう。

運用回避となる条件は以下となります。

・実施するトリガーが流動的
・入力情報が流動的
・複雑な判断が必要
・処理の途中にいくつかの承認が必要
・機能実装にかなりのコストがかかる
・作業頻度が低い
・優先度がそれほど高くない
・手作業の難易度が低い

運用回避も含め、機能要件やユースケースから発生した運用項目については問題分析手法の一つであるIPOフレームワークを活用して運用項目として整理するとよいでしょう。

▶IPOフレームワーク

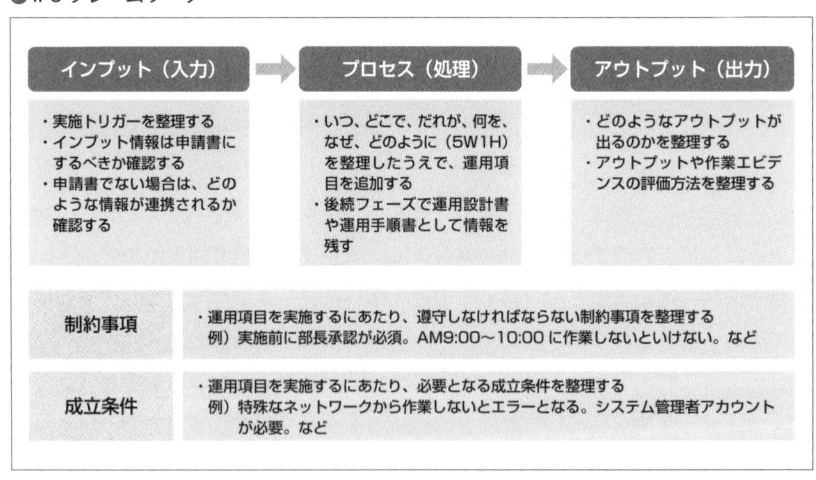

運用回避された作業はゆくゆくシステム化されたり、自動化が検討される作業項目となるため、運用回避された経緯は運用設計書に記載しておきましょう。

また、システム間連携なども機能要件に含まれる場合が多くなります。連携するシステムでトラブルが発生した場合、こちらのシステムも影響を受けるようならば、基本設計以降で障害時の役割分担や連携方法などを決めておく必要があります。

年間のシステム停止時間を厳しく定められているシステムは、「連携するシステムの障害でシステム停止した場合に、システム停止時間に含めるか」なども基本設計以降で決めていかなければなりません。

このように、システム間連携が多い場合も運用設計項目が増えるので注意しましょう。

■非機能要件の運用項目

サービス継続のために必要な機能以外の要件は、すべて非機能要件に分類されます。おもに基盤構築担当と運用設計担当が発注者とディスカッションして決めていきます。

非機能要件では、システム機能が必要なときに求められるパフォーマンスで利用できるようにするためにはどうすればよいか、サービス継続のためにシステムをどのように維持管理していくかの要件をまとめていきます。

システムの構成要素の冗長構成やどれぐらいまで拡張できるかといった拡張性、バックアップ／リストア、監視、ログ管理などの構成面、機能面の検討は基盤構築担当が行います。

運用設計担当はシステムのサービスレベルに合わせて、基盤構築担当が決めた要件から、システム基盤をどのように維持していくかを検討する必要があります。

ここで議論されることは、基盤運用と運用管理になります。

非機能要件が詳しくまとめられている資料として、情報処理推進機構（IPA）が出している**非機能要求グレード**があります。要件定義を含む上流工程に参画される人は、ぜひ一読していただきたい資料です。

・システム構築の上流工程強化（非機能要求グレード）
https://www.ipa.go.jp/sec/softwareengineering/std/ent03-b.html

非機能要求グレードで定めているのは、以下の 6 項目となります。

・可用性
・性能・拡張性
・運用・保守性
・移行性
・セキュリティ
・システム環境・エコロジー

詳しい内容は情報処理推進機構の実際の資料に任せるとして、ここでは 6 つの項目の概要と運用設計における勘所や、運用項目として検討が必要な箇所を説明していきます。

非機能要件でさまざまなことを検討しながら、手作業となりそうな項目があれば運用項目として採用していきます。

可用性

システムを継続的に利用可能にするために必要な要件を取りまとめます。

可用性は、継続性、耐障害性、災害対策、回復性の 4 つから成り立っています。その中で、運用設計が検討するものは以下の 4 つがあります。

・システムを継続するための運用スケジュール（対応時間、メンテナンス日、リリース日など）
・バックアップ／リストアに関する方法、タイミング、目標復旧時点（RPO）、目標復旧時間（RTO）
・DR サイトの運用方法、切り替え訓練など
・稼働率と稼働率維持のための対策

運用体制が固まってきたら、役割ごとの対応時間を決めていきます。また、サービスを停止しても影響が少ない時間を検討して、メンテナンス日、リリース日を定める必要があります。それらは運用項目ではないですが、運用の基本要件として要件定義書には記載します。

次に、バックアップやリストアをどのように実施するかは基盤構築担当の範疇ですが、バックアップを行うタイミングやどのような時にリストアをするかは運用設計の範疇となります。

バックアップに関しては、日次や週次、月次などの定期で取得する**定期バックアップ**と、システム変更作業前後で取得する**臨時バックアップ**があります。システム化計画書やRFPなどでRPOが24時間以内であれば、日次で定期バックアップする仕組みを基盤構築担当に組み込んでもらう必要があります。

ここで気にすることはリストアです。利用者や関連システムからの依頼など、つまりハッキリとしたトリガーを持ってリストアを実施する想定がある場合は運用項目となります。

逆にシステム変更時の作業ミスやシステム障害時しかリストアを実施しないのであれば、一連の作業の中で判断が下される作業のため運用項目としてのリストアは不要となります。

災害対策として遠隔地にDRサイトを構築した場合、その維持管理と発動に向けた訓練などが運用項目となってきます。採用しているDR方式によって変わってくるのですが、コールドスタンバイの場合は定期的に起動するかの確認が必要になります。ホットスタンバイの場合は、監視することによって本番環境と同じ扱いにして特別な運用をなくすことも可能です。

DRサイトの運用項目として重要なのは、切り替えなどの訓練となります。どれだけしっかりしたDRサイトを構築しても、いざ災害のときに切り替えができなければ、仏作って魂入れず状態となります。

最後に稼働率についてですが、サービスレベルの高いシステムだと、高い稼働率が求められます。システムのレスポンス時間なども日々監視しておく必要があります。

そのようなサービスレベルの高いシステムでは、サービス継続のために冗長構成を組まれていますが、片系故障で縮退運転となると性能が下がる可能性があります。

性能劣化もシビアに管理しなければならないシステムの場合、ほかのシステムよりも優先度を上げて障害復旧対応する仕組みを作っておく必要があります。

サービスレベルや可用性の細かい説明は5章にて行いますが、運用管理項目ではなく運用設計全体の前提として意識しておく必要があります。

性能・拡張性

システムの性能と将来のシステム拡張性に関する要件を取りまとめます。性能・拡張性は、業務処理量、性能目標値、リソース拡張性、性能品質保証の 4 つから成り立っています。

この項目で運用設計が考えるべきことは、運用管理の定期報告です。どのように性能を担保するかは基盤側で検討されるので、運用設計では性能が発揮されているかを定期的に計測して報告する仕組みを考える必要があります。

拡張性についても、各機器のスケールアップ・スケールアウトの方針については基盤側で検討されるので、定期報告の中で傾向や需要予測からいつ頃に拡張が必要になりそうかを報告する必要があります。

運用開始後に追加で機器購入やライセンス購入などがある場合は要注意です。社内の物品購入申請にどれぐらいのリードタイムが必要なのかをヒアリングして、それをふまえてシステム拡張に伴う物品購入の相談を行う必要があります。

そのあたりの会社ルールやリードタイムなどは、定期報告書の作成手順書と報告書のひな形の内容として検討していく必要があります。これらの詳細についても、本書の 5 章にて説明します。

運用・保守性

システムの運用と保守に関する要件を取りまとめます。通常運用、保守運用、障害時運用、運用環境、サポート体制、その他の運用管理方針の 6 項目になります。

ここで議論されるのは、基本的な運用に対する要件なので、運用項目一覧というよりは運用設計書に書かれる内容です。

運用・保守性の要件をしっかり決めておかないと、サービス開始後に「運用対応時間が不足している」や「作業実施可能時間が現実的でないため、運用開始後に夜勤作業が頻発する」といった問題が発生します。

ユースケースや機能設計、非機能設計の他項目の内容をかんがみて、運用・保守性を検討する必要があります。

▶ 非機能要件における運用・保守性

項目	検討内容
通常運用	運用時間と特殊日（年度末や締め日など）、メンテナンス時間、バックアップの取得方法、取得間隔、世代管理方法、システム監視方法とそのレベルを定める
保守運用	計画停止日（メンテナンス日）、運用負荷削減方針、パッチ適用方針（対象、周期、緊急対応）を定める
障害時運用	システムの復旧方針、障害発生時の代替業務の有無、障害対応可能時間、障害レベルの設定などを定める
運用環境	開発環境や検証環境の用途と役割分担、手順書などのマニュアル記載粒度、リモートオペレーションの有無、関連システムとの連携方針などを定める
サポート体制	保守契約状況、システムのライフサイクル、運用要員の教育方針、定期報告会の頻度とレベルなどを定める
その他の運用管理	ITIL に記載されているサービスデスクやインシデント管理、問題管理、変更管理、構成管理などを定める

これらの運用・保守性の方針を要件定義フェーズで合意できていると、基本設計以降の運用設計がスムーズに進みます。細かい内容については 3 章以降で説明するので、ここでは検討内容の概要だけを把握しておいてください。

移行性

現行システムから新システムへの移行に関する要件を取りまとめます。移行性は、移行時期、移行方式、移行対象機器、移行対象データ、移行計画の 5 つから成り立っています。

運用設計としては、平行運用期間がある場合の体制や移行リハーサルがある場合の運用テスト内容などを定めます。ただし、**運用項目一覧は運用開始後の作業をまとめるもの**なので、システム移行期間の作業は対象外となります。そのため、**システム移行で運用項目一覧へ追加される作業はほとんどありません。**

本書ではシステム移行・展開に関して詳しく扱いませんが、運用開始後の初期流動期間をどのように乗り切るかが要件定義時の議題になることが多いので、運用設計担当が運用引き継ぎと合わせて移行計画をまとめる場合も多くあります。

セキュリティ

システムの安全性確保に関する要件を取りまとめます。項目内容は幅広いのですが、運用設計としては以下が対象となります。

▶代表的なセキュリティ運用項目

項目	検討内容
定期的なセキュリティ診断	外部の監査員によるシステムのセキュリティ診断がある
運用アカウントの管理	運用アカウントの定期的なパスワード変更、特権アカウントの貸し出し運用などがある
不正追跡・監視のためのログ管理	定期的なアクセスログなどの確認がある
セキュリティインシデント対応／復旧	マルウェア検知時の対応、マルウェア感染時のフォレンジック対応がある

特に議題となるのは、不正追跡やセキュリティインシデント対応／復旧についてです。昨今は情報流出事件が多発しているため、システムとしてどのようなログを取って、だれがどのタイミングで確認するかが検討対象となります。

要件定義時に他システムでの対応を参考にして、扱う情報レベルに合わせて対応レベルを決めておきましょう。

情報セキュリティ運用の詳細については、「5.2.3 情報セキュリティ管理の運用設計」で解説します。

システム環境・エコロジー

システムの設置環境やエコロジーに関する要件を取りまとめます。システム制約／前提条件、システム特性の洗い出し、適合規格、機材設置環境条件などを検討します。また、器材設置環境条件にて、拡張時の物理的制限があれば、把握しておく必要があります。

ほとんどは基盤構築担当の実施する範囲ですが、データセンター（DC）への入館方法や持ち込み可能機器といった、データセンターの作法は運用設計担当も把握しておきましょう。

データセンターでの機器ランプチェック、故障パーツ交換の立ち会いがある場合は運用項目となります。ネットワーク機器のリストア作業などで、運用開始後にデータセンターでの作業が予想される場合は、申請から入館までのリードタイムがサービスレベルとして問題ないかなどを確認しておく必要があります。

また、本項目でまとめる利用者数、クライアント数、拠点数、地域的広がり、特定製品指定、システム利用範囲、複数言語対応などは運用設計担当も基本設計以降で把握しておく必要がある情報となります。

■運用項目をディスカッションする際のリスクの考え方

要件定義で運用項目をディスカッションしていく中で、コスト見合いなどでどうしても要件を低くして運用品質を抑えなければいけないことがあります。

その場合には、必ずリスクが発生しています。このリスクについて、要件定義時に顧客とどこまで合意できているかは、後続の運用設計に大きな影響を与えます。

具体的には、設計内容が詳細になった段階で「そんなリスクは聞いていない。受け入れられない」と言われたりすると、要件を変更されて設計内容を大幅に変更しなければならなくなります。

そのようなことがないように、要件定義時に気が付いたリスクについては顧客と対応方針を合意しておく必要があります。

リスクの管理方法は、一般的に以下の４つがあります。

▶リスクの管理方法

種類	説明	代表的な対応
リスク回避 (Risk avoidance)	リスクのある活動を実施しない	・生産停止リスクのある機器の購入をやめる ・該当部品 / 該当方法を利用しない ・そもそもシステム導入をやめる
リスク低減 (Risk reduction)	リスクの発生率を下げたり、リスクによる影響を下げること	・システム停止リスクに備え、DR サイトの構築する ・生産停止リスクに備え、故障代替機をあらかじめ購入しておく ・パンデミックに備え、あらかじめ人的な余力を持たせ、リモート作業を可能にしておく ・リスクについて、利用者と SLA で合意しておく
リスク共有 (Risk sharing)	リスクを他者に移転・他者と分割すること。「転嫁」と「分散」に大別できる	・リスクに対応できる外部ベンダーを探し、リスクごと業務をアウトソースする（転嫁） ・複数の運用ベンダーを採用して、リスク発生時にも業務が継続出来るようにする（分散）
リスク保有 (Risk retention)	リスクを受け入れること	・発生した場合のリスクを明確にして、経営層とリスクについて合意しておく

※「種類」及び「説明」については、ウィキペディア日本語版の「リスクマネジメント」の記述を引用。
https://ja.wikipedia.org/wiki/%E3%83%AA%E3%82%B9%E3%82%AF%E3%83%9E%E3%83%8D%E3%82%B8%E3%83%A1%E3%83%B3%E3%83%88

リスクとコストはトレードオフになっているケースが多いため、完全にリスクを排除したシステムは存在しません。

そのため、リスクを隠さずに管理し、対応方針を明確にしておくことが重要です。

2.3.7 役割分担のサマリを作成する

運用項目と作業がある程度確定したら、運用の登場人物と掛け合わせて役割分担のサマリを作成します。そうすることで、どの項目で運用フロー図が必要なのか、作業を実施する主担当が確定してきます。

例として以下の役割図を表にして、それぞれに役割をマッピングしてみましょう。

▶役割分担相関図

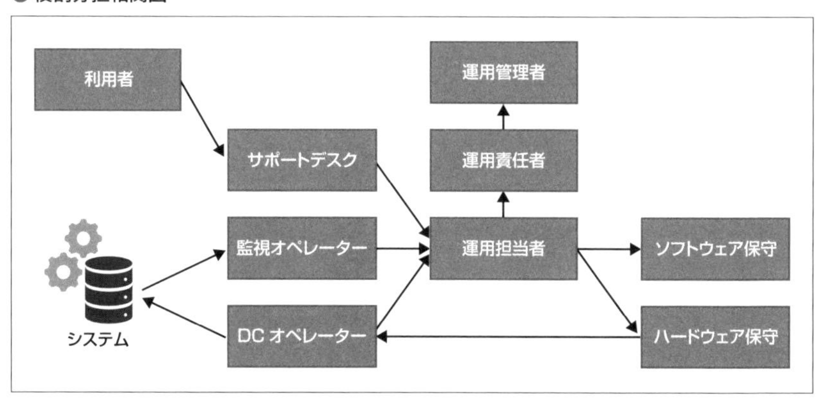

▶役割分担サマリ記載例

作業名	利用者	運用管理者	サポートデスク	運用責任者	運用担当者	監視オペ	DC オペ	保守ベンダー
AAA	△		●		▲			
BBB				◎	●			
CCC		◎		●	▲			
DDD				◎	●	△		
EEE		◎			▲		●	△

［凡例］●：主担当　◎：承認、サポート　▲：情報提供、情報共有　△：依頼

こうして役割分担をまとめることによって、それぞれの役割の人は自分が何をすればよいのかが一目でわかるようになります。また、次に説明する運用工数と紐づけることによって、どの役割の人が月間どれぐらいの作業時間が必要かも見えてきます。

役割分担で関連先が多い作業は、運用フローを作成して情報連携の方法を検討する必要があります。

要件定義ではだれが何をやるのかの方向性を合意しておきます。基本設計以降で運用フロー図を作成して、各担当と作業実施担当に相違がないかを運用関係者と確定させていくことになります。

2.3.8 運用に必要な工数を算出する

役割分担までがあらかた記載できたところで、要件定義時点での運用項目一覧を発注者と合意します。

合意ができると、おおよそでよいので運用工数を出してほしいと言われることがよくあります。企業の予算の取り方として年間で予算を組む場合が多く、システム運用のために高額な出費が必要な場合は、概算でもよいので早めに予算を計上しておく必要があります。

運用項目に対して想定頻度と想定工数を決めて積み上げていくのですが、あくまで要件定義段階では6割できの運用項目一覧です。必然的に運用工数算出の精度も6割程度になります。要件定義で運用工数算出を依頼された場合は、そのぐらいの数値精度だという合意を得てから作業を始めましょう。

■作業頻度の考え方

まずは、要件定義を通じてある程度固まった運用項目一覧へ想定頻度と想定工数を入れます。一度もやったことのない作業に工数を入れるのは難しいと思いますが、アプリケーション担当や基盤構築担当へ作業概要を聞きながら半日単位（4時間区切り）ぐらいで数字を埋めていきます。

作業頻度を考えるうえで重要なことは、頻度の単位をそろえることです。運用工数は人月で提示することが多いので、月次でそろえておけば問題ありません。毎週1回行う作業なら、5週×1回で「月5回」となります。平日に毎日4回行う作業なら月間の営業日を 20 日として、20 日× 4 回で「月 80 回」となります。こうして単位を合わせておくことで、運用項目一覧完成後に運用コスト算出が楽になります。

各作業の頻度については、以下の方針でおおむね割り出すことができます。

類似案件から割り出す

提供しているサービスが同じであれば、作業頻度も類似する可能性が高いといえます。たとえば、ほかの案件でサポートデスクへの日次問い合わせが利用ユーザー数の 4%であった場合、今回も同様になることが想定されます。また、インシデント発生件数も、似た機器構成のシステムからおおよそ類推することが可能です。こうした別案件のナレッジから類推して作業頻度を割り出します。

サービスレベルから割り出す

システム全体に求められているサービスレベルから、作業頻度を割り出すことも有効な方法です。たとえばシステムの定期報告についても、その会社のコアシステムであれば週次が適切かもしれません。一方、サービスレベルの低い社内システムであれば四半期でも問題ないでしょう。

運用項目一覧の作業頻度については、サービス開始後の初期流動期間と安定稼働後で 2 つの考え方が必要になります。

リリース直後から半年の初期流動期間は、安定稼働時よりも頻度を多めにしておくことが必要です。具体的には、プロジェクトに関わったメンバーを運用支援として残しておくなどの工夫が必要となります。また、運用開始後に設計から作業頻度が変わることもよくあります。

運用チームと発注者との契約が年次で行われる場合は、そのつど、作業頻度を適正な頻度へ修正するような方針にしておきましょう。

■作業工数の考え方

作業頻度がある程度固まったら、次に作業工数に 1 回あたりの作業時間を記載していきます。

要件定義、基本設計では運用コスト見積もりのために、既存運用や類似案件から推測して概算を記載します。その後、詳細設計や運用テストで実際に作業をしたときに確定値となるので修正します。

▶運用工数を確定する流れ

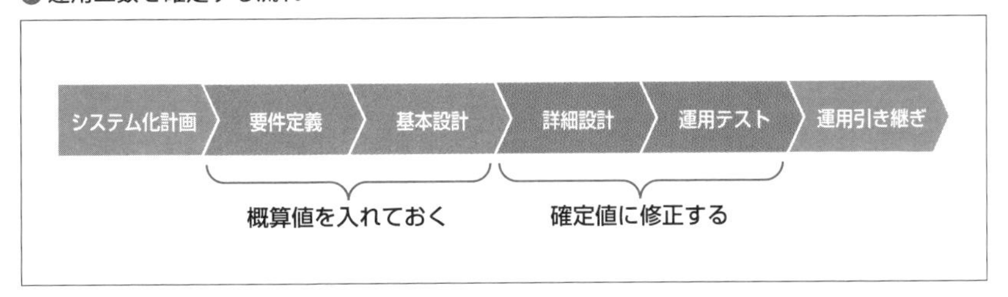

▶運用工数記載例

作業名	頻度（月）	工数（分）	月間工数（時）
AAA	4	60	4.0
BBB	20	20	6.7
CCC	1	600	10.0
DDD	80	10	13.3
EEE	300	10	50.0
		合計	84.0

■運用体制の検討

作業に対する頻度と工数が埋まったら、頻度×工数で出た数字をすべて足せば、それがひとまず運用全体に必要な工数となります。これらに役割分担を当てはめて、各チームに必要な工数を算出していきます。

算出されたチームごとの人月をもとに、運用対応時間、メンテナンス時間などの基本的な運用ルールを加味して、運用体制を考えていきます。例として、以下の2つのシステムについて考えてみましょう。

平日9～18時対応のシステム

・本番作業は、運用責任者1人＋運用担当者2人体制

・運用工数2.5人月

▶平日9～18時対応のシステムに必要な人数の計算

勤務時間は平日9～18時、途中休憩1時間（8時間勤務）
運用担当者＝平日20日×勤務時間8時間×2人÷1人月160時間＝2人
運用責任者1名＋運用担当者2名＝3人体制

24時間365日対応のシステム

・本番作業は、運用責任者1人＋運用担当者2人体制
・運用工数6.0人月

▶24時間365日対応のシステムに必要な人数の計算

勤務時間は24時間365日、3交代：引き継ぎのために1時間は前後重複
運用担当者＝1か月30日×勤務時間24時間×2人÷1人月160時間＝9人
運用責任者1名＋運用担当者9名＝10人体制

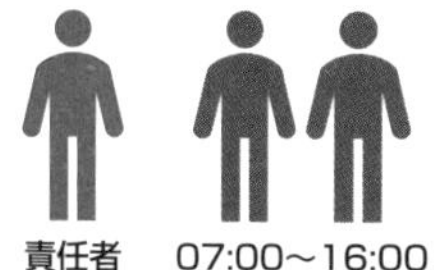

このように、それぞれの本番作業には3人体制／10人体制を組む必要があります。

運用対応時間が平日9～18時の場合、運用工数2.5人月でも本番作業やバッファも見込んで3.0人月の3人体制としておいたほうがよいでしょう。2.5人ギリギリの体制にしてしまうと、障害対応などで緊急作業が発生したときに通常運用作業を行う人がいなくなってしまうリスクがあります。

運用対応時間が24時間365日となる場合、作業があってもなくても障害対応で待機が必要となるので、常に要員を配置しておく必要があります。1システムで6.0人月の作業しかないのに10人体制を組まなければならない場合、夜間・

休日などの利用者からの問い合わせが少ないと見込まれる時間帯については、他システムと合わせて運用体制を検討する必要があります。

先にも述べましたが、要件定義で算出する運用工数は「これぐらいの追加となりそう」という概算の提示と考えておいたほうがよいでしょう。基本設計が終わるまでは運用項目の増減がありますので、詳細な運用工数については詳細設計後に再計算する必要があります。

2.3.9 要件定義書を書く

発注者とさまざまな要件についてディスカッションを行って、要件が固まってきたら要件定義書にまとめていきます。要件定義書は、最終的に発注者側が責任を持つドキュメントとなります。ただ、良い要件定義書を作成するためには、システム完成後のイメージを明確に持つ必要があります。発注者はユースケースや利用方法を想像することはできますが、これから作るシステムを高い解像度で想像することは難しいでしょう。そのため、要件定義書の執筆にはシステムに詳しいベンダーがお手伝いすることになります。

要件定義書を書く前に、要件と設計の違いを理解しておく必要があります。

要件はサービス提供に必要なシステムの条件、設計はその条件をどのように実現するか、ということになります。この違いを理解するためには、結婚式の段取りで考えると少しわかりやすくなると思います。

要件：夫婦しか決定できない結婚式に対する希望

・チャペル式でドレスを着たい
・披露宴は緑の多い会場で洋食
・規模や予算はこれぐらい
・祖父母も来るので箸を使っても問題ないように、など

設計：夫婦の希望を叶えるウェディングプランナーの役目

・希望に沿った結婚式場、ドレスの提案
・披露宴会場の手配、調整、準備
・結婚式までのスケジュールの策定、など

結婚式に対する希望をウェディングプランナーが勝手に決めることなどできないように、システムに対する要件をベンダーが勝手に決めることはできません。ただ、良い結婚式にするためにはウェディングプランナーと相談しながら自分たちの希望をまとめたほうがよいでしょう。

これと同じで、良いシステムにするためにはシステム構築のプロが手助けしながらシステム要件を決めていく＝設計するほうが、より良いシステムが出来上がります。ですので、ディスカッションで出てきた要件を取りまとめて要件定義書にまとめるのはベンダー側が担当します。

その中身を発注者が確認して、本当に自分たちが望んでいるシステム要件となっているかを確認する、という流れになります。

■要件定義書の様式

要件定義書の様式は、企業によってさまざまです。最終的には発注者側のドキュメントになるので、発注者側フォーマットに従うことが多いでしょう。

目次、書きぶりなどは発注者の希望に合わせることになりますが、要件定義書の目次はおおむね以下のようになります。

▶要件定義書の目次

目次	おもな記載内容	主担当
1. はじめに	プロジェクトの目的、対象読者など記載	プロジェクトマネージャー
2. ユースケース	システムがどのように使われるかを記載	プロジェクトマネージャー、アプリケーション担当
3. 機能要件	ユースケースを実現するための機能を記載	アプリケーション担当
4. 非機能要件	機能以外のシステム構成、運用・保守に必要な要件を記載	基盤構築担当、運用設計担当
5. 運用要件	運用上必要となる要件を記載	運用設計担当
6. 実行スケジュール	システム構築が行わる場合の概算スケジュールを記載	プロジェクトマネージャー

運用要件は非機能要件に含まれる場合もありますが、章が分割される場合は運用基本要件、業務運用要件、基盤運用要件、運用管理要件に分けて記載します。そうすることで、運用項目一覧や運用設計書とも整合性がとれます。

▶運用要件の詳細

記載項目	記載概要
5.1 運用基本要件	運用体制図、対応時間、運用スケジュールなど運用全体に関わる要件を記載
5.2 業務運用要件	利用者登録や利用者権限管理など、サービス利用に関わる運用の要件を記載
5.3 基盤運用要件	システム基盤のパッチ適用、監視運用、バックアップ／リストア、ログ管理、運用アカウント管理などの基盤運用に関する要件を記載
5.4 運用管理要件	運用上の維持管理方針、情報統制方法、定期報告についての要件を記載

要件定義書の可読性が上がるのであれば、要件定義時点での運用項目一覧も付帯資料として添付します。各担当者が書いたものをマージして、最終段階で記載内容の重複を確認します。記載内容が重複しているものについては、通して読んだ場合にどこに書くのが最適かを考慮しながら記載箇所を決定していきます。

要件定義書とは別に、運用に特化した「運用要件定義書」を書く場合もあります。その場合も考え方は同じで、機能やシステム全体として記載しておいたほうがよい要件はシステム要件定義書に記載します。そのうえで運用に特化したものや、重複しても記載しておいたほうがよい内容は運用要件定義書へ記載します。

■記載する際の注意点

要件定義書はだれが読んでも齟齬がないように、簡潔に記載されている必要があります。また、1 要件に対して 1 行で言い切り型で記載していきましょう。

その他、具体的な注意点は以下となります。

- 句読点は 1 行に 1 つまでとする。「〜〜とし、〜〜の場合、〜〜のため、〜〜であるが」など、むやみに文章を繋ぐのはやめる
- 共通項目は、表やマトリクスにまとめる。文章での説明が長くなる場合、それは表やマトリクスで表現できるはず
- 決まっていないことをダラダラと説明するのは止める。決まっていない項目については、「詳細は次工程にて検討する」を使う
- 文章中で () や※を乱用するのは可読性を下げるので避ける。日本語を再考すれば、必ず 1 つの文章として表現できるはず。明らかに効果的な場合のみ使用可

2.3.10　要件定義のまとめ

要件定義で行った内容をまとめておきましょう。

・人的な範囲としての運用体制図を作り、発注者と合意する
・運用項目の範囲としての運用項目一覧のドラフト版を作り、発注者と合意する
・運用体制図と運用項目一覧ドラフト版作成の中で合意された要件を、要件定義書としてまとめる

■要件定義で作成したドキュメント

・要件定義書：100%完成
・運用項目一覧：60%完成

要件定義を行うことによって、システム構築と運用設計の範囲がかなり明確になりました。これらをもとに、次の基本設計にて運用項目ごとの実現方法を設計していくことになります。

ここがポイント！

要件定義は設計の範囲を決める大事なフェーズ。運用設計の範囲もしっかり発注者と合意しよう！

Column 作業工数に管理工数を入れるべし

システムの運用工数を正しく見積もるのは本当に難しいことです。1つの手順書を何分で実施できるか、1つのメールを作成するのに何分かかるのか、など、運用作業は作業者の慣れやレベルによってバラつきがどうしても出てきます。システム理解が深まれば、作業が速くなっていくこともあります。そうすると、当初見込んだ作業工数よりも作業時間が短くなるでしょう。

作業待ち時間に関する問題もあります。特にバックアップなどは一度実行すると何時間か待ち時間が発生することがしばしばです。これを作業工数と見込むのか否かなど、巨大なシステムになると考え方や見方によって1人月160時間ぐらいの誤差が簡単に出てしまいます。

それとは別に、運用体制を組むうえで忘れがちなのが運用チーム全体としての管理工数です。内部ミーティングやタスク管理、メールの確認や情報共有のための朝会などです。メンバー入れ替え時の教育や、OJTによる作業付き添いなどが必要となることもあるでしょう。

運用項目一覧はシステムにおける手作業をまとめたモノなので、運用チーム管理工数は記載されません。そのため、運用項目一覧からだけで運用工数を見積もると、これらの管理工数を計上し忘れる場合があります。これを忘れると、サービス開始後に作業時間が妥当なのにも関わらず、残業が多発するという状況が発生します。

これらの問題を解決する方法としては、一人当たりの月間管理工数を事前に決めておくやり方があります。たとえば「運用担当者が作業できる1人月の見積もりを0.9人月（144時間）として、残り16時間は管理工数とする」といった感じです。もしくは「運用担当者1人当たり月間10時間はチーム運営工数が必要になる」と事前に合意しておくのも手でしょう。

運用工数の過少見積もりは現場の疲弊、ひいてはせっかく作ったサービスの品質の低下を招きますので細心の注意を払いましょう。

2.4 基本設計

システム化計画 ＞ 要件定義 ＞ 基本設計 ＞ 詳細設計 ＞ 運用テスト ＞ 運用引き継ぎ

2.4.1　基本設計で運用設計がやるべきこと

要件定義で、プロジェクト全体としてシステムに求められる要件、運用設計を行う範囲が決まりました。続く基本設計ではアプリケーション担当や基盤構築担当がメインとなり、どのような仕組みであれば機能要件や非機能要件が満たせるのか、を考えていくことになります。

運用設計担当としては、**要件定義で決まった範囲に対して詳細な運用ルール、細かい役割分担を検討**していきます。

基本設計で運用設計担当が行うおもな作業は、以下の 3 点となります。

・運用のルール、やること、やらないことを記載した「運用設計書」を発注者と合意する
・複数の関係者が登場する運用業務について、運用フロー図で役割分担を整理して発注者と合意する
・運用項目一覧を修正して、詳細設計で作成するドキュメントを発注者と合意する

特に、運用設計方針を発注者と合意することが重要です。合意した設計方針をもとに、詳細設計で実際に運用担当者が利用するドキュメントを作成していきます。

基本設計では、常に「作成」「レビュー」「修正」「合意」を繰り返すことになります。ここで合意形成がしっかりできていないと、詳細設計で作るドキュメントの総量が変わったり手戻りが発生したりします。そうならないために、どのように基本設計フェーズを進めるかを考えていきましょう。

2.4.2　運用設計書とは

最近では**システム基本設計書**（以下、**基本設計書**）の別冊として運用設計書が作られることが多くなりました。

基本設計書とはシステムの機能と構成が書かれたドキュメントで、おもに、要件を実現するためのアプリケーションの機能実装方式や基盤構成などが記載されます。運用設計に関する要素も、もともとはこの中に散りばめられて書かれていました。

しかし、システムが大規模化するに従って機能や構成も複雑になり、基本設計書のページ数も増えていきます。そうなると、膨大なページ数の基本設計書の中から、散りばめられた運用に関する箇所だけを漏れなく読み取ることは至難の業です。

そこで基本設計書に書かれた内容から、運用に関するものだけをまとめた運用設計書が必要とされるようになりました。

発注者側としても、システム構築時に必要となる機能や構成が書かれている基本設計書と、システムリリース後に必要となる運用が書かれている運用設計書とで分かれていたほうが、確認観点がはっきりとして設計内容を合意しやすいメリットがあります。

また、副次的な効果としてシステムリリース後に運用変更となった場合、運用設計書だけを修正すればよいという面もあります。

■運用設計書と運用項目一覧の関係

運用設計書は運用設計内容を発注者と合意するために作成します。それはそのまま、運用担当者が合意された運用内容を理解するために必要なドキュメントとなります。

そのため、運用設計書には以下の６項目を記載していきます（数字は次項の表「運用設計書の章構成の例」に対応しています）。

① 今回の運用に求められていること
② 運用するにあたって知っておかなければならないシステムに対する知識
③ 今回の運用で出てくる登場人物とその役割
④ 運用項目ごとの目的とゴール

⑤ 各運用項目で利用するドキュメント
⑥ 採用されなかった運用方針とその理由

運用設計書と運用項目一覧は重複している箇所が多くあります。運用設計書を一覧化した資料が運用項目一覧、という見方もできますし、運用項目一覧の細かいルールが記載されているのが運用設計書、という見方もできます。

そのため、運用設計書を作成して発注者と合意が取れたら、運用項目一覧もあわせて修正することになります。

2.4.3 運用設計書の書き方

運用設計書は基本設計書の別紙としての役割を持ち、運用項目一覧と補完関係にあるドキュメントです。そのため、目次もそれらを意識しておく必要があります。

一般的には、前半に基本設計書との関係、後半に運用項目一覧との関連をまとめる章構成とすると、変更が入った場合に修正がしやすく可読性も上がります。

▶運用設計書の章構成の例

目次（章）	記載概要	インプット情報	合意内容
１章　はじめに	運用設計書がなんの目的でだれ向けに書かれているかを記載	・システム化計画書 ・要件定義書	①今回の運用に求められていること
２章　利用者のユースケース	このシステムがなんのためにどのように利用者から使われているのかを記載	・要件定義書 ・基本設計書	②運用するにあたって知っておかなければならないシステムに対する知識
３章　機器構成・機能	おもに基本設計書からの転記。機器構成、ネットワーク構成などの構成から、システムが実装している機能概要を記載	・基本設計書	②運用するにあたって知っておかなければならないシステムに対する知識
４章　運用概要	運用スケジュール、運用体制など、運用全体に関わることを記載	・要件定義書	③今回の運用で出てくる登場人物とその役割
５章　業務運用	おもにアプリケーション利用レベルでの運用。利用者とシステム間のやりとりで必要となる運用項目を記載	・要件定義書 ・基本設計書 ・運用項目一覧	④運用項目ごとの目的とゴール ⑤各運用項目で利用するドキュメント

6章　基盤運用	おもにサービス提供を支える基盤（ハードウェア、OS、ミドルウェア）の運用項目を記載	・要件定義書 ・基本設計書 ・運用項目一覧	④運用項目ごとの目的とゴール ⑤各運用項目で利用するドキュメント
7章　運用管理	運用していくうえでの全体的な管理の運用項目を記載	・要件定義書 ・基本設計書 ・運用項目一覧	④運用項目ごとの目的とゴール ⑤各運用項目で利用するドキュメント
8章　特記事項	明示的に採用されなかった運用や、上記に当てはまらない特殊な運用があれば記載する	・なし	⑥採用されなかった運用方針とその理由

発注者によるフォーマット指定がある場合はそれに従うこともありますが、特別な理由がない場合はこの章構成をおススメします。

それでは各章に、何を記載していくのかを具体的に説明していきましょう。

■はじめに（運用設計書の1章）

運用設計書が何を伝えようとしているのかを読者に対して説明します。項目としては、目的、対象読者、本書の構成の3つとなります。

目的には、システム導入の目的を簡単に記載したうえで、運用自体の目的である「システムを安定稼働させて効率的にサービスを提供する」と記載しておきましょう。運用設計書作成の目的は発注者との運用方針の合意形成ですが、システムリリース後の運用に関わる人がシステム運用について理解するためのドキュメントともなります。

そのため、対象読者は「システム運用に関わるすべての人」になります。

本書の構成には、読者に対して2章以降に記載されている概要を表形式でまとめておきます。記載内容が変わる可能性もあるので、本書の構成は最後に記載したほうが手戻りが少なくなります。

■利用者のユースケース（運用設計書の2章）

要件定義で決まった利用者のユースケースを読者に対して説明します。

基本設計書に同様の記載がある場合はその内容を転載でもかまいません。

運用中にユースケースが変わる可能性がある場合は二重管理を避ける目的で、

基本設計書の章番号を記載して参照としましょう。逆に、ユースケースにほとんど変更がない場合は、対象読者の可読性を考えて転載しておくほうが望ましいでしょう。

■機器構成・機能（運用設計書の３章）

システム構成、ネットワーク構成と、実装されている機能を読者に対して説明します。

基本設計書からシステム構成図、ネットワーク構成図、システムが実装しているアプリケーション・ミドルウェア機能一覧などを転載します。

ユースケースと同様に、今後頻繁にシステムの拡張、機能追加などが予定されている場合は基本設計書の該当章番号を記載して参照としましょう。

本章は、運用中にシステムの構成や機能について知りたくなったときに、基本設計書へ正しく誘導することを目的としています。あまり詳しく書きすぎると基本設計書と同じになってしまうため、基本設計書に対するインデックスとなるように作成しましょう。

３章は基本設計書が完成しないと書けない章なので、基本設計フェーズ後半に執筆することになります。

■運用概要（運用設計書の４章）

要件定義で確定した登場人物や運用スケジュールに加えて、実際に運用を行ううえで、関係者が知っておくべき共通認識を記載します。

具体的には以下のような事項を記載します。

登場人物と役割説明、登場人物ごとの対応時間

登場人物は、運用開始後に関わりを持つ人たちとなります。表を用いて、実際の組織名、役割分担、対応時間などをまとめていきましょう。

既存で関係者の連絡先一覧がない場合は、このタイミングで作成しておきましょう。

通常時の運用スケジュールとシステムメンテナンス時間とその考え方

運用設計書には運用スケジュールの概要を記載します。具体的には、メンテナ

ンス時間とその考え方を合意して記載しておきます。メンテナンス作業でシステムが停止して利用者に影響が出る場合は、スケジュール表をサポートデスクと共有する仕組みを考えなければなりません。

なお、実際の作業日程を記載する「月間スケジュール表」や「年間運用スケジュール表」は、詳細設計フェーズで作成します。

関係者間の連絡ルール、共通で利用する運用管理ツールなどの使い方

情報連携でメール、チャットツールなどを使う場合は明記しておきましょう。また、関係者が共通で利用する統合運用管理ツールや、インシデント管理などがあればそれも記載しておきます。

既存ツールを利用する場合は、すでに社内ドキュメントがあると思うのでそちらを参照するように記載しておきましょう。

それ以外にも、運用全体で認識するべき事項はこの章に記載します。

■業務運用、基盤運用、運用管理（運用設計書の５～７章）

５～７章に関しては「利用者管理」「バックアップ／リストア運用」「運用情報統制」といった、実際の運用項目の業務内容について詳しく書いていきます。

各項目で記載する内容は、おおむね以下のようになります。

・運用項目の目的
・運用項目の概要
・運用項目の運用方針、ルール、注意事項など
・運用項目における関係者と役割、情報連携ルール
・運用項目で必要となるドキュメント一覧

３つ目の「運用項目の運用方針、ルール、注意事項など」は、運用項目ごとに記載する分量が大きく変わってくる箇所です。運用設計フェーズで決まったことを、システムリリース後の運用担当者へ伝える役割もあるので、合意した内容を記載するようにしておきましょう。

５つ目の「運用項目で必要となるドキュメント一覧」については、運用項目一覧と完全に重複するので、運用設計書には記載しない方針で合意することも可能

です。

なお、運用項目に記載する運用設計方法は、本書の以下の章で詳しく説明します。今すぐ詳細な運用設計方法を知りたい場合は、該当の項目を参照してください。

・業務運用：本書の「３章　業務運用のケーススタディ」
・基盤運用：本書の「４章　基盤運用のケーススタディ」
・運用管理：本書の「５章　運用管理のケーススタディ」

■特記事項（運用設計書の８章）

８章には、２～７章では書けなかったけれども、運用上把握しておいたほうがよいことを記載します。たとえば、検討されたけれど採用されなかった運用項目、運用方針などは、その不採用の理由とともに記載しておくべきでしょう。

運用業務を実施していると、本当はやるべき運用作業が実施されていないのでは？ と疑問に思うことがあります。そのときに、運用設計書にその運用作業が不採用になった経緯の記載があれば無用な検討を実施しなくても済みます。

逆に、システム運用中に不採用となった原因が排除されれば、実施を検討できるかもしれません。導入当時は難しかったものが、テクノロジーが進化して簡単にできるようになって、運用改善として採用できることもあるでしょう。

このように、未来の運用担当者へ向けてのメッセージとして、特記事項を記載しておくことも大切なことになります。

■基本設計書に修正が入った場合の対応

以上、簡単ですが運用設計書の書き方を確認してきました。

先にも述べましたが、基本設計書と運用設計書は密接な関係にあります。このため、同時に執筆していることも多く、その場合は相互に内容の齟齬が生じないように注意が必要です。

基本設計書が確定した後に運用設計書を書き始めれば影響を受けることはないのですが、昨今の短納期なシステム開発スケジュールではそのような余裕のあるスケジュールを組むことが難しい状況があります。プロジェクトを通して運用設計者に求められているのは、**基本設計書のどこに修正が入ったら、運用設計書のどこを直せばよいのか**を把握していることです。

このような状況もありますので、運用項目一覧の並びと運用設計書の目次は合わせておいたほうが、修正やチェックもやりやすくなります。

実際に基本設計書に修正が入った場合には、以下の流れで修正を行うことになります。

- 機能変更箇所確認
- 運用項目一覧の点検／修正
- 運用設計書修正
- 必要であれば運用フロー図の修正

さて、運用設計書の作成方法がだいたいわかったところで、次は運用フロー図について説明していきましょう。

2.4.4 関係者間の摩擦をなくす運用フロー図

複数の関係者が登場する運用項目では、いつだれが何を行えばよいのかが複雑になり、役割分担があやふやになります。

運用フロー図は、1つの運用項目に対して**「いつ」「だれが」「どんな情報をもとに」「何をするのか」を合意する**ことが目的です。ただし、最後の「何をするのか」については、詳細設計の運用手順書、台帳、一覧、申請書などで明らかにしていきます。運用フロー図では大きな流れと情報連携方法を確定していきます。

運用フロー図が完成するまでの流れは以下のようになります。

① 運用項目一覧から、どの項目で運用フロー図が必要か検討する
② どの順番で運用フロー図を作成するか優先度を決める
③ 運用フロー図を作成する項目と優先度を発注者と合意する
④ 運用設計担当でドラフト版の運用フローを作成する
⑤ 関係者間でレビューを行い、細かい役割などを決定する
⑥ 運用設計担当にてレビュー結果を修正する
⑦ 関係者で最終レビューして、運用フロー図について合意する

特に、関係者が多い場合や処理内容が複雑な場合は、⑤のレビューと⑥の修正を何度か繰り返すので、思いのほか作業工数がかかるときがあります。

ただ、レビューや修正が多いことはデメリットばかりではありません。ここで関係者の納得度が上がれば、運用に入った後の関係者間の摩擦を軽減することができます。そのため、時間の許す限り関係者が納得するまでレビューと修正を繰り返すことをお勧めします。

■運用フロー図を作る／作らないの判断基準

すべての運用項目で運用フロー図が必要となるわけではありません。むやみやたらと運用フロー図を作成しても、運用開始後に参照されない無意味なドキュメントとなってしまいます。そのような状況を避けるために、まずはどの運用項目で運用フロー図を作成するかを決める必要があります。

運用フロー図は関係者間の役割分担を決めるため、目安としては登場人物の多い運用項目ほど必要になります。

判断基準としては、関係する登場人物が 3 つ以上出てきたときに運用フロー図が必要かどうかを検討します。

実際にどのような作業で運用フロー図が必要になってくるのか考えてみましょう。

▶運用項目一覧の役割分担表

作業名	利用者	情報システム室	サポートデスク	運用責任者	運用担当者	監視OP	DCオペ	保守ベンダー	頻度（月）	工数（分）	月間工数（時）
ユーザー利用申請	△	◎	●		▲				4	60	4.0
日次正常性チェック				◎	●				20	20	6.7
障害対応		◎	▲	●	●	●		□	10	180	30.0

［凡例］●：主担当　◎：承認　□：サポート　▲：情報提供、情報共有　△：依頼

この例では、ユーザー利用申請と障害対応については運用フロー作成を検討する必要があります。日次正常性チェックは運用担当者と運用責任者しか出てこないため、運用フロー図を作るまでもなく、運用手順書があれば運用業務をこなすことができます。

▶運用フロー図がいるパターンといらないパターン

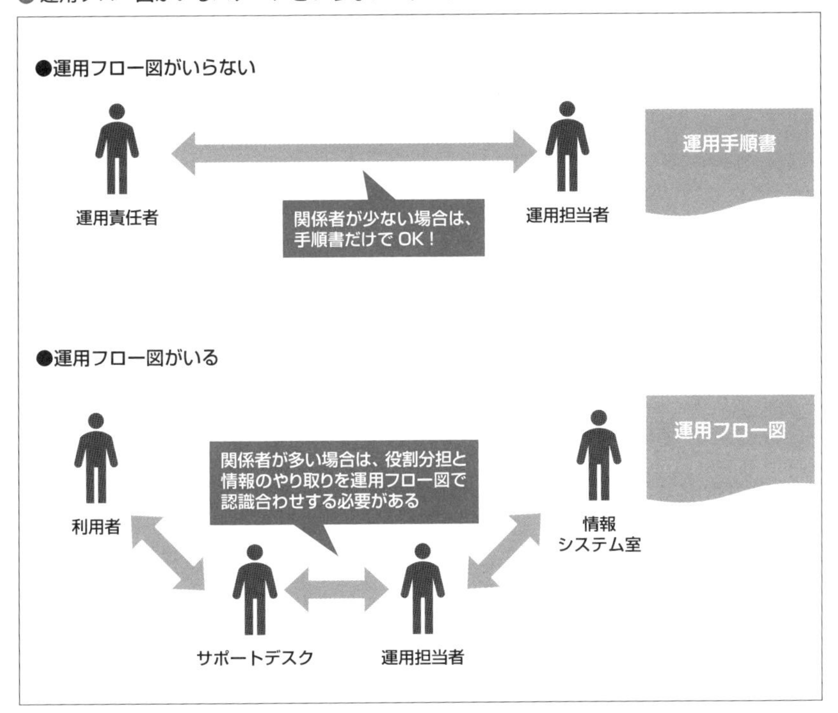

■既存の類似の運用フローはまとめていく

このように、運用項目一覧から運用フロー図作成が必要そうな運用項目の選定が終わったら、1つだけ発注者へ確認することがあります。それは、選定した運用項目の中で、**既存運用に類似の運用フローがあるかどうか**、ということです。

ユーザー利用申請であれば、他システムの利用申請はどうしているのか？ 障害対応であれば、他システムの障害対応がどうなっているのか？ などを確認します。

目的は、会社内で複数の運用ルールの乱立を避けるためです。詳しくは5章の運用管理で説明しますが、類似ケースであれば運用ルールは極力同じ仕組みを利用するようにしましょう。申請方法や情報連携方法が共通であれば、運用フロー図も共通にできる場合が多くあります。

システムごとに申請方法が違う、情報連携ツールが違うというのでは、会社全体として運用ルール改善を図ろうとする場合に足かせとなります。

▶ 申請方法はまとめたほうがよい

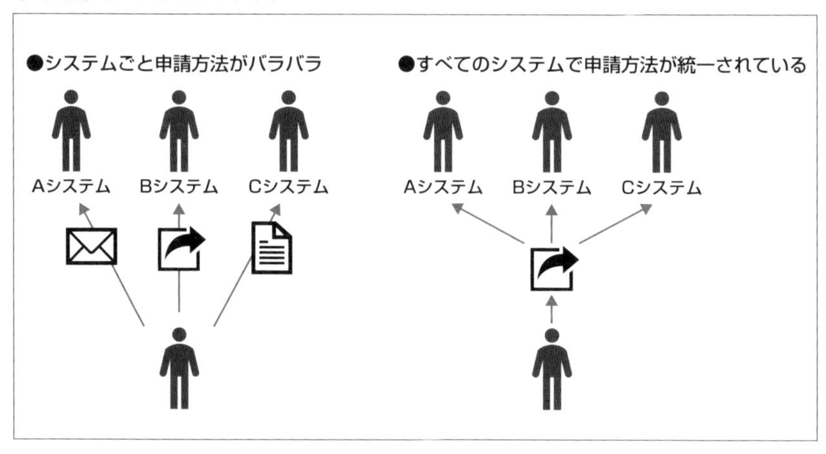

■運用フロー図を作る優先度

運用フロー図を作る運用項目が決定したら、最後に作成する優先度を決めていきます。

運用フロー図は関係者が多いほどレビューに時間がかかります。特に関係者に利用者が含まれている場合は、確認項目や調整項目が増えるため、さらに時間がかかります。

そのようなことを鑑みて、優先度の付け方は以下のようになります。

▶ 運用フロー作成時の優先度設定

優先度	説明
高	関係者が多く利用者を含んでいるもの
中	関係者は少ないが利用者を含んでいるもの 関係者に利用者がいないが関係者が多いもの
低	関係者が少なく利用者を含んでいないもの

作成順序に迷う場合は、発注者と相談して優先度を決定してもよいでしょう。

これで、運用フロー図を作成する対象と優先度が決まりました。次は、実際に運用フロー図のドラフト版を作成する方法を説明していきます。

2.4.5 運用フロー図のドラフト版を作る

運用フロー図を作成するために必要な情報は、処理の流れ、運用担当者の作業範囲、実施タイミングの３つとなります。

処理の流れについては、申請などの作業開始前の部分は発注者に、システム側の作業の部分はアプリケーション担当と基盤構築担当からヒアリングすることになります。

運用担当者の作業範囲は発注者からヒアリングします。

実施タイミングについては、処理の流れと運用担当者の作業範囲から適切なタイミングについて発注者とすり合わせていくことになります。

運用フロー図を中心に見たインプット／アウトプット情報

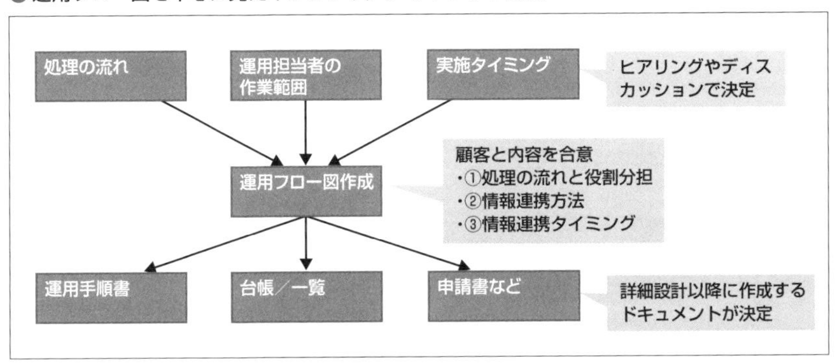

運用フロー図の作成にあたっては、以下の順番に関係者の合意を得ながら精度を高めていきます。

① 処理の流れと役割分担の合意
② 情報連携方法の合意
③ 情報連携タイミングの合意

それぞれが何をインプットして、どのように合意まで至るのかを見ていきましょう。

■①処理の流れと役割分担の合意

処理の流れと役割分担について合意するためには、その運用項目で関係者が何をするのかがわからなければなりません。

そのインプット情報には運用項目一覧を利用します。現時点の運用項目一覧は、どの登場人物がだいたい何の役割を行うかまでがわかっている状態です。まずは運用項目一覧から実際の業務の流れを想像して運用フロー図を作成します。

運用フロー図は、役割ごとに帯状のレーンを設けて処理の流れを記載していきます。このレーンのことを、競泳プールのイメージと重ねて「スイムレーン」と呼びます。この例では縦方向ですが、横方向に書く場合もあります。

▶運用フロー図（処理の流れと役割分担）

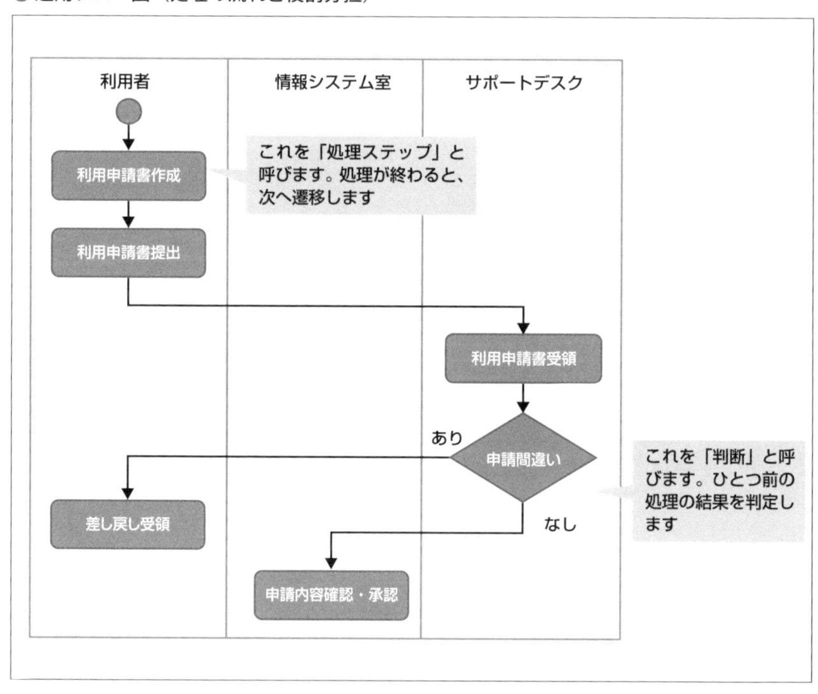

スイムレーンに出てくる名称については、運用項目一覧と合わせることをお勧めします。その際、並びも同じにするとドキュメント全体の整合性が取りやすく、可読性も上がります。

処理ステップの粒度はレビューで変わっていくので、この時点の作成精度は大雑把でかまいません。

最初のドラフト版ができたら、まずはプロジェクト内のアプリケーション担当、基盤構築担当へ内部レビューをお願いして、アプリケーションの機能面やシステム構成面から、抜けている処理がないかを確認してもらいます。

その後、実際に運用する関係者のレビューを実施して、自分が担当する作業に違和感がないかを確認してもらいます。

実際に自分が行うかもしれない運用フロー図をもとにヒアリングをすると、処理内容だけでなく、現在の運用方法や情報連携方法などがこのタイミングで聞ける可能性が高くなります。

■②情報連携方法の合意

情報連携方法は、発注者側からヒアリングするしかありません。発注者や関係者から、既存運用での情報連携方法をヒアリングして、運用フロー図に反映していきます。

すでにこれまでのヒアリングで、情報連携方法が判明している場合は最初のドラフト版に含んでしまってもかまいません。

▶運用フロー図（情報連携方法追加）

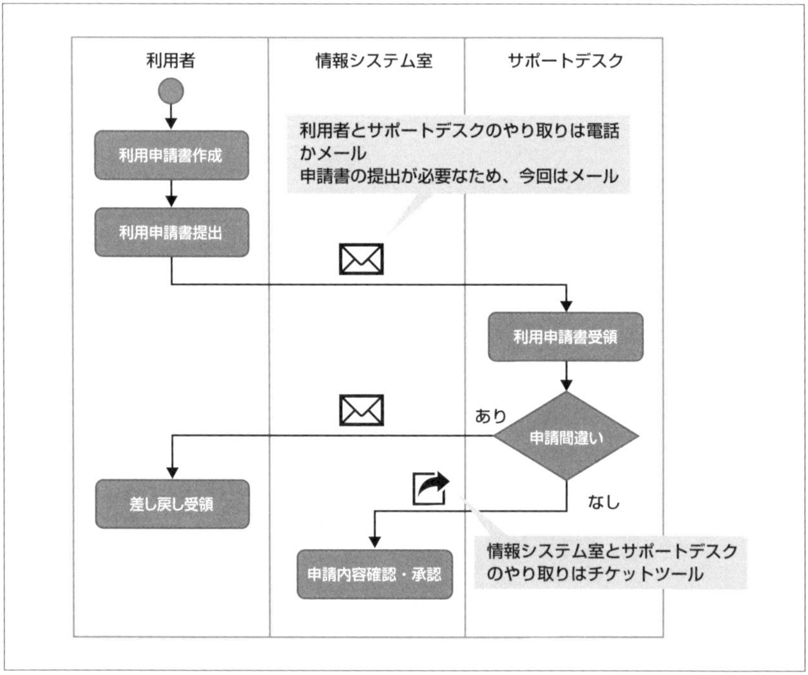

利用者
情報システム室
サポートデスク
利用者とサポートデスクのやり取りは電話かメール
申請書の提出が必要なため、今回はメール
利用申請書作成
利用申請書提出
利用申請書受領
あり
申請間違い
なし
差し戻し受領
申請内容確認・承認
情報システム室とサポートデスクのやり取りはチケットツール

情報連携の方法を記載したうえで、再び関係者にレビューをしてもらって情報連携方法が現実的であるかを判断してもらいます。

なお、実際にその方法で運用フローがうまく回るかについては、運用テストで実施します。この段階では机上で確認してコメントを戻してもらえれば十分です。

■③情報連携タイミングの合意

情報連携タイミングは、発注者とディスカッションしながら決めていきます。

まずはフロー自体の始まりの実施トリガーを決めます。図の利用申請の例であれば、申請を受け取ってすぐに処理をするのか、それともある程度のリードタイムがあっても問題ないのかなどを発注者と詰めていくことになります。

ここでは「利用申請の受け付けは随時対応して、作業自体は毎週月曜日に行う」と合意したものとして運用フロー図を更新します。

▶運用フロー図（情報連携タイミング追加）

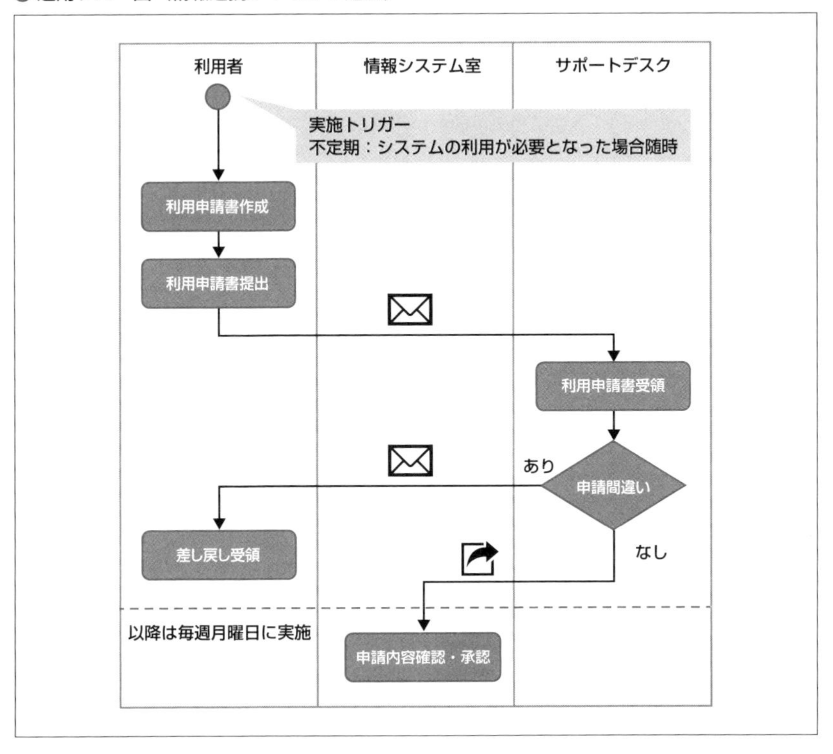

ディスカッションやヒアリングでは、議論のたたき台として運用設計者から具体的な提案をするように心がけましょう。運用設計担当からなんの提案もなく「どのようなタイミングがよいですか？」と聞いた場合、発注者から「システム的にはどのタイミングがいいですか？」と質問返しされることになるでしょう。

ディスカッションをする際は、まずは運用設計担当でよさそうなタイミングを考えて提示します。それが難しいのなら、プロジェクトメンバーと相談しながらシステムとして最適と思われるタイミングを提示するようにしましょう。具体的なタイミングを提示したほうが、発注者としても「今の業務ルールだと、このタイミングでは難しい」といった具体的なコメントがしやすくなります。

発注者と情報連携タイミングが決定したら、最終的にシステムとして問題ないかをプロジェクト内に確認します。

■詳細設計以降の運用フロー図のアップデート

基本設計フェーズでの運用フロー図はこれで完成ですが、この次の詳細設計フェーズで行う修正についてもここで少し説明しておきます。

詳細設計では、運用手順書や申請書、台帳などをマッピングし、処理ステップの整理などを行います。今回の例だと、申請書作成から実施の申請までが記載してある「利用申請手順書」を作成して、「利用申請書作成」と「利用申請書提出」の２つを１つの処理ステップにまとめることができます。

あわせて、判断箇所に判断基準が記載してあるドキュメント名（この例では「利用者管理台帳兼チェックリスト」）を書いておくことで、何をもとに運用担当者が判断しているかが可視化されます。

▶運用フロー図（関連ドキュメント追加）

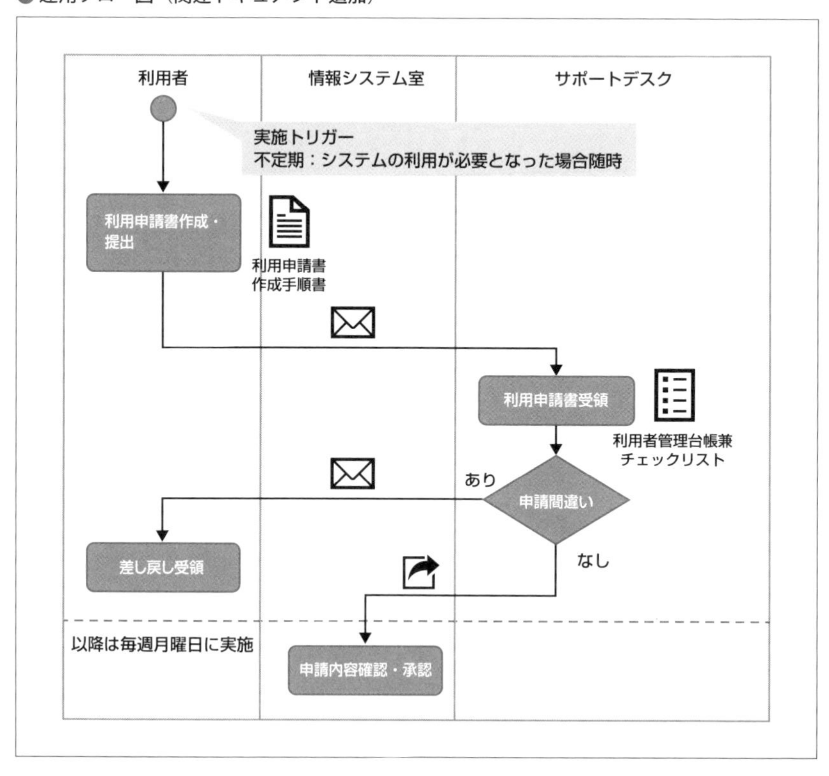

ドキュメントをマッピングして、処理ステップの最終確認を行えば運用フロー図は完成となります。

運用フロー図を作ることで、発注者との運用フローの合意がしやすくなるのはもちろんですが、それ以外にも、処理内容が可視化されることによって運用改善がしやすくなるという副次効果があります。

関連ドキュメントを運用フロー図にマッピングしておけば、運用開始後に運用ルールを変更する場合の修正対象が明確になります。また、運用業務を自動化する際に、運用フロー図から自動化できそうな箇所を探していくための資料にもなります。

2.4.6 運用項目一覧を更新する

ここまで運用設計書と運用フロー図の作り方を説明してきました。作業を通じて、発注者といろいろなことが合意できたと思いますので、それらをもとに運用項目一覧を更新していきます。

なお、運用項目一覧は、基本設計で 8 割完成となります。このタイミングで修正・更新する内容は以下の通りです。

- 運用設計書で合意した内容をもとに、作業項目を見直し作業概要を修正する
- 運用フロー図で合意した内容をもとに、役割分担を見直す
- 次工程の詳細設計で作成する関連ドキュメントを記載する

以下、順番に更新する内容を見ていきましょう。

■運用設計書で合意した内容をもとに、作業項目を見直し作業概要を修正する

運用設計書を執筆していく中で、新たな作業が必要なことがわかったり、複数の作業が 1 つに統合されたりします。それらを運用項目一覧へ反映していくことになります。

作業項目は、1 つの手順書で完結する、もしくは 1 つのフロー図で完結する単位とするのがお勧めです。そうすることによって、作業項目と関連ドキュメントの紐づけがわかりやすくなります。

作業項目が確定したら作業概要を修正します。運用項目一覧は運用の全体図なので、あまり具体的に記載する必要はありませんが、運用設計書の記載内容と齟齬がないように修正しておきましょう。

■運用フロー図で合意した内容をもとに、役割分担を見直す

作業項目の修正が終わったら、次は役割分担を見直していきます。

運用フロー図を作成した運用項目は、詳細まで役割分担が判明したので修正する箇所が必ずあるはずです。特に気にするべき点は、承認作業が必要な作業と不要な作業をキッチリと仕分けることです。承認が必要な作業の洗い出しが間違っていると、運用テストの時に手戻りが発生する可能性が大きくなります。

作業承認の要否、また承認する際はだれが承認するのかは、この時点でハッキリさせておきましょう。

■次工程の詳細設計で作成する関連ドキュメントを記載する

作業項目が固まることによって、作業に必要な関連ドキュメントを検討することができるようになっているはずです。

関連ドキュメントには、以下のドキュメント名を記載します。

・運用フロー図
・運用手順書
・台帳
・一覧
・申請書

運用フロー図はすでに作成しているのでよいとして、どの作業で運用手順書などが必要となるかは、アプリケーション担当と基盤構築担当へ確認して、必要となる手順書、台帳、一覧、申請書の洗い出しを行います。

ここで洗い出したドキュメント数が、詳細設計の作業量に直結します。プロジェクト全体の納品物にも影響しますので、プロジェクト全体で洗い出しに協力してもらうように働きかけましょう。

2.4.7 基本設計のまとめ

さて、基本設計で行った内容をまとめておきましょう。

- 運用のルール、やること、やらないことを記載した運用設計書を発注者と合意する
- 複数の関係者が登場する運用業務について、運用フロー図で役割分担を整理して発注者と合意する
- 運用項目一覧を修正して発注者と合意する

■基本設計で作成、修正したドキュメント

- 運用設計書：80%完成
- 運用フロー図：80%完成
- 運用項目一覧：60% → 80%完成

運用設計書や運用フロー図を作るために、発注者といろいろと会話して、今回のシステム運用のゴールがだいぶ見えてきたかと思います。

次の詳細設計では、実際に運用担当者が使う運用手順書や台帳、申請書などを作成していくことになります。

ここがポイント！

基本設計でどんな作業をいつだれがやるかが決まってきましたね！

2.5 詳細設計

システム化計画 → 要件定義 → 基本設計 → 詳細設計 → 運用テスト → 運用引き継ぎ

2.5.1　詳細設計で運用設計がやるべきこと

基本設計を終えて、運用項目の全体像と役割分担が合意できました。

詳細設計では、**合意した運用項目の作業を実際に担当者がどうやって実施するのか**を決めていきます。具体的には運用手順書やそれに付随する台帳、一覧、利用者手順書と申請書などを作っていきます。

このあとの運用テストフェーズでは、詳細設計で作成したドキュメントで本当に業務や作業が実施できるのかを検証することになります。その運用テスト仕様書を作るのも詳細設計フェーズとなります。

詳細設計で運用設計担当が行う作業は、以下の 7 点となります。

・運用担当者が作業できるように、運用手順書を作成する
・運用中に発生する可変データを管理する台帳、頻繁に参照するパラメーターを見やすくする一覧を作成する
・利用者依頼で、システムを変更するための申請書を作成する
・申請書の作成方法やシステムの利用方法をまとめた利用者手順書を作成する
・運用項目一覧と運用フローを修正して発注者と合意する
・運用状況を報告するための報告書のフォーマットを作成する
・作成したドキュメントが利用できるかを検証するための、運用テスト仕様書を作成する

要件定義や基本設計とは違い、ディスカッションしたり合意することは少ないですが、とにかくドキュメント作成量が増えて人手が必要となります。

ただ、実際に運用担当者が利用するドキュメントなので、詳細設計のクオリティが運用設計の満足度を左右するといっても過言ではありません。

最後の運用テスト仕様書は、本来は詳細設計で作成するドキュメントですが、運用テストを流れで説明したいので本項での説明は割愛して次項で説明します。

それでは、どのように詳細設計を進めていくのかを説明しましょう。

2.5.2 詳細設計のWBSを作成する

さっそくドキュメント作成方法の詳細を説明していきたいところなのですが、詳細設計では作成するドキュメントが大量にあります。まずは全体量の把握と、だれがどのように作成していくのかを決めていく必要があります。そのためにはまず、WBS（Work Breakdown Structure）を作成しましょう。

役割分担を決める箇所とスケジュールの決め方は以下となります。

①運用項目一覧の関連ドキュメントを一覧化して、作成対象を発注者と合意する

まずは、作成する予定の関連ドキュメントを一覧化して、発注者と作成対象を合意しましょう。基本設計の最後（2.4.6項）で、運用項目一覧に記載するように説明したものを一覧にまとめるとよいでしょう。

最初に作成対象を合意しておくことで、作成ドキュメントが増加した場合に要員追加やスケジュール調整をすることが可能になります。

②引き継ぎ先の既存運用担当から既存のフォーマットをもらう

もし引き継ぎ先の既存運用担当がいる場合は、現在使っている運用手順書、台帳、一覧などのフォーマットをもらいましょう。

いつも利用しているフォーマットに合わせて作成したほうが、記載する流れが同じになるので引き継ぎ時にスムーズにいく場合が多いです。また、現在の記載レベルを確認することによって、これから作るドキュメントの作成レベルも合わせることができます。

③運用手順書、台帳、一覧について、プロジェクト内の役割分担を決める

関連ドキュメント一覧をもとに、どのドキュメントをだれが作成していくかの

役割分担を決めていきます。

運用手順書については、手順書フォーマットを展開して、アプリケーション担当や基盤構築担当に操作手順書を作成してもらいます。操作手順書がそのまま運用手順書になるなら加筆は不要ですが、作業時間の指定、作業順序の指定などの情報が不足している場合は運用設計担当にて加筆修正します。

アカウント情報をまとめた一覧などは、運用設計チームがフォーマットを提示して、各担当に情報を記載してもらう形になります。各担当で関連ドキュメントを作成してもらい、最終的に運用設計担当がチェックするという役割分担が一般的です。

④利用者手順書、申請書を発注者側が作成するか、運用設計担当が作成するかを決める

利用者が利用する手順書や申請書などは、発注者側に細かい要望やルールが存在して、運用設計担当の一存では完成させられない可能性があります。

プロジェクト側のアプリ担当と運用設計担当でドラフトを作成して、発注者で完成させてもらう場合や、作成のすべてを発注者にお願いする場合もあります。

発注者側で利用者手順書や申請書を作成する場合、プロジェクト側からは必要な項目や情報を連携することになります。

⑤ドキュメントごとのWBSを作成する

ドキュメント作成対象と役割分担が決まったら、ドキュメントごとにだれがいつまでに何を実施するかをまとめたWBSを作成しましょう。

WBS作成方法は本書では割愛しますが、担当チーム名といった漠然としたものではなく、担当者を記名して実際にだれがやるかまで落とし込んで責任をもって対応してもらいましょう。

WBSが作成できれば、ようやく詳細設計フェーズを走り出すことができます。なお、先を見越して、基本設計フェーズの最後でWBS作成までやっておくのも有効です。

2.5.3 運用手順書を作成する

運用手順書とは、製品マニュアルやアプリケーションなどの操作手順書を、導入する会社の要望に合わせてカスタマイズした手順書のことです。製品マニュアルや操作手順書は、アプリケーション担当や基盤構築担当から連携してもらいます。

まれに運用担当者自らが操作手順書を使いやすいように編集したいというリクエストを受ける場合があります。その場合は、操作手順と作業順序などの付加情報を連携して、運用担当者に運用手順書を作成してもらうことになります。

▶運用手順書の立ち位置

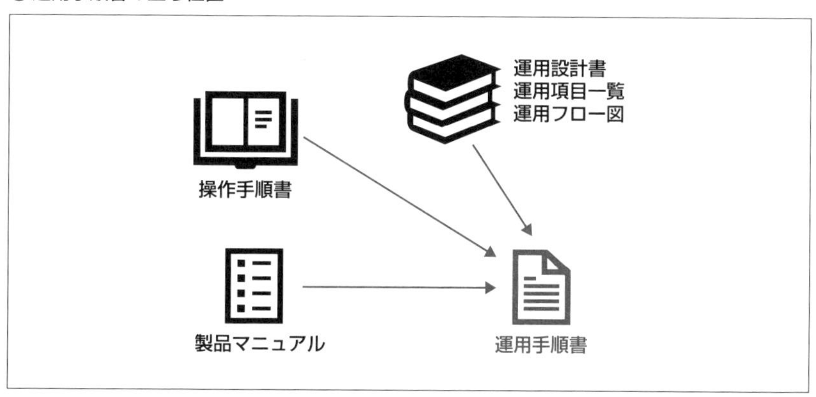

運用手順書を作成するにあたり、事前に準備しておいたほうがよいことや注意点がありますので、以下に記します。

- アプリケーションや基盤製品に対する知識がない場合は、事前にレクチャを受けておき、可能であればどこかで実機を触っておく
- パスワードなどの可変データは、変更されるとつど手順書の修正が必要となるため手順書には書き込まない
- いろいろな作業に共通する項目（ログオン／ログオフ手順など）を、すべての手順書に書くのか、外出しして参照する形にするのか、事前に確認しておく
- 手順書実施時のエビデンス取得ルール、ログ保管場所などに指定があるか、事前に確認しておく

・アプリケーション担当や基盤構築担当から出てきた手順は構築時のものである可能性が高く、実際の手順と若干違う場合がある。時間の余裕がある場合は、実際に実機で確認する時間を作る

■運用手順書に記載する内容

運用手順書に付加する情報は、運用設計書や運用フロー図作成時に合意したルールや情報連携方法などが該当します。

具体的には、以下のような情報になります。

▶運用手順書に記載する内容

記載する項目	記載する内容
運用手順書の目的	手順書を実施する目的
作業実施トリガー	手順書が実施されるきっかけ
関連ドキュメント	手順書から参照するドキュメント名
前提条件	手順書を実施するにあたって、事前に確認しておく前提条件があれば記載
実施手順	操作手順書から実際の実施手順
事後作業	手順実施後にするべき作業があれば記載

運用手順書の内容は、運用に関わる担当者のだれが作業を実施しても、同じ結果が得られるものであることが理想です。特定の高スキルの運用担当者しか作業ができないようでは、安定した運用、安定したサービス提供を行うことが難しくなります。

■記載手順の粒度

運用手順書は、引き継ぎ先によってどのぐらいの粒度で手順を作成すればよいのかが変わってきます。

少数のスキルの高いSEが運用を担当しているのであれば、テキストベースの簡単な手順書が好まれる場合もあります。

逆に多数の運用オペレーターによって運用される場合、だれが実施しても確実に同じ結果が得られる、サンプル画面の多い手順書が必要となります。

▶運用手順書を利用する役割

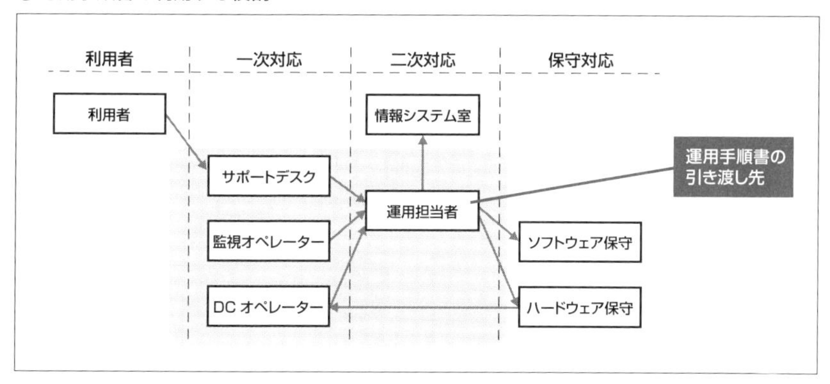

システムの利用規模にもよるので一概には言えませんが、「サポートデスク」「監視オペレーター」「DC オペレーター」は後者の粒度で、「運用担当者」などは前者の粒度で用意することが多くあります。

また、手順書とは別に作業チェックシートが必要となる場合もあります。

このあたりの手順書の粒度については、事前に実際に使っている手順書を提供してもらって確認しておくのが確実です。もし提供してもらえる手順書がない場合は、とりあえず 1 つ運用手順書を作成して、早い段階で担当者にレビューしてもらい、この粒度で問題ないかを確認しましょう。

2.5.4　台帳と一覧を作成する

運用手順書が完成したら、それに付随する台帳や一覧を作成していきます。

一般的には、値が頻繁に更新される可変データを集めたものを「台帳」、静的なデータの可視性を高めるために集約したものを「一覧」と呼びますが、通常の運用現場ではあまり厳密な使い分けはされていません。

重要なのは言葉の定義ではなく、表形式でまとめたものには可変データを集めたものと静的データを一覧化したものの 2 種類があるということを覚えておいてください。

▶台帳と一覧

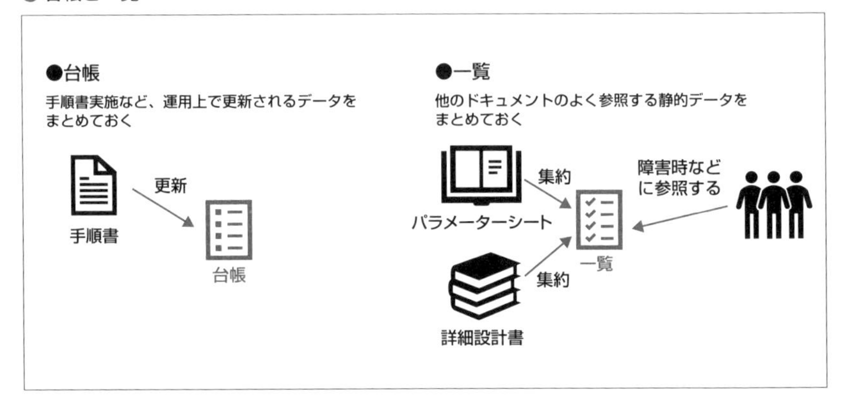

■なにを台帳や一覧に洗い出すか

必要な台帳や一覧の洗い出しにはそれぞれの考え方があります。

台帳

通常運用作業で変更するデータ、たとえばシステム利用者の情報や運用担当者の情報は台帳としてまとめておきます。運用ドキュメントを構成管理対象と定義する際に、台帳は比較的容易に修正できるルールにしておくと運用負荷は下がります。

運用手順書や運用フロー図を実施した際に、何かのデータが変更になる場合は台帳の作成を検討しましょう。

逆に考えれば、台帳は必ず運用手順書か運用フロー図と紐づいているはずです。どのドキュメントとも紐づいていない台帳であれば、それは更新されない忘れられた台帳となります。忘れられて問題が起こらない台帳ならば、そもそも作成不要です。

一覧

パラメーターシートやアプリケーション詳細設計書などに書かれている情報で、運用上よく参照する情報は一覧としてまとめておきます。

何を洗い出すかについては、参照されるシーンを特定してその頻度を考えてみましょう。障害発生時などによく参照されて、サーバーやアプリケーションを横断して確認しなければならないものが一覧化が必要な情報です。

代表的な例としては、監視方法が複数あるシステムで、障害対応時に何がどのような方式で監視されているのかを確認できるように一覧としてまとめておくというのがあります。また、メーカーとの保守契約情報なども、契約書から保守情報一覧としてまとめておいて問い合わせに備えます。

逆に、年に数度しか参照されるケースがないのであれば、それはパラメーターシートや詳細設計書に書いてあれば問題ない情報です。

一覧化は二重管理となっていることも理解しておいてください。一次情報（各監視のパラメーターシートや保守契約書）が変更となったら、一覧も変更しなければなりません。運用上確認する頻度の少ない項目であれば、あえて一覧化せずに二重管理を避けることも大切な考え方です。

■おもな台帳や一覧

台帳／一覧のおもなものは以下となります。

ネットワーク系

・IP アドレス一覧
・ポート管理表
・ケーブル結線管理表

サーバー／ストレージ系

・機器構成／ラック構成一覧
・サーバー構成管理表
・ソフトウェアライセンス一覧

運用系

・監視対象一覧
・バックアップ／リストア一覧
・ログ一覧
・ジョブ一覧
・運用ドキュメント一覧
・運用アカウント／パスワード管理台帳
・運用連絡先一覧

・保守契約情報一覧
・端末管理台帳

2.5.5　申請書を整備する

ここでいう申請書とは、利用者のシステムに対する作業依頼方法を指します。運用担当者は申請書から情報を受け取って、アカウント登録作業や容量変更作業などの定型作業を行います。“書”とありますが、IT システムなので紙の申請書であることはほとんどないでしょう。Excel のようなファイルかもしれませんし、ワークフローシステムやグループウェアかもしれません。申請による依頼作業は、個別システムというよりその会社がどのような申請方法を採用しているかで変わってきます。

ここでは、利用者からのシステム変更依頼にどのような項目が必要なのか、どうなれば作業可能となるのかを取りまとめていきます。

申請内容

申請内容については、どのような項目が必要なのかをシステム側から提示する必要があります。申請を受け取った後に、運用担当者が実施する運用手順書から必要な項目をまとめます。

承認者と承認判断方法

申請作業に承認が必要な場合、だれの承認があれば作業が実施できるのかを発注者に決めてもらう必要があります。運用担当者は申請書を受領した時に、申請書が正しく承認されていることを確認する必要があります。また、承認者が承認する際にシステム側の情報、たとえば利用者数の上限といった制約がある場合は、その情報連携方法もここで詰めておく必要があります。

逆に作業にあたりシステム制限がない場合は、承認を不要とするのもひとつの判断となります。

申請から作業完了までのリードタイム

ビジネス的な要望から、申請からどれぐらいの間で作業が完了しなければならないかを確認しておく必要があります。

システム的に対応が難しいリードタイムであった場合は、発注者とリスクを合意したうえで申請書内に注意書きとして記載しておきます。

運用フロー図作成時に、このあたりについて議論ができている場合はこの段階での検討は不要となります。

申請書は利用者が直接目にするシステムの入り口のひとつです。そのため、どのようなフォーマットにしたほうがよいかは、社内文化に詳しい発注者側に決めてもらったほうがよい場合が多いと思います。

申請内容と項目を運用設計担当から提示して、発注者とともに考えながら申請方法と申請書を決めていきましょう。

2.5.6　運用項目一覧と運用フロー図を修正する

■運用項目一覧をほぼ完成させる

要件定義以降、常に追加と修正を繰り返してきた運用項目一覧ですが、ここでほぼ完成します。なぜ「ほぼ完成」なのかというと、**運用設計担当が事前に完成させられる限界に達する**という意味です。残るは運用テストを実施して、実際の運用担当者や登場人物からのコメントを反映するのみとなります。

「ほぼ完成」に向けて、以下の点を修正します。

・関連ドキュメントの修正、追加
・作業工数の修正
・特記事項の追加

アプリケーション開発や基盤構築で何も問題が起こっていなければ、上記3点の修正だけで問題ないのですが、もし問題が発生して設計が変更している場合は作業項目の追加があるかもしれないので確認が必要です。

経験上、想定外の機能制限がありシステムに組み込めなくなった業務や、システム自動化が実現できずに手作業でやることになった業務は必ず発生します。その結果、運用回避となった場合は、運用項目一覧の作業項目として追加する必要があります。

運用回避で運用項目一覧へ追加した作業のうち、いつかシステムへ組み込まれる予定があるものについては、運用設計書の特記事項として記載しておきましょう。また、運用回避となった経緯も、併せて特記事項に記載しておくべき項目となります。

■運用フロー図をほぼ完成させる

詳細設計で作成したドキュメントを、運用フロー図にマッピングする必要があります。

運用手順書、台帳／一覧、申請書などをマッピングしていくとともに、重要なことはドキュメントに合わせて処理ステップを修正することです。これは次工程の運用テストと関わりがあるため、この時点で修正しておかなければなりません。

たとえば、3 つの処理ステップが 1 つの運用手順書で処理されるのなら、特別な理由がない限りは 1 つの処理ステップにまとめます。

逆に、1 つの処理ステップで 2 つの運用手順書を利用する場合は、処理ステップも合わせて 2 つに分けるべきです。

◆手順書と処理ステップのまとめ方

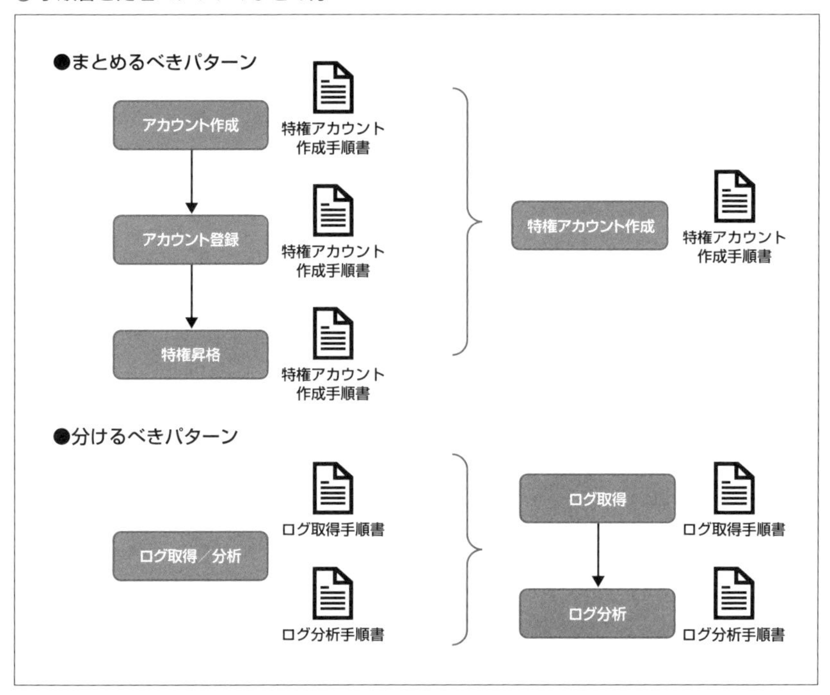

このように実際に使うドキュメントに合わせて運用フロー図を調整していきます。

修正が終わったら、運用テストに向けて修正内容を発注者と合意しておきましょう。ここで決まった内容が運用テストのインプット情報となります。

■運用設計書は何もしない

運用項目一覧と運用フロー図は直すのに、運用設計書は直さなくてもよいのか、という話になります。ここは判断が難しいところですが、この段階であえて直さないというのもひとつの手だと思います。

本節の冒頭でも述べましたが、詳細設計はとにかく人手が必要で忙しい時期です。アプリケーションや基盤側でも単体テストや結合テストが実施されて、細かい課題が増えていき、運用回避となるかどうかの瀬戸際となります。運用設計担当としても、忙しい中で流動的な変更を運用設計書に加えていくのは思ったよりも手間と時間がかかります。

手順の一部が修正されるぐらいの影響ならよいですが、大きな課題だと運用項目が追加されて運用手順書が増える場合もあります。ひどい場合だと、運用フロー図が追加になる場合もあります。

運用フロー図や運用手順書は運用テストで使うので修正しないわけにはいきません。運用項目一覧も運用設計の中心ドキュメントなので、プロジェクトの状況を加味しながら常に最新状態を維持するべきです。

それらに比べると、運用設計書は運用担当者が日常的に利用するドキュメントではないので、運用開始までに最新の状態になっていれば問題ないという判断もできます。

さらには運用テストでも細かい部分で修正は入るので、このタイミングでどれだけがんばって運用設計書を修正しても完成しない状態なのです。

すべてのテストがある程度収束して、プロジェクトの状況が落ち着いてきてから運用設計書を直すほうが、修正箇所も固まっており労力も抑えられます。

プロジェクトの前半で、詳細設計では運用設計書は修正しない旨を発注者と合意しておくと、圧倒的に詳細設計フェーズの進捗が楽になるでしょう。

■定期報告書フォーマットを作成する

運用項目がある程度固まった段階で、このシステム用の定期報告書を作成します。

まれに定期報告を行わなくてもよいシステムもありますので、その場合は定期報告書フォーマットの作成は不要となります。

既存の定期報告書がある場合は流用して作成しますが、既存がない場合は運用項目一覧から報告する内容を洗い出していく必要があります。詳しくは「5.4 定期報告（情報共有)」で説明しますので、本項では割愛します。

2.5.7　詳細設計のまとめ

さて、詳細設計で行った内容をまとめておきましょう。

・運用担当者が運用作業できるように、運用手順書を作成する

・運用中に発生する可変データを管理する台帳、運用手順書から参照するパラメーターを見やすくする一覧を作成する
・利用者依頼でシステムを変更するための申請書を作成する
・運用項目一覧と運用フローを修正して発注者と合意する
・運用状況を報告するための報告書のフォーマットを作成する（詳しくは「5.4　定期報告（情報共有）」を参照）
・作成したドキュメントが利用できるかを検証するための運用テスト仕様書を作成する（詳しくは「2.6　運用テスト」を参照）

■詳細設計で作成、修正したドキュメント

・運用設計書：80%完成 → 変わらず
・運用フロー図：80% → 90%完成
・運用項目一覧：80% → 90%完成
・運用手順書：90%完成
・台帳／一覧：90%完成
・利用者手順書：90%完成
・申請書：90%完成

運用設計で作成するドキュメントは、この段階で全量が出てきました。完成度は90%です。これらを100%にするために、ドキュメントを運用テストで検証していきます。

ここがポイント！

詳細設計で作ったドキュメントは、あらかじめ利用する人にレビューしておいてほしいですね！

2.6 運用テスト

システム化計画 ＞ 要件定義 ＞ 基本設計 ＞ 詳細設計 ＞ 運用テスト ＞ 運用引き継ぎ

2.6.1 運用テストで運用設計がやるべきこと

詳細設計で運用に必要なドキュメントが出来上がりました。運用テストではそれらが**実際に使えるのかを検証**しなければなりません。

テストの目的は不具合を発見することです。運用テストでは、しっかりと不具合を見つけて改善を行い、実際の運用に耐えられるようにしていきます。

運用テストで運用担当者が実施することは、以下の5つになります。

- 運用テスト計画書を作成して、テスト方針を発注者と合意する
- 運用テスト仕様書を作成して、テスト実施内容を発注者と合意する
- 運用テストのファシリテーターをする
- 運用テストの課題、結果の取りまとめを行う
- ドキュメントを最終修正する

ドキュメントを作成した運用設計担当が自らテストを実施しても、客観性が低いためテストの効果があまり見込めません。可能な限り実際の運用担当者に運用テストを実施してもらいましょう。それにより、運用開始前に実際の現場からコメントをもらうことができます。

また、運用担当者が実際の運用フローや運用手順書で実機を触ることによって、運用引き継ぎも兼ねることができます。

それではどのように運用テストを進めていくかを見ていきましょう。

2.6.2 プロジェクト全体から見た運用テストの立ち位置

運用テストの説明をする前に、プロジェクト全体から見た運用テストの立ち位置を確認しておきましょう。

運用テストを理解するためには、アプリケーション担当や基盤構築担当がどのようなテストを実施しているかを理解する必要があります。

一般的なウォーターフォール・モデルのプロジェクトでは、V字モデルと呼ばれるテスト方式を実施します。

▶V字モデルと運用テストの位置づけ

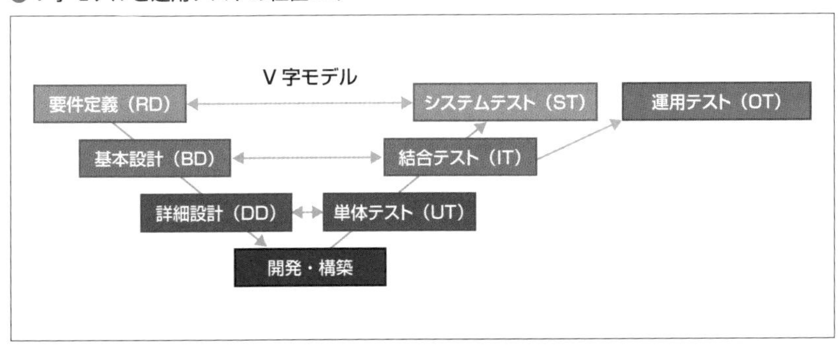

要件定義で決定した、システムに求める要件を満たしているかをシステムテストで確認します。

基本設計で合意した機能や設計、関連システム連携などを結合テストで確認します。

詳細設計で行った細かいパラメーター設定などが間違いなくされているかを単体テストで確認します。

実は本来のV字モデルには、運用テストが出てきません。強引に付け加えるとしたら、図に示したようにシステムテストの横になります。プロジェクトによっては運用テストをシステムテストの一部と建て付ける場合もあります。

テスト区分や呼び方については、会社やドメインによってニュアンスの違いがありますが、本書における定義として、それぞれをもう少し詳しく説明します。

■単体テスト（Unit Testing：UT）

パラメーターシートや詳細設計書をもとに、実際に設定した項目が正しく設定されているかを確認します。機器やサービスの起動・停止なども単体テストの範囲となります。

たとえば、単体のサーバー、単独で動作するアプリケーションなどが、外部と連携せずに必要とされている機能が動作するかを確認するテストとなります。

▶単体テストの範囲

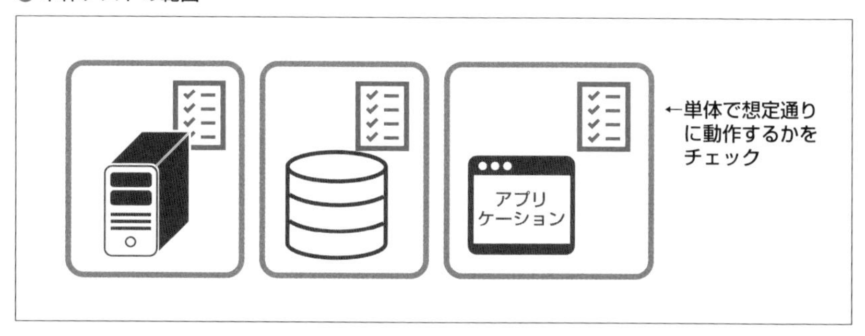

■結合テスト（Integration Testing：IT）

サーバー間連携や、ミドルウェア間連携、アプリケーションのモジュール間データ連携などを検証します。統合テスト、連結テストと呼ばれる場合もあります。

基本設計書に記載してあるシステム方式、データ連携方式などはすべて対象となります。データ連携する箇所はすべて確認するのがベストなのですが、時間やコストとの兼ね合いもあって、網羅性を担保するのがなかなか難しいテストでもあります。

また、結合テストでは異常系のテストも実施します。実行中のジョブを強制終了した場合、想定通りのエラーが出力され、それが監視画面に出力されるか、なども結合テストの範囲となります。

▶結合テストの範囲

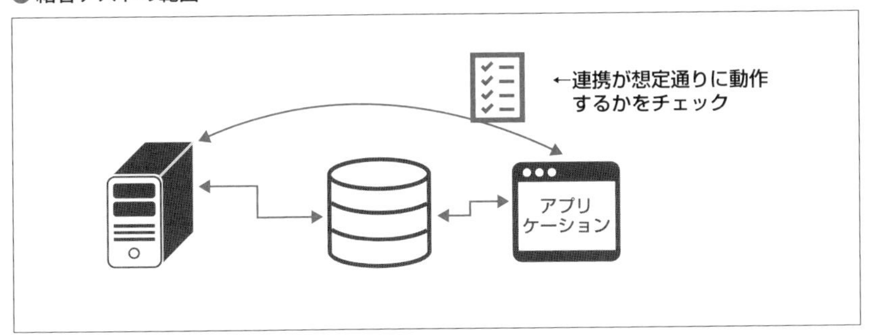

■システムテスト（System Testing：ST）

テストの総仕上げとして、提供するサービスに問題がないかを検証するテストです。総合テスト、業務テストと呼ばれる場合もあります。

できる限り本番同等、もしくは一時的に本番環境へ接続して実施します。要件定義書のユースケースを中心に、各支店からの利用などの立地や設備の差分も含め、本番利用想定でテストしていきます。利用者目線のテスト項目については、発注者にも実施してもらいます。

要件が満たせるだけの性能が発揮できるかを調べる、高負荷テストをここで実施する場合もあります。

▶システムテストの範囲

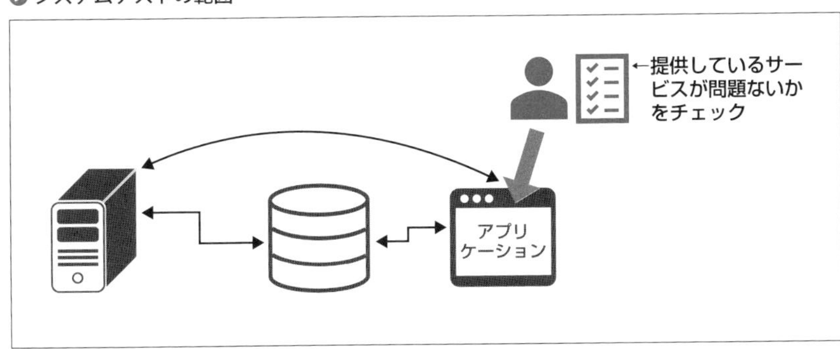

■運用テスト（Operational Testing：OT）

完成したシステムを運用担当者が実際に運用できるかを検証します。運用フロー図と運用手順書をもとに関係者間の情報のやりとりに問題がないか、手順書の内容に問題がないかなどを確認します。システム自体のテストというよりは、システムを運用していけるか、維持していけるかを検証するテストになります。

▶運用テストの範囲

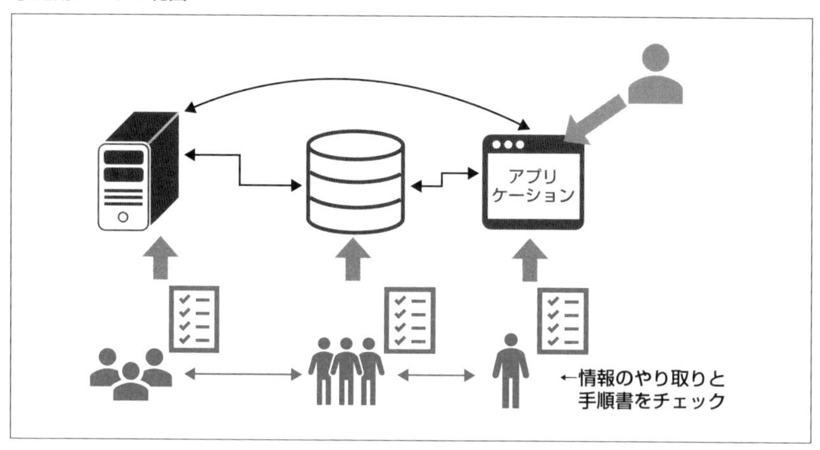

運用テストでは、運用手順書の実機確認も行うため、システムがある程度完成していないと実施できません。そのため、単体テストと結合テストが終わっていることが前提となります。

運用テストはシステムテストと並行して行うことが多いですが、スケジュールに余裕がある場合はシステムテストが終わった後に行われることもあります。

発注者が合格を判定するシステムテストと、システム運用していけることを証明する運用テスト。この２つが合格となって、システムリリースを実施しても問題なしという判断がなされます。

このように、運用テストの結果はシステムリリースの判断材料のひとつとなります。プロジェクトの後半に行われますのでスケジュールもタイトで遅延も許されません。

プロジェクトの中でもかなり厳しい条件下で行われる運用テストですが、しっかりと内容を理解して準備をすれば無事に乗り越えることができるでしょう。

2.6.3 運用テスト計画書を作成する

運用テスト計画書とは、詳細設計フェーズまでに決めたルールや作成したドキュメントが問題なく使えるかを、どのように確認するかの方針と計画をまとめたものです。

「計画８割、実行２割」という言葉があるぐらい、準備は大切です。運用テスト計画書はこの計画の半分を担います。もう半分は運用テスト仕様書となります。

テスト計画については、要件定義や基本設計でプロジェクト全体として発注者と合意する場合もあります。その場合は個別に運用テスト計画書を作成しなくてもよいですが、プロジェクト全体のテスト計画書の一部として加筆しなければなりません。今回は運用テスト計画書として個別に作成したケースで考えてみましょう。

運用テスト計画書には、以下のことを記載します。

テストの目的

運用テストに求める目的を記載します。運用設計された業務が、作成したドキュメントをもとに実施できることを検証すること、といったような内容となります。

テスト実施前提

テストが実施できる前提を記載します。おおまかに言えば、詳細設計で必要なドキュメントが作成されていること、システムが結合テストまで完了していることが運用テストの実施前提となります。

テスト範囲、種別

運用テストの範囲とテスト種別を記載します。テスト範囲は運用項目一覧すべてとなります。テスト種別としては、関係者と作業の流れを確認する**運用フローテスト**と、運用で必要となる作業内容を確認する**運用手順書テスト**の２種類となります。

テスト実施方法

テストの実施方法を記載します。実際にアプリケーションや機器を触る**実機テスト**と、ドキュメントの読み合わせで整合性の確認を行う**机上テスト**の２種類があります。

テストスケジュール

運用フローテストと運用手順書テストがどれぐらいのスケジュールで行われるかの概算を記載します。

テスト実施体制

運用テストを行う関係者の体制図を記載します。全体統括は発注者、全体のファシリテーターは運用設計担当者、実施者は各運用担当者となります。

合否の判定基準

運用テストにおける合否判断基準を記載します。プロジェクト全体のテスト合否判断基準がある場合はそちらに従いますが、ない場合は表に示す 3 段階とするとよいでしょう。

合否判定と評価内容

判定	評価内容
合格	滞りなくフローや作業が実施でき、修正箇所なし
修正あり	フローや作業は実施できるが、改善箇所あり。ドキュメントの修正、もしくは代替案にて運用は開始可能
問題あり	フローや作業に致命的な問題がある。運用が開始できない

運用課題の優先度

運用テストで発生した課題について、優先度設定を記載します。運用テストはプロジェクトの後半に行われるため、残されたプロジェクト期間内ではすべての課題に対応できない可能性があります。計画書の段階で、発生した課題の取り扱いルールを決めておきましょう。

優先度定義表

優先度	内容
高	プロジェクト期間内に対応する課題
中	運用引き継ぎ完了までに対応する課題
低	運用中に業務改善として各担当で対応する課題

運用テストの成果物

運用テストが完了した後に残る成果物を記載します。おもな成果物としては、表に示す 3 つがあります。

▶運用テストの成果物

成果物名	概要
運用テスト結果報告書	運用テスト仕様書に従って作業が完了したという結果報告書
運用テスト課題管理表	運用テスト中に発生した修正箇所や問題をまとめたもの
運用テストエビデンス	運用テスト結果のエビデンス。手順書通りに作業ができた画面ショットや、関係者間で情報のやりとりをしたメールなど

ごくまれに、運用テスト自体を発注者から「プロジェクト側でやっておいてほしい」と言われることがあります。

運用手順書テストなら代行してもまだ意味があるかと思いますが、運用フローテストについては実際に対応する人がテストをしないとまったく意味がありません。

そのような依頼を受けた場合は、発注者に「運用テストは実際の担当者が運用できるかどうかを判断する場でもある」という意義をしっかり伝えて協力してもらうようにしましょう。

最後に、運用テスト計画書が完成したら、発注者と内容について必ず合意しておきましょう。

ここがポイント！

運用テスト計画書で「何のためのテストで、ゴールは何か」を発注者としっかり合意しよう！

2.6.4 運用テストで考える網羅性

運用テスト計画書で必ず問われるのが**網羅性**です。会社によってはカバレッジと呼ぶところもあります。運用設計担当は運用テストの範囲がもれなく検討されているかということを説明しなければなりません。

網羅性で考えるべきことは 2 つあります。**範囲の網羅性**と**条件分岐の網羅性**

です。範囲の網羅性とは、テストすべき項目がすべて含まれているかの確認となります。条件分岐の網羅性とは、範囲内のすべての条件分岐が含まれているかの確認となります。

▶範囲の網羅性の考え方

範囲の網羅性については、運用項目一覧で発注者と合意してきたので、運用項目一覧に記載されているすべての運用項目を対象にすることで網羅性を確保できます。ただ、運用項目一覧は全体を示す資料なので、実際のテストに利用するのは関連ドキュメントに記載されたドキュメント群となります。

運用項目は手動作業となるので、運用手順書や台帳などの関連ドキュメントが必ずマッピングされます。それがないということは、単なる作成漏れか、もしくは不要な運用項目の削除忘れとなります。

ここで運用テスト項目の考え方を整理する際に、運用ドキュメントの関連性を思い出してください。実際の運用で利用するドキュメントはすべて運用項目一覧に記載してあります。そして、申請書、台帳、一覧などのドキュメントは、必ず運用フロー図か運用手順書から呼び出される関係性となっています。

つまり、運用フロー図と運用手順書をすべてテストすれば、必ずほかのドキュメントも呼び出されて運用設計した範囲のすべてをテストすることになります。これが運用テスト種別が運用フローテストと運用手順書テストの 2 種類となる理由です。

▶運用ドキュメントの関連性

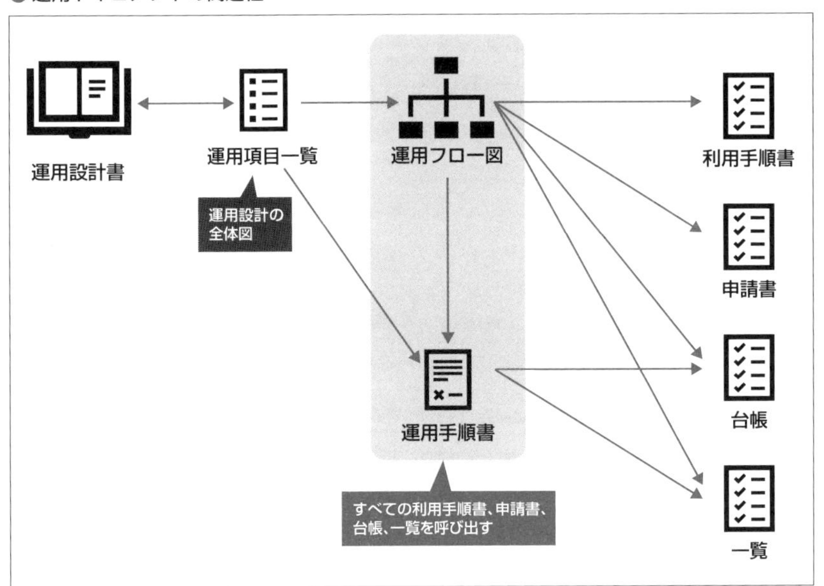

2.6.5　運用テスト仕様書の作り方

テスト仕様書とはテストを実施する項目と想定結果を記載したものになります。仕様書に記載された想定結果通りとなればテストは合格です。逆に想定結果にならなかった場合は何かしらの対策を講じなければなりません。

運用フローテストと運用手順書テストは、それぞれに以下の役割分担とします。

- 運用フローテスト仕様書：関係者間の情報連携のテスト。手順書の実施は行わない。運用フローに関連する申請書のフォーマット確認、台帳の更新は含まれる
- 運用手順書テスト仕様書：運用手順書の実施テスト。実際のアカウント、環境で運用手順書が実施して、想定の通りの結果が得られるかをチェックする。関連する台帳、一覧の検証も含む

テスト仕様書をどのように作っていくか、まずは運用フローテスト仕様書から考えてみましょう。

■運用フローテスト仕様書

運用フローテスト仕様書を作る場合、まずは運用フロー図から全分岐のパターンを抽出します。

▶サンプル運用フロー図

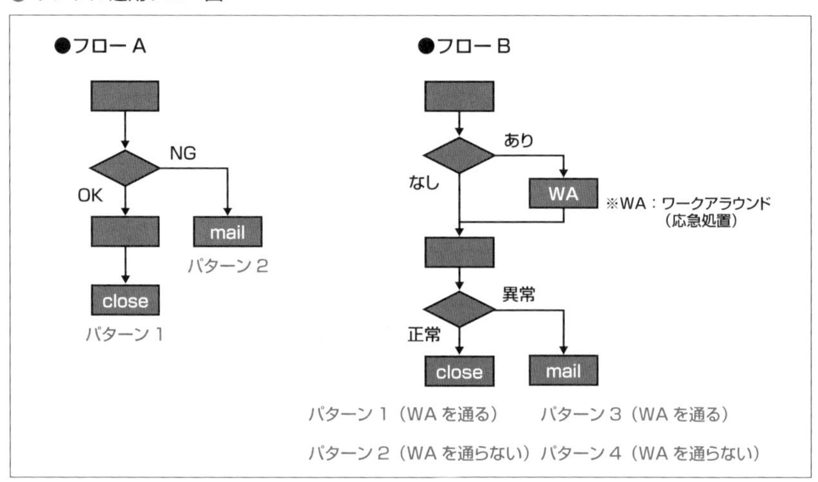

各フロー図のパターンを把握したら、まずはその内容を以下のような一覧にまとめます。この段階では、フロー図に対するテスト項目はすべての分岐を網羅している形（**分岐網羅**）となっています。

▶運用フローテストサマリ（分岐網羅）

フロー名	パターン名	テスト概要
フロー A	パターン 1	分岐にて OK と判断してチケットを Close
	パターン 2	分岐にて NG と判断して途中終了して mail
フロー B	パターン 1	WA を実施して、正常と判断してチケットを Close
	パターン 2	WA を実施せず、正常と判断してチケットを Close
	パターン 3	WA を実施して、異常を検知して mail
	パターン 4	WA を実施せず、異常を検知して mail

命令網羅でテスト項目を絞り込む

理想としては、愚直に全分岐をテストしたいところですが、テスト項目が増えれば増えるほど実施工数がかかります。多くの場合、運用テストにかけられる工数とスケジュールは限られています。よっぽどの重要システムで、スケジュールと予算に余裕がない限り、分岐網羅をすべてやり切ることは難しいでしょう。

また、運用フロー図のテストは、関係する登場人物の予定を調整しなければならないため日程調整工数もかかります。

そのため、運用テストは分岐網羅したテスト項目の中から重要なものだけをピックアップしてテストを行うことが一般的です。

このピックアップは**命令網羅**という考え方に基づいて行います。分岐ではなく、すべての処理を網羅したら問題なしとします。言い換えると、**一度でも実施した処理ステップは、ほかの箇所ではテストしなくてよい**ということになります。

▶運用フローテストサマリ（命令網羅で絞り込み）

フロー名	パターン名	テスト概要	実施判断	実施しない理由
フロー A	パターン 1	分岐にて OK と判断してチケットを Close	○	–
	パターン 2	分岐にて NG と判断して途中終了して mail	○	–
フロー B	パターン 1	WA を実施して、正常と判断してチケットを Close	○	–
	パターン 2	WA を実施せず、正常と判断してチケットを Close	×	チケット Close はフロー A、パターン 1 で実施済み
	パターン 3	WA を実施して、異常を検知して mail	×	WA はフロー B、パターン 1 で実施済み mail 対応はフロー A、パターン 2 で実施済み
	パターン 4	WA を実施せず、異常を検知して mail	×	mail 対応はフロー A、パターン 2 で実施済み

実施するテスト項目を発注者に確認する

すべての運用フロー図について、ここまで運用テスト項目が出来上がったら発注者と意識合わせを実施しましょう。その際には「分岐網羅がこれだけあって、命令網羅の観点から実際に実施するのはこれぐらい……」という説明を心がけましょう。

はじめから命令網羅のテスト項目表を持っていけばいいのに、と考える人もいるかと思いますが、命令網羅だけを抜粋していくと、網羅性の低い資料に見えてしまいます。発注者に網羅性が低いと思われると、「本当にこれだけしかないの？」

という指摘を受けることになります。

ですので、発注者に納得していただく意味で、まず分岐網羅で網羅性の高いテスト一覧を作成し、そこから命令網羅という判断基準で実施項目を減らすことを説明する必要があります。

発注者側が分岐網羅すべてをやると判断を下した場合は、スケジュールや関係者と調整のうえで実施可能かどうかを確認しましょう。

さらにテスト項目を吟味する

発注者とテスト項目をすり合わせていく中でさらに項目が減る場合があります。

たとえば今回の場合だと「mail での連絡はいつも運用でやっているから、メールアドレスだけ確認できればテスト不要」となったとします。その場合、フローAのパターン2も実施しない方針となります。

▶運用フローテストサマリ（発注者と精査後）

フロー名	パターン名	テスト概要	実施判断	実施しない理由
フローA	パターン1	分岐にてOKと判断してチケットをClose	○	−
	パターン2	分岐にてNGと判断して途中終了してmail	×	フローAパターン1との差分がmailだけのため
フローB	パターン1	WAを実施して、正常と判断してチケットをClose	○	−
	パターン2	WAを実施せず、正常と判断してチケットをClose	×	チケットCloseはフローA、パターン1で実施済み
	パターン3	WAを実施して、異常を検知してmail	×	WAはフローB、パターン1で実施済み mail対応はフローA、パターン2で実施済み
	パターン4	WAを実施せず、異常を検知してmail	×	mail対応はフローA、パターン2で実施済み

このように、異常系のあとの作業は内容が重複するので、やらない判断となることが多いです。その際には盲目的に実施しないだけでなく、正常系のテストの際に「異常系へ推移する判断ポイントはここで間違っていないか」というテスト項目を入れておくと、少ない運用テスト項目でもクオリティを維持したテストが実施できると思います。

異常系へ推移するポイントを入れておく（フローA　パターン1）

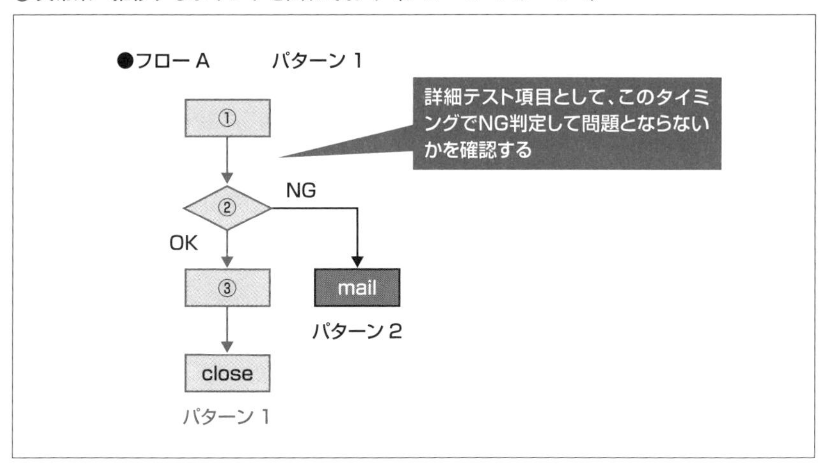

運用フローテスト仕様書の仕上げ

運用フロー仕様書のパターン洗い出しと実施判定が終わったら、実施するパターンについて詳細なテスト仕様書を作成します。

運用フローテスト仕様書（フローA　パターン1の場合）

番号	テスト項目名	テスト実施内容	実行者	確認者	実施結果	実施日時	課題管理番号	備考
1	フロー実施トリガーの確認	フローAの実施判断するためのチケットを確認する	運用担当者	運用責任者				
2	作業①の実施	○○運用手順書に従い、作業を実施する	運用担当者	運用責任者				
3	判断②の実施	今回の作業結果はOKとする（NG判定のタイミングが正しいかも判断する）	運用担当者	運用責任者				
4	作業③の実施	○○運用手順書に従い、作業を実施する	運用担当者	運用責任者				
5	チケットClose	チケットに作業結果を記載しcloseする	運用担当者	運用責任者				

まずはフロー図の処理ステップ、判断ごとに、テスト項目名、テスト実施内容、実行者、確認者を記載しましょう。実行者と確認者は記名（バイネーム）ではな

く、登場人物の役割名称を記載しておきます。最終的に発注者と仕様書を合意した後に、関係者へ展開して各チームで実際の担当者を記入してもらいましょう。

実施結果、実施日時、課題管理番号、備考はテスト実施後に記載する箇所となります。実施結果の判定方法は、運用テスト計画書記載の判断に従います。課題管理番号は、テスト実施時に出た課題を別管理する場合に利用します。

これで運用フローテスト仕様書があらかた完成しました。最終チェックとして以下の項目を確認して、問題なければ完成として発注者と内容を合意しましょう。

- 他システム、他部署連携の項目がもれなく入っているか
- サービスレベルが高いシステムの場合、サービスレベル低下時の対応が盛り込まれているか
- 参照する運用手順書、台帳、一覧などの名前が間違っていないか

基本設計で発注者としっかり合意して、詳細設計で漏れなくドキュメントを作成できていれば、運用フローテスト仕様書は問題なく作成できるはずです。逆に、これまで発注者側にあまりドキュメントレビューしてもらわずに、ゆるい合意できた場合はここでフローに対する新たなコメントが入り、リリース直前にもかかわらず大幅な修正をしなければならないリスクが発生します。

運用フローテスト仕様書をスムーズに作成するコツは、要件定義から詳細設計までのフェーズをしっかりと対応すること以外にありません。

さて、運用フローテスト仕様書ができたら、次は運用手順書テスト仕様書を作成しましょう。

■運用手順書テスト仕様書

運用手順書テスト仕様書は、詳細設計で作成した運用手順書が実際に使えるかどうかを確認するテストになります。その中には運用手順書から呼び出される台帳や一覧の類も含まれます。

運用フローテストで呼び出される運用手順書を合わせて実施してしまうという方法もあります。しかし、運用フロー図と運用手順書が必ずしもきれいにリンクしているわけではありません。障害対応系の手順やバックアップリストア手順あたりをすべてやりきるためには、運用フローテストではどうしても足りないため、

運用手順書テストを実施する必要があります。

運用手順書は利用者が 1 対 1 になっているので、テスト仕様書も運用フローテスト仕様書よりもはるかにシンプルになります。**すべての手順書を並べて、テスト実施内容、実行者、確認者を記載していきます。**

▶運用手順書テスト仕様書

番号	手順書名	テスト実施内容	実行者	確認者	実施結果	実施日時	課題管理番号	備考
1	●●運用手順書	●●運用手順書が実施できることを確認する	運用担当者	運用責任者				
2	▲▲運用手順書	▲▲運用手順書の 2 章▲▲が実施できることを確認する	運用担当者	運用責任者				
3		▲▲運用手順書の 3 章▽▽が実施できることを確認する	運用担当者	運用責任者				
4	○○運用手順書	○○運用手順書の 2 章○○が実施できることを確認する	監視担当	監視担当				
5		○○運用手順書の 3 章○○が実施できることを確認する	監視担当	監視担当				

運用手順書の中に複数の手順が含まれている場合は、章などのひとつのまとまりごとにテスト項目を分割したほうがよいでしょう。粒度としては、手順を実施するとひとつの結果が出て、それが想定通りかどうかを判断できるレベルまでテスト項目として分割します。

運用手順書テスト仕様書がここまで完成したら、まずは発注者と実施者と内容を合意します。合意した後は、実際に作業をする実施者と、どの項目を実機テストで行うか、あるいは机上テストで行うかを決める必要があります。

机上テストで行う判断基準ですが、既存運用と同じ製品を採用していて、すでに運用担当者の習熟度が高いものについては、机上テストとして提案することができます。また、DR 切り替え手順やリストア手順など、システムリリース直前に実施してミスが発生したらシステム停止のリスクが伴うものも机上テストとする場合があります。

その際は構築時や結合テストのエビデンスを連携して、しっかりと確認しながら机上テストを実施してもらいましょう。

2.6.6　運用テストの実施

テスト仕様書が完成したら、いよいよ運用テストを実施します。運用テストでは運用開始後の登場人物に参加してもらってテストを実施していきます。

ここで重要なのは、**運用テストは運用設計担当が実際に行うわけではない**ということです。運用設計担当は、運用テスト全体のファシリテーター、つまり調整役、促進役として振る舞います。おもに実施することは以下となります。

・運用テスト全体説明会の開催
・関係者の日程調整
・運用テストの進捗管理
・運用テスト課題の整理

順番に見ていきましょう。

運用テスト全体説明会の開催

どのように運用テストを行うかを、実際にテストを実施してもらう方に対して説明します。説明に使う資料は「運用テスト計画書」「運用フローテスト仕様書」「運用手順書テスト仕様書」の 3 点です。

説明会で実施者とテストの結果判断基準、課題の記載方法、トラブル時の連絡先などを確認していきます。

運用フロー図、運用手順書は事前に共有しておくとよいでしょう。特に運用フローテストはシステムに関連する担当者のすべてが関わるテストになります。説明会ではフローの不明点などを質問してもらい、できる限り疑問をなくしておいた方がテストはスムーズに進みます。

関係者の日程調整

運用テスト実施者は日々の作業を行う合間に運用テストを行うことになりま

す。トラブルなく運用テストを実施してもらうためには、開始前に各所と日程調整を行う必要があります。

特に運用フローテストでは、参加者の全員が対応できる日程、時間などを調整する必要があります。この期間は裏でシステムテストを行っていたり、運用手順書テストも行わなければならないので、それぞれのスケジュールも確認しながら日程調整を行います。

運用テストの進捗管理

運用テスト全体の進捗管理を行います。テストに遅れが発生している場合はフォローに入り、場合によってはスケジュールの組み直しなどを行います。

運用テスト課題の整理

運用テストを実施して出てきた課題の内容確認と対応方針を発注者と合意していきます。課題の整理方法については、次項（2.6.7 項）で詳しく解説します。

■運用テストの実施にあたって気をつけること

運用設計担当は運用テストが円滑に回るように尽力する必要がありますが、運用フローテストと運用手順書テストでは意識する箇所が違います。それぞれについて、気をつけるところをまとめておきましょう。

運用フローテスト

とにかく関係者が多いのがこのテストの特徴です。多数の関係者を取りまとめないといけないので、なかなか骨の折れる仕事になります。社内事情をまったく知らない運用設計担当が前に出ていってもなかなかうまくいかないので、全体の統括はプロジェクトに参加している発注者に行ってもらうのがよいでしょう。

運用設計担当は運用フロー図について一番理解しているので、テストに対する全体のサポート役として立ち回りをします。テスト項目の情報連携箇所、メール送付やチケット起票・更新などを運用設計担当も閲覧できるようにしてもらい、問題なくテスト項目が消化されているかを確認します。もし、テストが止まっている場合はフォローに入り、全体進捗に遅れが出ないようにします。

運用フローテストは、特に最初の１～２ケースはやり方がわからず混乱します。

不明点が発生した場合の連絡先を周知しておき、手が完全に止まってしまう前に連絡してもらえるようにしておきましょう。可能であれば、テスト開始直後の時期は発注者側のプロジェクト参画メンバーと物理的に近くにいたほうが、円滑なコミュニケーションが取れるためお勧めです。

運用手順書テスト

運用手順書の引き継ぎ先は、80%以上が運用担当者になります。残りはサポートデスク、監視オペレーター、DCオペレーターとなりますが、こちらは簡易な手順が多いのでそれほど問題になりません。

運用手順書テストは、実際の環境、運用アカウントで手順が実施できるかのテストになるため、実施側の運用文化と運用担当者のスキルレベルによって運用設計担当にかかる負荷が大きく変わってきます。スキルの高い運用担当者であれば、ほとんどのテストを担当者で引き取ってやってもらえることもあります。逆に、手順書の間違いを一字一句まで許さないような堅い運用文化があるところだと、運用テストの完全立ち会いと細かい修正を求められることもあります。

特にシステムに新しい製品を導入したときは、スキルの継承（スキルトランスファー）や引き継ぎの意味合いも兼ねて立ち会いを希望される場合が多くあります。運用設計担当だけでは技術的な質問に返答を窮するのであれば、アプリケーション担当や基盤構築担当にも同席してもらいましょう。

運用手順書テストのためにも、運用手順を作成する前に既存運用の手順書粒度を確認しておくことは大切です。詳細設計中に手順書のレビューを依頼して、記載レベルの認識合わせをしてもよいでしょう。

とにかく、このタイミングで運用手順書がわかりづらいと言われてしまうとかなり厳しい状況になります。そうならないように、事前に認識合わせをしておくことが重要です。

このように、システムの重要度、引き継ぎ先の文化によって作業ボリュームも期間も変わってくるのが運用テストです。

運用テスト終了時には、大量のコメントと課題が山積みになっているかもしれません。そんなときにどうしたらよいでしょうか。次は運用テスト実施後の課題整理について考えていきましょう。

2.6.7 運用テストの課題、結果の取りまとめ

運用テスト完了後に、まずは結果の取りまとめを行います。「合格」でないテスト項目は、何かしらの課題が残っているということです。

結果の取りまとめ後、すべての課題を一覧にまとめて優先度と重要度を設定します。運用開始後に見直すことも考えると、運用システムテストと運用手順書テスト、どちらの課題も同じファイル、1つの一覧へマージして管理しておいたほうがよいでしょう。

その後、システムリリースまでに課題対応するか、運用申し送りとするかを決めていきます。運用申し送りとは、運用開始後に運用担当者に課題対応をお願いすることです。

本当はリリースまでにすべての課題を解決したほうがよいのですが、運用テストの実施時期がシステムリリース間近ということもあり、軽微な修正などは運用申し送りとして運用開始後に修正していくことになります。

■運用テスト結果の課題を管理表に取りまとめる

テスト結果の判定基準として「合格」「修正あり」「問題あり」の３つを採用している場合、修正ありと問題ありは課題として対応する必要があります。

▶課題分類フロー

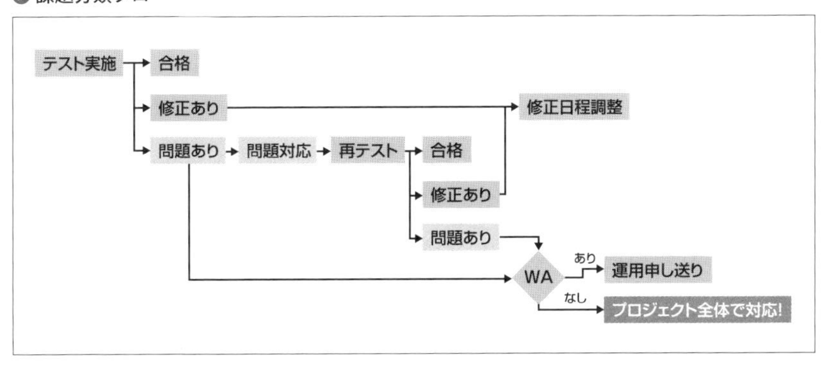

修正ありについては、ドキュメントや軽微な設定変更となるため、それらをいつまでに実施するかを発注者と合意していきます。

問題ありとなっている項目は、再テストの必要があるかを確認します。再テス

トが必要な項目は優先度を上げて対応し、運用テスト期間内に再テストを実施できるように対応しましょう。

再テストをしても問題が解決しない場合や、そもそも運用では解決できない課題のうち、手動での一時対処が確立できるものは手順書を作成して運用申し送りとして運用へ引き継ぎます。

それ以外、つまり一時対応が確立できないものや、影響範囲が運用だけではなくシステム全体に影響を及ぼす課題が発覚した場合は、プロジェクトを巻き込んでの検討になります。

課題分類ができたところで、管理表にまとめます。課題管理表はプロジェクトで利用しているものがあればそちらに従いますが、ない場合は以下のような項目を管理できるようにしておきます。

▶課題管理表の項目

管理項目	項目記載内容
テスト種別	課題が見つかったテストが運用フローテストか運用手順書テストかを記載
テスト項目	課題が見つかったテスト項目名を記載
実施結果	「修正あり」か「問題あり」を記載
指摘内容	課題の具体的な内容を記載
指摘者	課題の指摘者を記載
テスト実施日	課題が発見されたテスト実施日を記載
優先度	全課題から見た優先度を記載
対応方針、結果	課題に対する対応方針、検討結果を記載

■課題に優先度を付与する

冒頭でも軽く触れましたが、運用テストはプロジェクトの後半に行われるため、残されたプロジェクト期間内ではすべての課題に対応できない可能性があります。そのため、取りまとめた課題に優先度を付与していきます。

▶優先度の考え方

優先度	内容
高	プロジェクト期間内に対応する課題
中	運用引き継ぎ完了までに対応する課題
低	運用中に業務改善として各担当で対応する課題

サービス開始まで時間の少ない中で、どの課題を優先するかはいろいろな判断基準があります。利用者目線の改善課題を優先するのか、それとも運用者目線で運用負荷が下がりそうな運用変更を優先するのか。

基本は実施効果が最も高い課題から優先的に対応するという考え方になりますが、サービス開始後の課題対応のしやすさも考慮に入れる必要があります。

たとえば、申請書の項目追加などの本番環境機器を触らない運用課題は、ドキュメントの修正だけなので本番運用開始後でも比較的容易に修正が可能です。

しかし、サーバーなどの設定変更を伴う運用改善課題の場合、本番運用開始後だと変更管理やリリース管理の手順をしっかりと踏まなければならない可能性があります。メンテナンス日が月に 1 回しかない場合などは、課題対応をそこまで待たなければならない可能性も出てきます。

このように、本番運用開始後の状況を鑑みながら優先度を決定し、関係者で合意していきましょう。

2.6.8 ドキュメントの最終修正

運用テストが終わり、実際に利用するドキュメントの確認も登場人物によってなされて、改善点も課題という形で洗い出されました。

あとはサービス開始までの間に、優先度の高い課題を対応しつつ関連するドキュメントを修正していきます。

その際、運用テストの課題がすべて解消した状態の運用を想像して、細かな修正を運用設計書、運用項目一覧に対して行わなければなりません。運用テスト課題から追加される予定の運用手順書があれば追加しておきます。また、運用フロー図で登場人物が追加となっている場合なども修正が必要です。運用手順書名などのファイル名が変更となっていれば、合わせて修正しておきましょう。

運用設計書と運用項目一覧の修正が完了したら、あとは納品に向けた最終修正となります。課題対応で運用開始後に修正される予定のドキュメントも、修正事項ありの状態で一度納品されることになります。すべてのドキュメントの表紙記載や版数、変更履歴などを、納品用に他チームのドキュメントとそろえます。

2.6.9　運用テストのまとめ

運用テストで行った内容をまとめておきましょう。

・運用テスト計画書を作成して、テスト方針を発注者と合意する
・運用テスト仕様書を作成して、テスト実施内容を発注者と合意する
・運用テストのファシリテーターをする
・運用テストの課題、結果の取りまとめを行う
・ドキュメントを最終修正する

■運用テストで修正したドキュメント

・運用設計書：80% → 100%完成
・運用項目一覧：90% → 100%完成
・運用フロー図：90% → 100%完成
・運用手順書：90% → 100%完成
・台帳／一覧：90% → 100%完成
・申請書：90% → 100%完成

詳細設計までに作成したドキュメントを利用して運用テストを実施して、プロジェクト内でのドキュメント作成としてはすべて100%となりました。これらのドキュメントを納品したら、プロジェクトとしての運用設計は完了となります。

ここがポイント！

運用テストでいろいろ納得できれば、お互いにハッピーですね！

2.7 運用引き継ぎ

システム化計画 ＞ 要件定義 ＞ 基本設計 ＞ 詳細設計 ＞ 運用テスト ＞ 運用引き継ぎ

2.7.1 運用引き継ぎで運用設計がやるべきこと

運用引き継ぎでは、**運用担当者がスムーズに運用ができるように、システムの構成や特性、運用ドキュメントの説明に実機訓練**などを行います。

本書では運用テストのあとに運用引き継ぎとしていますが、実際のプロジェクトでは区切りのよいポイントで徐々に引き継ぎを行っていきます。ここではどのようにプロジェクトとして運用を引き継いでいくのかをまとめていきたいと思います。

既存の運用担当者へ運用を引き継ぐ方法は以下のようなものがあります。

・システムリリース前にシステム説明会、新規導入製品勉強会を開催する
・運用テストで運用ドキュメントや運用ルールなどの引き継ぎを実施する
・運用支援で運用成熟度を上げる
・運用支援実績を発注者へ報告する

もし、導入するシステム向けに新規運用チームを構築する場合は、社内運用管理ルールなどのレクチャを追加で行う必要があります。ただし、それらのレクチャは運用設計チームではなく、導入先の社内で展開してもらうことになりますので、実施が必要な旨を発注者へインプットしておきましょう。

なお、2番目の運用テスト関連については前節で説明しているのでここでは説明を割愛します。

2.7.2　システム説明会、新規導入製品勉強会を開催する

運用を担当する関係者に対して、いつ頃にどのようなシステムが導入されるのかを事前に説明しておく必要があります。また、システム更改などで既存運用では使っていなかった新製品を導入する際は、その製品の勉強会を実施することも検討します。

■システム説明会

システム説明会は、導入するシステムの運用に関わるすべての人に、システムの特徴や構成を説明する場となります。プロジェクト全体として開催して、関係者にどのようにシステムが導入されるのか、どのように利用されるのか、システムがどのような機能を有しているかなど、運用上必要となる前提知識をインプットしてもらう会となります。

説明する項目と説明担当者は以下となります。なお、システム説明会では運用設計担当は出る幕がほとんどありません。

▶システム説明会での説明項目と担当者

説明項目	担当者
システムの目的	プロジェクトマネージャー
システムのユースケース	プロジェクトマネージャー
システム導入スケジュール	プロジェクトマネージャー
アプリケーションの機能・仕様	アプリケーション担当
システム基盤構成（サーバー、ストレージ、ネットワーク）	基盤構築担当
基盤に導入しているミドルウェア解説	基盤構築担当

これらのシステム概要を運用担当者が事前に理解しておくことで、その後の運用テストや引き継ぎがスムーズに行えるようになります。理解が薄いと、運用テストで寄せられるコメントがシステム仕様確認に偏ってしまう場合があります。

時間や日程調整がうまくいかず資料配布で終わらせてしまう場合もありますが、可能ならば対面形式で開催すべきです。今後運用する人たちからすれば、今後運用していくシステムについて直接質問ができる最初のチャンスとなります。また、運用設計担当からすれば、これから始まる運用テストに向けて関係者にどんなキャラクターの人がいるか把握することができます。

そのため、実施時期としては運用テスト開始前で、ある程度細かい方針や仕様が固まっている時期が適切でしょう。

■新規導入製品勉強会

運用担当者へ運用を引き継ぐ時に、今まで担当者が利用したことのない製品を導入する場合、新規導入製品の勉強会を実施することがあります。

この勉強会は必須ではありません。システム説明会の際に、製品についての勉強会が必要かどうか運用担当者へ確認しましょう。運用担当者が不要と判断した場合は、開催する必要はありません。

もし必要となった場合は、基盤構築担当かメーカー担当者にお願いして勉強会を開催することになります。こちらも運用設計担当としてやることはあまりなく、開催に向けたスケジュール調整などを行います。

開催時期はシステム説明会の後、運用テストの前に行うとよいでしょう。

2.7.3 運用支援で運用成熟度を上げる

どれだけ運用設計で準備して、運用テストでしっかりとテストをしても、サービス開始直後はどうしても混乱が生じます。今まで見たことのないエラーメッセージが頻発したり、想定外の利用方法によってトラブルが発生したりします。

これら運用開始初期の問題を解決、フォローするために、運用設計担当が残って運用をサポートすることがあります。それを**運用支援**と呼びます。期間は契約によるので一概には言えませんが、1ヵ月から半年ぐらいとなることが多いです。対応方法も常駐の場合もあればスポットで対応する場合もあります。

運用支援期間でおもに実施することは以下の３点となります。

- 運用テストの課題によるドキュメント修正や運用改善活動
- 監視パラメーターのチューニング
- 運用担当者からの問い合わせ対応、障害発生時のサポート、初回運用立ち会い

それぞれについて確認していきましょう。

■運用テストの課題によるドキュメント修正や運用改善活動

前節で実施した運用テストで出てきた課題の対応を行います。また、運用テストや運用初期に生じた課題に沿った運用改善活動を行います。これまでの経緯をふまえながら運用改善していくので、運用設計担当が適任となります。

運用設計、運用テストをしっかり行っても、実際に運用に入ると効率的でない箇所がどうしても出てきます。特に運用フロー図の情報連携方法、承認のタイミングなどは実際にやってみると細かい調整が必要な場合が多くあります。また、実際に作業をしてみるとスクリプトなどで自動化したほうがよい手順も出てきます。これらの作業についても、運用支援で自動化が行えるかを検討します。そのため、自動化方法のメリット・デメリットについては、理解しておきましょう。

自動化方法とメリット・デメリット

自動化方法	おもな対象	メリット	デメリット
RPA	・GUIを含む手順	・GUI作業に対応できる ・実装が比較的容易	・GUI上の配置が変わった際に修正が必要 ・処理が速いわけではない
スクリプト (VBA／ttlなど)	・端末上でExcelなどを使う手順 ・端末とサーバー間でやりとりのある作業	・端末作業に向く	・完全自動化するためには、外部から実行する仕組みが必要
ジョブ管理ソフト	・サーバーにて処理が完結する作業	・一連の処理が一気通貫でできる ・処理が可視化できる ・実行結果取得が容易	・ある程度の作りこみが必要 ・しっかりとしたリリースに向けた作業が必要

リリース後に運用を改善する箇所はたくさんあります。運用改善の手法や考え方については、姉妹書『運用改善の教科書』を参考にしていただければと思います。

ここがポイント！

自動化の仕組みは、運用後に運用担当者が改修しなければいけないこともあるのか…… 導入だけでなく運用後の管理も考えていきたい！

■監視パラメーターのチューニング

本番稼働に入り実際に利用者がシステムを使い始めると、利用者数の増加や連携システムの想定外の挙動などが原因となって、結合テストやシステムテストでは発見できなかったエラーが出力されます。

まだ通常運用にも慣れていない中で、運用担当者が監視アラートの整理と対応までを行う余裕はありません。そこで運用支援としてサポートします。発生した監視アラートについてメーカーサポートや関連部署へ確認を行い、静観してよいものなら監視システムのパラメーターを修正していきます。

この対応を行う場合は、初期設定値の根拠についてアプリケーション担当や基盤構築担当に確認しておきます。不要なアラートの発生を抑えるようにする一方で、必要なアラートについてはしっかり検知するように調整していきましょう。

■運用担当者からの問い合わせ対応、障害発生時のサポート、初回運用立ち会い

運用担当者からのシステム問い合わせ窓口として、運用支援を実施していきます。特に障害発生時は、すべての障害が初事象となるためナレッジが少なく、判断スピードが遅くなってしまうので運用負荷が高くなります。サービス開始後の初期流動期間については、運用担当者と同じフロアでフォローする体制を取るなどケアが必要となります。

また、初回の作業で不安がある場合なども、作業立ち会いを実施してスキルトランスファーを実施します。

2.7.4 運用支援実績を発注者へ報告する

運用支援では、能動的に何かを作成するということはありません。そのため、定期的に運用支援で何を行ったかを報告しておく必要があります。

これはこちらからの活動報告、発注者と運用支援の方向性をすり合わせる意味もあるので、発注者に求められなくても行ったほうがよいでしょう。何も報告しないと、「運用支援で何もやっていない」と評価されてしまう場合もあるので注意しましょう。

報告する内容は以下となります。

・運用テスト課題の消化数

・運用改善活動
・運用支援活動（監視パラメーターのチューニング、障害・問い合わせフォロー、初回作業立ち会い）

報告書を作成してメールで送付してもよいのですが、資料ではなかなか伝わらない運用状況の空気や温度感などを共有する意味でも、対面で報告会をすることをお勧めします。
報告会の周期は運用支援期間、対応方法などによって変わるかと思いますので、発注者と合意しておきましょう。

2.7.5 運用引き継ぎのまとめ

運用引き継ぎは、作成したドキュメントに従って安定運用できるようになるまでをサポートする位置づけです。これまでのフェーズと違い、説明会などの運用事前準備、フォローに重心を移していきます。
運用引き継ぎが無事に終われば、プロジェクトとしての運用設計は完了となります。ただ、システムの運用はこの後サービスが終わるまで続きます。
運用設計で作成したドキュメントをもとに、さらなる運用改善を行い効率的で安定した運用を目指していくことになります。運用設計とは、そのスタートラインに立つための準備とも言えるでしょう。

Column 運用設計の追加要望

実際のプロジェクトではフェーズに分類しづらいさまざまな要望が出てきます。「ユーザーへのシステム教育を実施してほしい」「関連部署にもシステム概要を周知する手伝いをしてほしい」など、教育や周知に関する依頼も多くあります。
発注者の追加要望に対しては、運用設計担当が対応するリソースがあるか、スケジュール的に難しくないかなどを勘案しながらプロジェクトマネージャーと相談しながら対応を決めていくとよいでしょう。
ちなみに、追加要望に対応すると発注者の運用設計に対する満足度が上がることはよくあります。むげに断るのではなく、可能な限り対応してあげることをお勧めします。

第3章

業務運用のケーススタディ

業務運用の対象と設計方法

ここまで、プロジェクト全体の流れと運用設計の役割、各フェーズでどのようなドキュメントを作成するかを説明してきました。しかし、まだ「明日から運用設計をできる！」という状態ではないと思います。

３章以降では、運用の３つの分類を深堀りして項目ごとに設計の方法を詳細に解説していきます。まずは業務運用の代表的な運用項目を実際にどのように設計するか確認していきましょう。

3.1.1　業務運用の設計範囲

業務運用は発注者と利用者、アプリケーション担当と協力しながら設計していく項目となります。

業務運用の目的は、利用者とシステム側のやりとりが円滑に行われるようになることなので、設計範囲としてはサービスを提供するアプリケーションと利用者になります。

業務運用項目は構築するシステムによってまったく違ったものになります。ただし、システムが同じであれば運用項目に類似性はあります。たとえば、銀行と商社でも人事システムであれば同じように運用されていることでしょう。

ただ、運用項目に類似性があっても、組織、利用方法の違いによって管理や作業に差異があるため、個別に検討しなければならないことは必ず発生します。

発注者や利用者とシステムの利用方法を決めていくことが、業務運用の醍醐味となります。

▶ 設計範囲（業務運用部分）

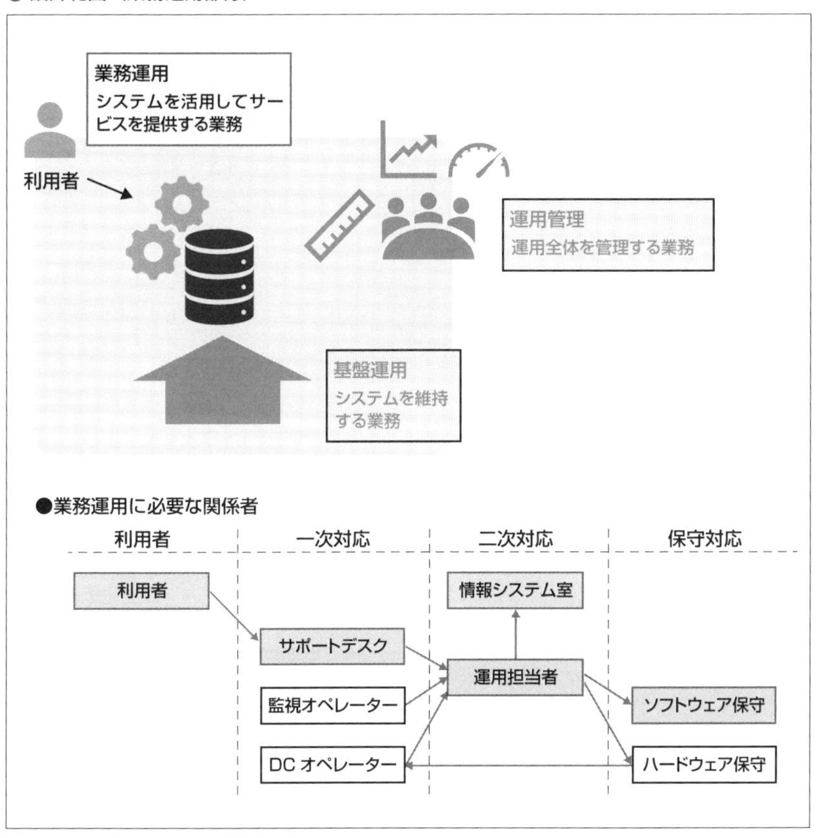

3.1.2 業務運用の設計の進め方

業務運用の代表的な設計の進め方は以下となります。

① ユースケースや機能要件から BPMN フロー図を作成する

② アプリケーション担当とレビューを実施する

③ 発注者とディスカッションして運用方針を決定する

④ 決定事項を発注者と最終合意する

また、業務運用設計を行ううえで必要となるインプット情報、処理内容（プロセス)、アウトプット情報は以下の表(IPO チャート)となります。

▶業務運用の基本的な設計方法(IPO チャート)

インプット情報	処理内容	アウトプット情報
・ユースケース	・BPMN フロー図作成	・運用フロー図
・アプリケーション機能	・役割分担整理	・ユーザー利用手順書・FAQ
・利用環境	・既存申請方法の確認	・運用手順書
・発注者側要望	・利用マニュアルの確認	・申請書
		・台帳

■①ユースケースや機能要件から BPMN フロー図を作成する

業務運用の運用項目を考えるうえで、まずは同じプロジェクト内のアプリケーション担当から運用項目になりそうな手作業がないか、ヒアリングを行います。その情報とユースケースをもとに、発注者と利用イメージを共有するために**BPMN フロー図**を作成します。

BPMN フロー図(Business Process Model and Notation)とは、2章の基本設計で説明した運用フロー図よりも業務の流れだけにフォーカスしたフロー図となります。

発注者から情報を引き出すためには、業務の大きな流れと、だれが何をやるのかぐらいがわかればよいと思います。

▶BPMN フロー図(利用者申請の例)

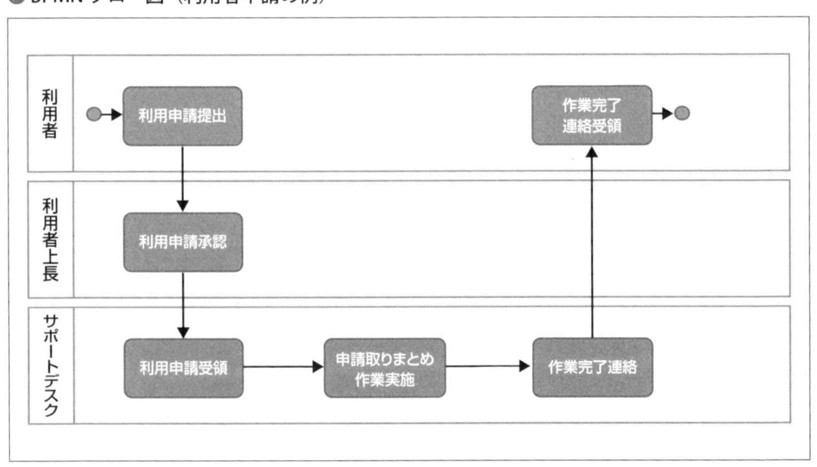

業務運用を整理するためのBPMNフロー図を作るコツは、A4横サイズぐらい、1つの作業がプレゼン用資料1枚に収まるように作成することです。すごく長い処理を除き、できるだけ一連の作業を一目で理解できるサイズにしましょう。すごく長い処理でどうしても複数ページ必要となる場合は、業務や処理の切れ目を意識してフローをまとめていきます。

■②アプリケーション担当とレビューを実施する

作成したBPMNフロー図はまずは内部のアプリケーション担当へレビューしてもらい、機能面からのコメントをもらいましょう。

その際に、アプリケーションとして運用項目になりそうな手作業があるかどうかもヒアリングしておきます。あった場合は、忘れずに運用項目一覧へ追記しましょう。

■③発注者とディスカッションして運用方針を決定する

アプリケーション担当とのレビューが終わったら、発注者とディスカッションを行います。実際の流れを見ながらディスカッションすることで、より具体的な業務内容が聞けるようになります。

たとえばこの利用者申請の例で、「親会社の社員はワークフローシステムを使って申請するが、子会社の社員はワークフローが使えない」といった話が出てきたとします。

その場合、子会社社員もワークフローを使えるようにするか、それともメールなどで申請書を送付する別ルートを作成するかを検討する必要があります。メールで申請となると、だれが受け取って管理や作業をするのかについても決めなければなりません。なにか、運用作業が追加になりそうな予感がしてきましたね。

業務運用整理では、このようなディスカッションとヒアリングをユースケースごとに行って、運用項目を洗い出していきます。

特に気をつける点は以下の2点となります。

- 利用者のファシリティ（施設、設備、国）が変わることによって、さらなる運用作業が発生しないか（利用環境）
- 利用者の権限（ハイグレードな契約を結んでいる利用者、部長や経営層など）

によって、利用方法が変わることはないのか（発注者側要望）

ユースケースをもとに業務運用を整理していると、ユースケース自体を変更したいという要望が出てくることがありますが、これには注意してください。ユースケースに対する変更要望はシステム要件の変更になるので、必ずプロジェクトマネージャーも含めて検討するようにしましょう。

修正レベルの軽微なものなら柔軟に対応すべきと思いますが、あまりにも大きな変更依頼がたびたび入るようならば、要件定義からやりなおすのが筋論となります。

■④決定事項を発注者と最終合意する

情報が出そろったらドキュメントに取りまとめて顧客と最終合意します。反映するドキュメントと作成方法、作成基準、注意点は以下となります。

▶アウトプット情報と作成方法、作成基準、注意点

アウトプット情報	作成方法、作成基準、注意点
運用フロー図	BPMN フロー図でディスカッションした作業の流れと役割分担の結果から作成する
ユーザー利用手順書	利用者で申請などの作業が必要となる場合に作成する。IT に詳しくない利用者が読むことが想定されるので、だれが見ても理解できる文言で記載しておく必要がある。ユーザー利用手順書の完成度によって、サービスデスクへの問い合わせ件数が変わってくるのでわかりやすいものとする
FAQ	利用者から頻繁に質問される事項を想定して FAQ を作成する。FAQ はそのままサポートデスクが利用する回答集となる
運用手順書	申請書などを受領して、システムに対する手作業が必要となる場合は作成する
申請書	利用者からシステムに依頼がある場合は作成する。運用手順書を実施するために必要となる情報を連携してもらう。既存申請システムを利用する場合は、必要となる項目を連携する
台帳	申請書などの情報を取りまとめる必要がある場合は作成する

申請書について、既存申請システムを使う場合は新たな申請を追加するために、どれぐらいの準備期間が必要なのかも確認しておきましょう。

申請項目が完全に決定するのは、詳細設計フェーズとなることが多いので、リリースまでに間に合うかどうか確認が必要となります。合わせて、申請システムの仕様を最低限理解することも必要となるので、申請システムの利用マニュアルなどがあれば、発注者に依頼して早めに入手しておきましょう。

次節から、以下の業務運用について、業務運用を設計するためにどのように関係者と連携し、発注者と運用設計内容を合意するにはどうすればよいかを、具体的に説明していきます。

・システム利用者管理運用（3.2 節）
・サポートデスク運用（3.3 節）
・PC ライフサイクル管理運用（3.4 節）

なお、最初の「システム利用者管理運用」では少し噛み砕いて説明していきますので、このまま順番に読んでいただくほうが理解しやすいかと思います。

ここがポイント！

業務運用は会社の文化が一番反映される運用分類。発注者側にしっかりヒアリングして、文化に寄り添った設計がしたいですね！

Column オープンクエスチョンとクローズドクエスチョン

要件確定に向けた質問の方法として、オープンクエスチョンとクローズドクエスチョンの 2 つがあります。

オープンクエスチョンとは、「どんなことがしたいですか？」のように議題を絞らずに相手の要望を探っていく方法です。この方法はブレインストーミングのような、アイデアをたくさん出すような場合に向いています。

対するクローズドクエスチョンは、何種類かまで回答を絞っておいて、そこから回答を選択してもらう方法です。

システム化計画書、RFP、提案書、既存運用ルールなどを読み込んでいくと、おのずと今回導入するシステムと導入する会社における運用の最適解は何種類かに絞られます。クローズドクエスチョンで検討資料を作成し、要件がある程度確定した段階で細かい部分はオープンクエスチョンで聞いていくように会議を進めていくと、効率的に満足度の高いディスカッションが行えると思います。

3.2 システム利用者管理運用

特定の利用者だけにシステムを利用させる機能はさまざまなシステムに実装されています。どのように利用者を特定して、スムーズにサービスを利用させればよいかを考えるのが**システム利用者管理**です。

システム利用者管理では、利用の開始と停止のタイミング、利用資格の変更、そして定期的な棚卸が必要となってきます。具体的にどのようにシステム利用者管理運用設計を行うのか確認していきましょう。

■前提とシチュエーション

特定の社内システム、たとえば店舗の販売を管理するシステムなどはすべての社員に利用させず、店長などの特定の社員にしか利用を許可しない場合があります。このように特定の利用者にしか使わせないシステムの場合、何かしらの方法で利用者を管理する必要があります。

例として、全国にチェーン展開している大手小売り企業の店舗販売管理システムを導入する際の、システム利用者管理運用をどのようにするかを見ていきましょう。下記のような前提条件でシステム利用者管理運用を設計していきます。

・生活用品、雑貨などを取り扱っている小売りチェーン
・従業員数は 4000 名（パート・アルバイト含む）
・チェーン店舗数は 200 店
・本社勤務社員、各店舗の店長、副店長のみ販売管理システムにログインできる権限がある
・従業員には 7 桁の社員番号が振られており、正社員は先頭が「1」、パート・アルバイトは「7」で始まる
・システム利用のためのログインは、社員番号を利用する
・システムを利用できる人数は、ライセンスの関係で 1000 名まで

■システム利用者管理で設計する運用項目

システム利用者管理で考えることは、利用開始から停止となって使えなくなるまでのサイクルです。このサイクルには、利用開始、変更、停止、そして定期的に利用できる人を確認する棚卸の４つがあります。

この４つをもとにヒアリングを行い、必要な作業を洗い出していく必要があります。

▶システム利用者管理の代表的な項目一覧

運用項目名	作業名	作業概要
システム利用者管理	システム利用開始	入社、昇格、異動などでシステムが利用する場合に実施する
	システム利用変更	異動などで店舗が変わったなど、登録を変更する場合に実施する
	システム利用停止	休職、退職などでシステムを利用しなくなった場合に実施する
	利用者棚卸	定期的に停止漏れがないかをメインに利用者の棚卸を実施する

3.2.1　運用項目一覧を更新しながら必要な作業を洗い出していく

要件定義が終わり、基本設計フェーズに入ったらまずは想定で運用項目一覧を埋めてみましょう。

■最初のヒアリングに向けての準備

発注者側にヒアリングする際は、何の資料もなく「どうなっていますか？」と聞くよりも、こちらで想定を考えてヒアリングするほうが効果的です。一から検討するよりも、何かデータが入っている資料の違っている点を指摘してもらう方が、発注者側の負担も少なくなり建設的なヒアリングができます。

そもそも、週次の打ち合わせなどで運用設計がヒアリングできる時間は限られています。だいたい１～２時間ぐらいなので、ヒアリングしたい項目はできるだけまとめておく必要があります。メモにまとめて、事前にメールなどで共有しておいてもよいでしょう。

それでは、ヒアリングを円滑にするために、まずは実施タイミング、実施トリガー、作業頻度を埋めてみましょう。

▶運用項目一覧（初回ヒアリング用）

運用項目名	業務内容	実施タイミング	実施トリガー	作業頻度（月）
システム利用開始	入社、昇格などでシステムを新規に利用する場合に実施する	非定期	ワークフローによる申請？	6？
システム利用変更	異動などで店舗が変わったなど、登録を変更する場合に実施する	非定期	ワークフローによる申請？	2？
システム利用停止	休職、退職などでシステムを利用しなくなった場合に実施する	非定期	ワークフローによる申請？	2？
利用者棚卸	定期的に停止漏れがないかをメインに利用者の棚卸を実施する	定期	半期？	0.16？（半年に 1 回）

実施タイミングは業務内容から想定して記入していきます。

実施トリガー、作業頻度は完全に想定です。ヒアリングの時に確実に聞いておきたい項目には「？」などの記号を付けておくとわかりやすいでしょう。

作業頻度はあとで工数算出で利用しやすいように、月間件数でそろえておきましょう。半年に 1 回の作業であれば 2 ÷ 12 で 0.16 となります。

初回のヒアリングでは、だれがどのような作業を実施するかといった役割分担もある程度聞いておきたいので、要件定義でまとめた運用体制図を持っていきましょう。運用体制図と運用項目一覧を見ることにより、それぞれの運用項目でだれがどのような作業を行うかをヒアリングするようにしましょう。

▶運用体制図（業務運用）

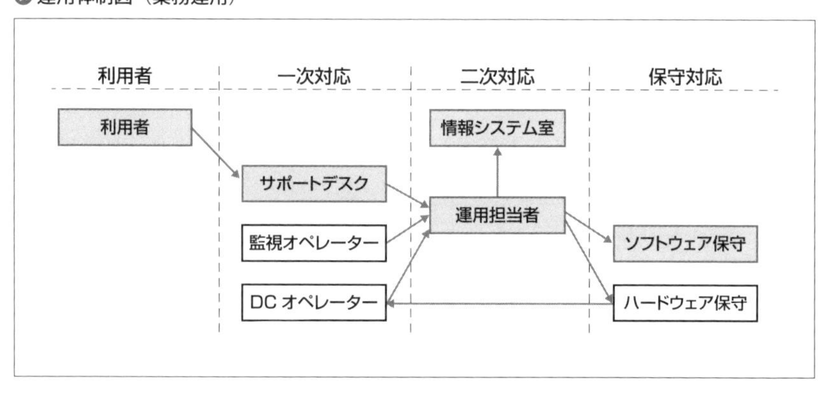

初回ヒアリングで必ず決めておきたいのは、実施タイミング、実施トリガー、作業頻度、作業の役割分担です。

ヒアリング中に発注者側の話が拡散することもあるかと思いますが、時間が許すならばどんどん拡散してもらいましょう。そうした中で、こちらが想定していなかったシステムに対する要望を聞き出すことも重要です。

■ヒアリングの結果をフィードバックする

初回ヒアリングの結果、以下のようになったとします。

① 実施トリガーは、利用者が社内ワークフローシステムで申請とする
② ワークフローの承認は、利用者の上長が実施する
③ 利用者の上長が承認していれば、作業は実施してもよい。情報システム室の承認は不要である
④ 作業については、分岐のない手順書でなければサポートデスクでも実施可能
⑤ システム利用停止の休職と退職は、情報システム室経由で人事情報を連携することが可能なので、月初に 1 回の定期作業としてよい
⑥ 1000 名以上利用する場合、追加ライセンスが必要となるので、四半期に一度ぐらいは棚卸をして報告してほしい
⑦ 4 月は昇格や新入社員入社があるので、対応人数が増える可能性がある
⑧ 各店舗と本社から申請されるので、申請数は多くなる
⑨ 利用開始、変更が申請されるタイミングは、原則月初に一度にまとめたいと思っている。ばらばらと申請してほしくない
⑩ 利用開始、変更はできればその日のうちに対応してほしい

これだけ聞ければ、設計を進めることができそうです。

実施タイミング、実施トリガー、作業頻度の更新

まずは、コメントの①、⑤、⑥を、実施タイミング、実施トリガー、作業頻度に反映してみましょう。作業頻度の値は、システム利用停止は月に 1 回、利用者棚卸は四半期に一度なので 4 ÷ 12 で月に 0.333…、四捨五入して 0.3 としておきます。

▶運用項目一覧（ヒアリング情報反映版①）

運用項目名	業務内容	実施タイミング	実施トリガー	作業頻度（月）
システム利用開始	入社、昇格などでシステムを新規に利用する場合に実施する	非定期	ワークフローによる申請	6？
システム利用変更	異動などで店舗が変わったなど、登録を変更する場合に実施する	非定期	ワークフローによる申請	2？
システム利用停止	人事情報をもとに、休職、退職に対して月初に一度作業を実施する。	定期（月初）	人事情報連携時	1
利用者棚卸	定期的に停止漏れがないかをメインに利用者の棚卸を実施する	定期	四半期	0.3

システム利用開始と利用変更の更新

システム利用開始と利用変更に関しては、コメント⑧、⑨、⑩としてヒアリングできたので、どのようにするかを検討する必要があります。申請書の開始と変更は想定した 6 件や 2 件よりもたくさん出てきそう（⑧）ですが作業は原則月初の 1 回にしたい（⑨）。そして、その日のうちに作業して（⑩）翌日にはシステムを使えるようにしてほしい、という要望のようです。

以上のことをふまえて、運用としては**月初第 1 営業日の 15 時までに承認された申請をその日の営業時間内（18 時）で処理する**という設計を検討します。

BPMN フロー図の更新

これらの情報を、②〜④でヒアリングできた役割分担と合わせて、BPMN フロー図にまとめましょう。

②と③のコメントから、利用開始と変更申請は利用者側で完結してもよいということがわかります。

④のコメントでは、サポートデスクに依頼できる作業レベルが把握できます。アプリケーション担当にも確認する必要がありますが、アプリケーションの操作が簡単なものであれば、作業主担当はサポートデスクにしてもよいでしょう。

まとめたBPMNフロー図を、さらに発注者にレビューをしてもらいます。

ここで作成し合意したBPMNフロー図は、のちの運用フロー図のインプット情報にもなります。

▶BPMNフロー図に追記していく（1）

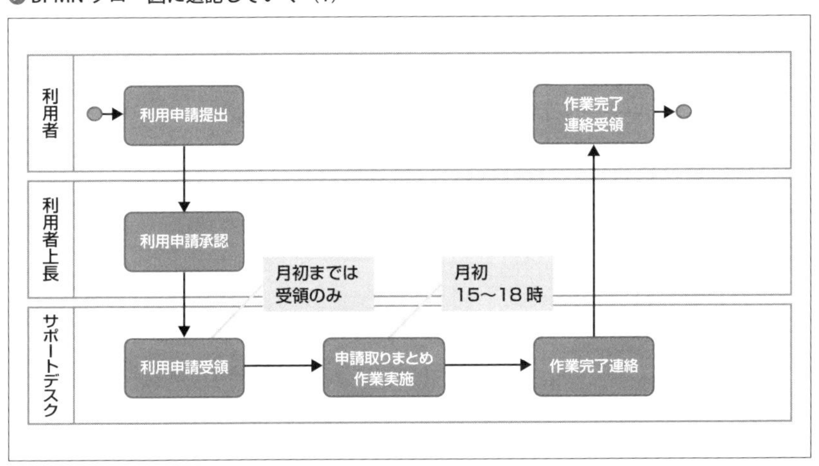

BPMNフロー図をさらに更新する

このフロー図を見て、発注者は**第2営業日から月末までの間は申請しても対応されないリスクがある**ことを知ります。中途採用や月中の店舗異動があった場合にさすがに困るので、即時反映でなくてもよいので随時申請対応をしてほしい、という要望が追加でありました。

このような要望の場合、実施トリガーの決め方には2つの方法が考えられます。

- 作業する曜日を決めて定期作業とする
- 申請を受け取ってから何営業日以内に作業を実施するか決めて不定期作業とする

どちらが良いかは、完全に発注者の好みとなるので確認します。このような、2 択の選択まで内容が煮詰まった議題であれば、打ち合わせを待たずにメールなどで確認して早めに決めてしまったほうがよいでしょう。その際、**「定期作業にしたほうが運用カレンダーで管理できるので、作業漏れが少なくなると考えています」**のように、運用設計の専門家として、どちらのほうが良いかというコメントも添えておくと、発注者に判断してもらうスピードも速くなると思います。

今回は月初第 1 営業日と毎週金曜日の 15 時に取りまとめを行い、18 時までに作業を実施とします。

決まった情報はフロー図と運用項目一覧に反映しておきましょう。

BPMN フロー図に追記していく（2）

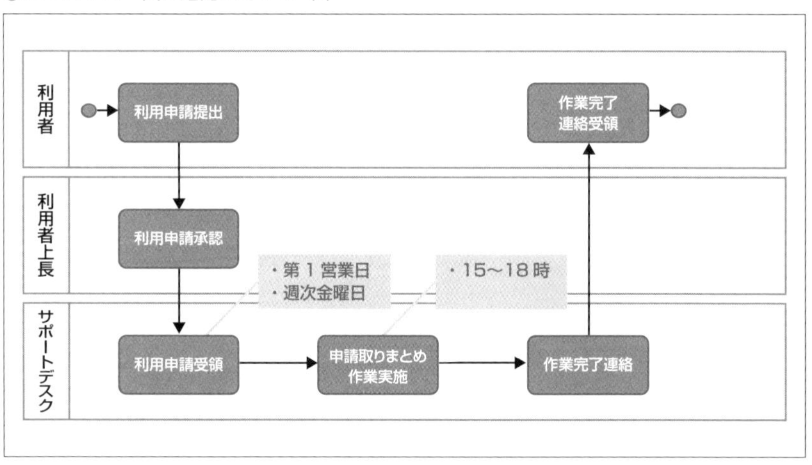

▶運用項目一覧（ヒアリング情報反映版②）

運用項目名	業務内容	実施タイミング	実施トリガー	作業頻度（月）
システム利用開始	入社、昇格などでシステムを新規に利用する場合に実施する	定期（月初、金曜日）	ワークフローによる申請	6
システム利用変更	異動などで店舗が変わったなど、登録を変更する場合に実施する	定期（月初、金曜日）	ワークフローによる申請	6
システム利用停止	人事システムと連携して月初に一度作業を実施する。	定期（月初）	人事情報連携時	1
利用者棚卸	定期的に停止漏れがないかをメインに利用者の棚卸を実施する	定期	四半期	0.3

システム利用開始と利用変更の実施タイミングは「定期（月初、金曜日）」となりました。

作業頻度は最大で1ヵ月を5週として金曜日が5回、月初作業がプラス1回となるので6となります。なお、作業頻度に関しては、作業バッファの意味も込めて最大値を記載するようにしましょう。

引き出した情報から漏れのない運用項目を考える

ヒアリングをすることによって、狙っていなかったほかの有益な情報が引き出せることはよくあります。今回の例では、⑤は社内の他システムと連携して運用を効率化できるコメントです。あらためて見てみましょう。

⑤ システム利用停止の休職と退職は、情報システム室経由で人事情報を連携することが可能なので、月初に1回の定期作業としてよい

⑤のコメントで、停止に関しては情報システム室とサポートデスクで作業が完結できそうです。ただし、休職と退職以外でもシステム利用停止が発生する場合があるかもしれません。それをヒアリングするために、システム利用停止は「システム利用停止（定期）」と「システム利用停止（申請）」の2つに分けておきます。

また、週に1回作業をすると決めた利用開始ですが、緊急で対応する場合がないかも確認しておきます。今回のケースのように、作業効率を上げるためにまとめて定期的に作業を実施するようにした場合は特に注意です。

社長や本部長といった経営層からのビジネス的な要望であれば、多少運用ルールを変えてでもリクエストに応えないといけないときはあります。利用者から作業依頼で何かを実施する場合は、通常作業と緊急作業とを分けてヒアリングすると運用項目をもれなく洗い出すことができるでしょう。

ここでは念のために、次回のヒアリングに向けて、「緊急申請作業」も運用項目一覧に入れておきます。

▶運用項目一覧（運用項目分割）

運用項目名	業務内容	実施タイミング	実施トリガー	作業頻度（月）
システム利用開始	入社、昇格などでシステムを新規に利用する場合に実施する	定期 （月初、金曜日）	ワークフローによる申請	6
システム利用変更	異動などで店舗が変わったなど、登録を変更する場合に実施する	定期 （月初、金曜日）	ワークフローによる申請	6
システム利用停止（定期）	人事システムと連携して月初に一度作業を実施する。	定期（月初）	人事情報連携時	1
システム利用停止（申請）	システム利用停止（定期）以外で利用停止する場合に実施する	非定期	ワークフローによる申請	1
緊急申請作業	緊急申請により、システム利用に関する変更作業を早急に実施する	非定期	ワークフローによる申請	1
利用者棚卸	定期的に停止漏れがないかをメインに利用者の棚卸を実施する	定期	四半期	0.3

これまでの情報と⑤を合わせて、運用項目一覧の担当者／役割分担、特記事項を埋めていきましょう。

▶運用項目一覧（役割分担）

運用項目名	利用者	利用者上長	情報システム室	サポートデスク	運用責任者	運用担当者	特記事項
システム利用開始	△	◎		●			
システム利用変更	△	◎		●			
システム利用停止（定期）			▲	●			人事情報を連携
システム利用停止（申請）	△	◎		●			棚卸後の申請
緊急申請作業	△	◎		●			申請後すぐに作業
利用者棚卸	▲	▲	▲	●			

［凡例］●：主担当　◎：承認、サポート　▲：情報連携、情報共有　△：申請、依頼

■ヒアリングを終えて決まったこと

再度ヒアリングを実施して、提示した運用項目で問題なしとなりました。

システム利用者管理運用での登場人物は、利用者、利用者上長、情報システム室、サポートデスクの４者で完結しそうです。

利用開始、変更、停止（申請）については、利用者がワークフローで申請を行い、それを上長が承認しサポートデスクが受け取って作業を実施する流れとなります。

利用停止については、情報システム室から人事情報をもとに、休職と退職の人を対象にサポートデスクが作業をすることになります。

利用者棚卸は、サポートデスクが登録情報を確認し、利用者とその上長へ情報を連携します。

棚卸情報から削除漏れ、本来利用するべきでない人の登録があった場合は、「システム利用停止（申請）」として作業を実施します。

利用停止を確実に行っていれば、確実に削除作業が行われるので棚卸は必要ないと思われるかもしれませんが、利用停止の削除作業を手作業で行っている場合、必ず作業ミスが起こります。もしライセンスに制限がなく、登録者数を気にすることがなければ棚卸する必要はないかもしれませんが、今回はライセンス数が1000という制限があります。そのため、削除忘れをチェックする仕組みがないと貴重なライセンスを食いつぶしていくことになります。

これにて、いったん担当者と役割分担が決まりました。これ以上の細かいこと

は、運用フローを作成して決めていくことになります。続けてのサンプルとして、システム利用開始フロー図を作成していきましょう。

3.2.2　BPMN フロー図から詳細な作業内容を洗い出す

運用項目一覧をまとめるために得た情報と BPMN フロー図をもとに、ひとまず運用フロー図のドラフト版は作れるはずです。なお、運用フロー図の作り方については、「2.4　基本設計」に詳しく記載があるので割愛します。

今回はシステム利用開始フロー図をまず作成してみましょう。完成したのが右ページの図です。

運用項目一覧ではたった 1 行で記した作業ですが、より具体的になってきたと思います。処理ステップの担当者や作業内容を確認していくと、作業依頼受領前後で 2 種類の作業に分けられます。

・既存ワークフローシステムを利用する作業
・今回のシステム独自の作業

既存ワークフローシステムを利用する作業については既存ルールに則るので、すでにある利用申請手順書を流用します。ワークフローシステム自体に対する作業として、今回の店舗販売管理システムの申請項目を追加してもらう必要があります。アプリケーション担当から「権限付与作業」で必要な情報を取りまとめ、ワークフローシステム管理者へ連携して「店舗販売管理システム申請」を追加してもらいましょう。

その際に、利用申請手順書（既存）に「店舗販売管理システム」の申請方法を追記していただくことになります。

今回のシステム独自の作業としては「権限付与作業」があります。また、だれに権限を付与したかを管理する必要があるので「利用者管理台帳」も必要です。権限付与作業の操作手順は、アプリケーション担当に作成してもらいましょう。

作成予定のドキュメントをフロー図にマッピングしてみましょう。

▶ システム利用開始フロー図（作成予定のドキュメントもマッピング済み）

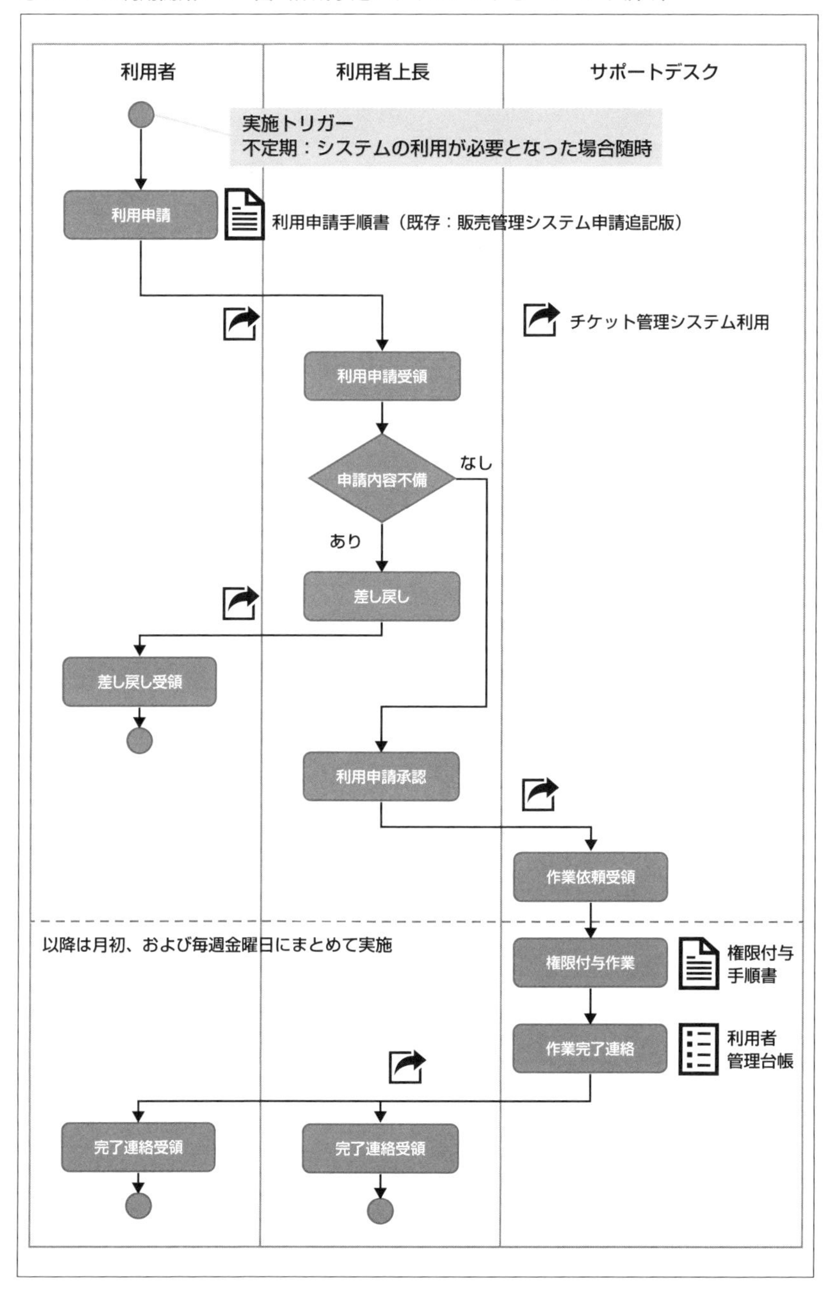

システム利用開始の運用項目には、1つのユーザー利用手順書（この例では、利用申請手順書）、1つの運用手順書（同、権限付与手順書）、1つの台帳（同、利用者管理台帳）が必要なことが判明しました。

■複数のフロー図をまとめる

運用フロー図はできるだけまとめたほうがよいでしょう。タイトルが違うだけの同一フロー図を乱立させるのは、運用が変わった場合に修正工数も上がり、修正漏れなどのリスクも上がるので良いことはありません。運用開始後のドキュメント管理のことも考えると、無用なドキュメントは極力減らすべきといえます。

今回の例だと、運用項目一覧を取りまとめた時に、「システム利用開始」「システム利用変更」「システム利用停止（申請）」も同じ流れになることがヒアリングからわかっていたとします。このような箇所がフロー図をまとめる候補となります。まとめられるかどうかは、運用手順書を共有できるかどうかがカギになってきます。たとえば、「権限付与手順書」を「権限付与・変更・削除手順書」として1つにまとめられるのであれば、フロー図も1つにまとめることができます。

3.2.3　必要なドキュメントを整理する

さて、運用設計側で作成できる運用フロー図はここまでです。運用フロー図を作成して、利用ドキュメント名が確定したら運用項目一覧へ反映していきましょう。

▶運用項目一覧（利用ドキュメント反映）

運用項目名	利用者	利用者上長	情報システム室	サポートデスク	運用責任者	運用担当者	利用ドキュメント	特記事項
システム利用開始	△	◎		●			・利用開始、変更、停止フロー図 ・利用申請手順書（既存） ・権限付与、変更、削除手順書 ・利用者管理台帳	
システム利用変更	△	◎		●			・利用開始、変更、停止フロー図 ・利用申請手順書（既存） ・権限付与、変更、削除手順書 ・利用者管理台帳	
システム利用停止（定期）			▲	●			・権限付与、変更、削除手順書 ・利用者管理台帳	人事情報を連携
システム利用停止（申請）	△	◎		●			・利用開始、変更、停止フロー図 ・利用申請手順書（既存） ・権限付与、変更、削除手順書 ・利用者管理台帳	棚卸後の申請
緊急申請作業	△	◎		●			・利用開始、変更、停止フロー図 ・利用申請手順書（既存） ・権限付与、変更、削除手順書 ・利用者管理台帳	申請後すぐに作業
利用者棚卸	▲	▲		●			・利用棚卸フロー図 ・利用者棚卸手順書 ・利用者管理台帳	

［凡例］●：主担当　◎：承認、サポート　▲：情報連携、情報共有　△：申請、依頼

■運用フロー図を作成するかしないかの判断

システム利用停止（定期）と利用者棚卸についても、少し解説しておきましょう。

今回はシステム利用停止（定期）に運用フロー図はいらないと判断しました。その根拠は登場人物が「情報システム室」と「サポートデスク」しかいないためです。おそらく月に一度、情報システム室から情報をもらって、サポートデスクで作業を行うだけとなります。ごく簡単な運用フロー図を作成することもできますが、それならば運用手順書の１ページとして記載することもできます。

このようにメインの参照者が１～２組織の場合、運用ドキュメントの乱立を避けるべきという基本方針からも外れるので作成しないことをお勧めします。

逆に、利用者棚卸については三者のやりとりが想定されるので、運用フロー図が必要と判断しました。今回のシステムではライセンス数に限りがあるので、棚卸によるライセンス数の確認が重要と考えたためです。

ほかにも運用フロー図作成時に迷う点として、開始と終了をどこまでにするかがあります。運用フロー図には一連の作業範囲を決める役割もありますので、フローの開始と終了に迷うことがあれば検討して、発注者としっかり合意しておきましょう。

たとえば「利用棚卸フロー図」であれば、終了を「棚卸結果の報告」とするのか「システム利用停止（申請）の依頼」とするのかを発注者と検討する必要があります。

3.2.4　システム利用者管理運用の成果物と引き継ぎ先

システム利用者管理運用設計を進めてきましたが、まとめとしては以下となります。

・申請方法と作業タイミング、役割分担を BPMN フロー図を利用して発注者と検討する
・利用開始、変更、停止に関する方針について発注者と合意する
・利用者の棚卸に関する方針について発注者と合意する

システム利用者管理で合意した設計内容は、表のドキュメントに反映します。

▶設計項目ごとの成果物と引き継ぎ先

設計項目	成果物	引き継ぎ先
システム利用者管理運用の目的	・運用設計書	・情報システム室 ・サポートデスク
システム利用者管理運用の作業範囲	・運用設計書 ・運用項目一覧	・情報システム室 ・サポートデスク
システム利用開始、変更、停止に関する方針	・運用設計書 ・運用項目一覧 ・利用開始、変更、停止フロー図 ・権限付与、変更、削除手順書 ・利用者管理台帳	・情報システム室 ・サポートデスク ・利用者
利用者の棚卸に関する方針	・運用設計書 ・運用項目一覧 ・利用棚卸フロー図 ・利用者棚卸手順書	・情報システム室 ・サポートデスク ・利用者

システム利用者管理は、提供しているサービスや導入する企業、利用方法によってまったく変わってきます。毎回システムにとっての正解を探していかなければならないので、ひとつの考え方に固執せずに対応していくことが求められます。本項で解説に用いた運用設計方法や成果物も一例にすぎません。

ゴールは**利用者が必要な時にシステムを利用できるようにすること**です。それが実現できているかを常にチェックして設計を行うように心がけましょう。

ここがポイント！

システム利用者管理の考え方は、いろいろなシステムで応用が利きそうですね！

3.3 サポートデスク運用

サポートデスクとは、利用者からのサービスに関する問い合わせ対応を行う組織のことを指します。ヘルプデスク、サービスデスク、カスタマーサポート、窓口サービスなど、呼び名はいろいろありますが、利用者からの問い合わせに返答するという役割は同じです。

利用者をどのようにサポートして円滑にサービスを利用してもらうのか、そのためにどんな運用設計が必要なのかを説明します。

■前提とシチュエーション

引き続き、「全国にチェーン展開している大手小売り企業の店舗販売管理システム」の導入をモデルとして、社内 PC 更改に合わせてサポートデスクを新規で立ち上げるというパターンについて説明していきます。

なお、通常はシステム更改プロジェクト案件の運用設計担当として、サポートデスクを新規で立ち上げることはほとんどありません。既存のサポートデスクを利用する場合がほとんどです。ただ、サポートデスクを一から設計する仕組みを理解しておけば、既存サポートデスクを利用する運用設計も考えやすくなるので、今回はあえて新規サポートデスクの立ち上げということで考えてみたいと思います。

前提条件は、以下とします。

- 更改する PC は 4000 台
- OS が変わるので、使い勝手はかなり変わる
- おもな PC 利用拠点は 4 ヵ所（各店舗は最寄りの拠点から PC を貸与される）
- 今回の更改を機に、社内 PC サポートデスクの業者を入れ替える
- 今は業務アプリケーション開発業者ごとにあるサポートデスクを、今後 2 年かけて今回のサポートデスクに統合していく

・PC 管理をしている保守員は別にいる
・社内業務アプリケーションごとに保守担当がいるが、それは更改前と変わらない

■サポートデスクで設計する運用項目

サポートデスクの基本的な業務は、利用者から問い合わせを受けて、それを管理し、回答できるものは一次回答を実施する、という流れになります。

一次対応で解決しないものは、運用担当者へエスカレーションを実施します。また、定期メンテナンスや障害情報、サービス提供に影響のある情報があった場合には情報発信を行います。

▶サポートデスクの代表的な項目一覧

運用項目名	作業名	作業概要
サポートデスク	問い合わせ対応	サービス利用者からの問い合わせを管理し、一次回答、エスカレーションを行う
	情報発信	定期メンテナンス情報、障害情報、ユーザーの利便性向上を目的とした情報発信を行う
	FAQ の更新	エスカレーションした問い合わせ回答の中から、汎用的な作業を FAQ として更新する
	問い合わせ情報取りまとめ・報告	問い合わせ総件数、一次対応解決率、平均対応時間、問い合わせ内容の傾向などを集計して報告する

3.3.1 サポートデスクのあり方

運用設計の詳細を説明する前に、サポートデスクの基本的な考え方を共有しておきたいと思います。

社内サポートデスクが業務アプリケーションごとに分かれているのは、正直あまりよい状況とは言えません。サポートデスクが乱立すると社内 IT システム利用者に関する情報が拡散してしまいますし、それぞれのルールで運用されると情報システム室がサポートデスク全体のルールを把握することが難しくなってきます。

できることなら、社内の IT サポートの窓口は 1 つで、そこから担当者へエスカレーションされるのが望ましいでしょう。利用者としても、問い合わせ先が 1 つのほうが迷わなくて済みます。

▶ サポートデスクをまとめる意義

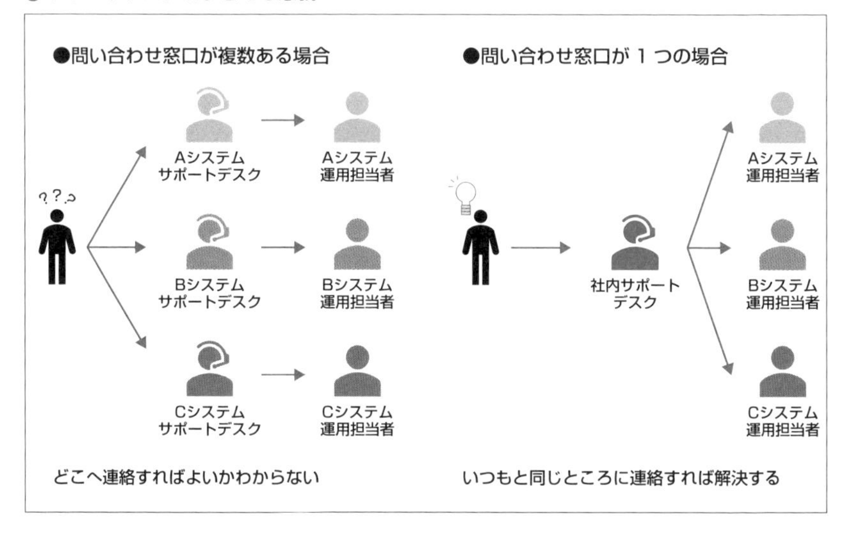

以下の例では「PC 更改に合わせて新規サポートデスクを立ち上げて、ゆくゆくは乱立しているサポートデスクを統合していく」という計画がある前提で解説を進めます。そのため、今後の対応拡大にも耐えうる整理されたサポートデスクを設計する必要があります。

この条件でサポートデスクの運用設計をしてみましょう。

3.3.2　運用項目一覧を更新する

まずはシステム利用者管理運用と同じく、運用項目を想定で埋めていきましょう。

▶運用項目一覧（初回ヒアリング用）

作業名	作業概要	実施タイミング	実施トリガー	作業頻度（月）
問い合わせ対応	サービス利用者からの問い合わせを管理し、一次回答、エスカレーションを行う	非定期	メール問い合わせ時？	400？
情報発信	定期メンテナンス情報、障害情報、ユーザーの利便性向上を目的とした情報発信を行う	非定期	依頼時？	2？
FAQ の更新	エスカレーションした問い合わせ回答の中から、汎用的な作業を FAQ として更新する	定期	月次？	1？
問い合わせ情報取りまとめ・報告	問い合わせ総件数、一次対応解決率、平均対応時間、問い合わせ内容の傾向などを集計して報告する	定期	月次？	1？

［凡例］●：主担当◎：承認、サポート　▲：情報連携、情報共有　△：申請、依頼

仮の内容を記載して、発注者に初回ヒアリングを行います。サポートデスクの運用設計は方針を決めていく内容が多いので、利用者の要望よりも発注者の要望をまとめる必要があります。

■ヒアリングの結果をフィードバックする

初回の発注者ヒアリングでは以下のことが聞けました。

① 問い合わせは電話、メールで行われる。電話は 3 回線ある
② サポートデスクの対応時間は平日の 8:00 ～ 20:00 までとする
③ 現在の PC に関する問い合わせ件数は 1 日 25 件で月間だと 500 件程度
④ 1 件の問い合わせの平均回答時間は 15 分程度
⑤ 更改直後は問い合わせが増加すると思う
⑥ 情報発信については今は特段行っていないが、今後は月に 1 回ぐらいはメンテナンス情報を公開していきたい
⑦ FAQ やユーザー利用手順書は社内ポータルサイトに配置してある
⑧ FAQ の更新はサポートデスクではなく、運用担当者が行っている
⑨ FAQ 更新頻度は随時で、頻度としては月に 1 件ぐらい
⑩ 運用担当者が FAQ の更新を行ったら、サポートデスクへ連絡が入り、以降

は一次対応として行われる

⑪ サポートデスクの問い合わせ情報は月に 1 回報告を受けるようにしている

実施タイミング、実施トリガー、作業頻度の更新

まずは①、③、⑥、⑨、⑪で実施タイミングと実施トリガー、作業頻度がヒアリングできたので運用項目一覧に反映します。

▶運用項目一覧（ヒアリング情報反映）

作業名	作業概要	実施タイミング	実施トリガー	作業頻度（月）
問い合わせ対応	サービス利用者からの問い合わせを管理し、一次回答、エスカレーションを行う	非定期	電話、メールでの問い合わせ時	500
情報発信	定期メンテナンス情報、障害情報、ユーザーの利便性向上を目的とした情報発信を行う	非定期	依頼時	1
FAQ の更新	エスカレーションした問い合わせ回答の中から、汎用的な作業をFAQとして更新する	非定期	随時	1
問い合わせ情報取りまとめ・報告	問い合わせ総件数、一次対応解決率、平均対応時間、問い合わせ内容の傾向などを集計して報告する	定期	月次	1

各作業の考え方や細かい設計方法などはのちほど説明するので、次は役割分担を決めていきます。

役割分担表の作成

役割分担については、⑧、⑩でヒアリングできています。

⑩の「FAQ 記載内容はサポートデスクで一次対応」のような情報も運用項目一覧へ記載しておきましょう。同じく、②のサポートデスクの対応時間の情報も特記事項として記載しておいたほうがよいでしょう。

▶運用項目一覧（役割分担）

作業名	利用者	利用者上長	情報システム室	サポートデスク	運用担当者	特記事項
問い合わせ対応	△			●	◎	電話は3回線 対応時間は平日の8:00～20:00
情報発信	▲			●	△	
FAQの更新	▲		▲	▲	●	FAQ記載内容はサポートデスク一次対応
問い合わせ情報取りまとめ・報告			▲	●		

［凡例］●：主担当　◎：承認、サポート　▲：情報連携、情報共有　△：申請、依頼

運用項目一覧は運用のやることをまとめた一覧なので、②のサポートデスクの対応時間のような今後の設計の基礎データとなるものはできるだけ記載しておきましょう。

運用項目一覧へ反映できないヒアリング項目の扱い

ヒアリングした項目としては、④、⑤、⑦が残りました。運用項目一覧へ反映することはありませんが、それぞれ以下のように扱います。

④ 1件の問い合わせの平均回答時間は15分程度
　➡作業工数見積もり時に利用する

⑤ 更改直後は問い合わせが増加すると思う
　➡運用引き継ぎ期間でのサポート体制強化や運用支援を検討する。予算に影響が出る場合はプロジェクトマネージャーと発注者にて調整してもらう

⑦ FAQやユーザー利用手順書は社内ポータルサイトに配置してある
　➡運用設計書に記載。運用フロー図や運用手順書を作成する際のインプット情報とする

続いて、サポートデスクのメイン業務となる問い合わせ対応の運用フロー図を作成してみましょう。

3.3.3 問い合わせ対応の運用フロー図の作成

サポートデスクの最大の役割は、利用者からの問い合わせ情報の集約です。利用者からの問い合わせ情報を取りまとめ､決められたルールによって仕分けます。一次対応ができるものは実施して、難しいものは運用担当者へエスカレーションします。

今回の要件でも、「今後 2 年かけて今回のサポートデスクに統合していく」としましたが、サポートデスクは利用者からの情報の入り口であり、出口でもあります。IT システムの情報ハブのような役割をしています。

▶サポートデスクの役割

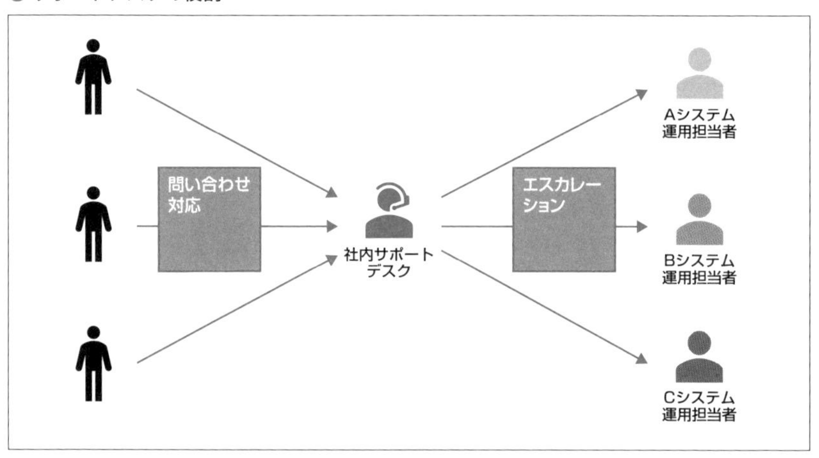

ハブの役割をしているという側面と合わせて、サポートデスクは IT 部門の顔でもあります。サポートデスクの対応が、利用者のシステム満足度に大きな影響を与えていることもあります。

そのようなことを意識しながら、サポートデスクの一番代表的な運用項目である「問い合わせ対応」の運用フロー図を作成してみようと思います。

▶サポートデスク問い合わせフロー図

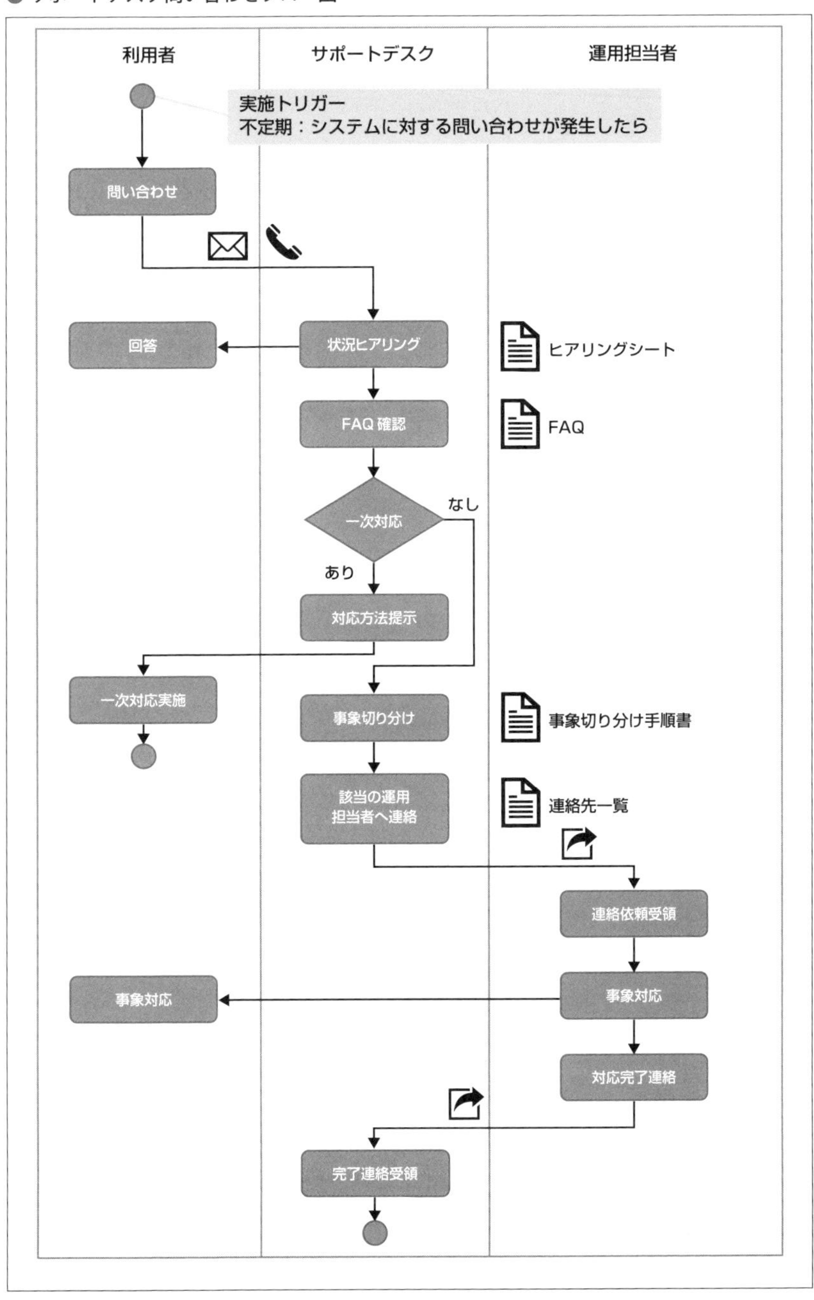

■問い合わせ対応の基本動作

サポートデスクの問い合わせ対応の基本動作は以下の 3 つとなります。

① ヒアリングとその記録
② 一次対応
③ 運用担当者へのエスカレーション

サポートデスクは利用者からの問い合わせを最初に受ける場所になりますが、サポートデスクですべての問題を解決できるわけではありません。解決できない問題は、しかるべき担当者へ対応引き継ぎ（エスカレーション）を行います。

受付からエスカレーションまでの間に、利用者から状況をヒアリングしたり、一次対応を行ったりしなければなりません。その際、担当者ごとに作業粒度が違っていては正しい処理ができません。

サポートデスクの品質を維持するために、ヒアリング、一次対応、エスカレーションのための事象切り分けに利用するドキュメントを作成する必要があります。

①ヒアリングとその記録

まずは事象を正しく把握するために、利用者から状況を聞き出さなければなりません。病院の問診票のようなヒアリングシートを使って利用者から情報を聞き出します。

今回は社内 PC のサポートデスクなので、以下のような項目をヒアリングするとよいでしょう。

▶ヒアリングシートに必要な項目

項目	ヒアリング内容
利用者氏名	利用者の氏名とアカウント名など
所属部署名	所属部署名を聞く。出向、兼務などがある場合は注意
利用端末名	ハードの故障などにも備えて、端末名、ID などを記載
利用環境	社内からなのか、社外からなのか。社内ならどこの拠点から利用しているのかを記載
影響範囲	周囲の社員でも同じ事象が発生しているかどうか
事象発生時間	問題が発生した時刻、まだ継続しているか、頻発している問題なのかを記載
事象内容	問題が発生している状態を確認する。何か特定のアプリケーションを使っているかなども記載
表示されているエラーメッセージ	画面にエラーメッセージが表示されている場合は記載
その他	なにか気になることがあれば記載

②一次対応

事象の概要が把握できたところで、これまでのナレッジや FAQ から今回の事象の一次対応が無いかをサポートデスクが検索します。

個人的には、サポートデスクに関するナレッジは、すべて FAQ にまとめておくことをお勧めします。そうすることにより、一次対応の際に利用者と同じ情報を見ながら説明できますし、サポートデスク内で情報を一元管理することもできます。

③運用担当者へのエスカレーション

一次対応を行っても事象が解決しない場合は、エスカレーションのための事象切り分けを行わなければなりません。

PC 関連の問い合わせは、大きく分けると以下の 5 つとなります。

・ID、パスワードを含む認証基盤の問題
・ハードウェア・OS 部分の問題
・ネットワークなどの通信系の問題
・ソフトウェアの不具合
・利用者の操作ミス

これらのどの問題なのかを切り分けるために、ヒアリングした情報から事象切り分けフローを整備しておきます。

その際、ただ情報を切り分けてエスカレーションするだけでは、サポートデスクの機能が少しもったいない気がします。エスカレーション先の運用担当者から、事前に行ってほしいログ収集手順などがあれば、この事象切り分け手順書に追加しておきましょう。

▶事象切り分けフロー

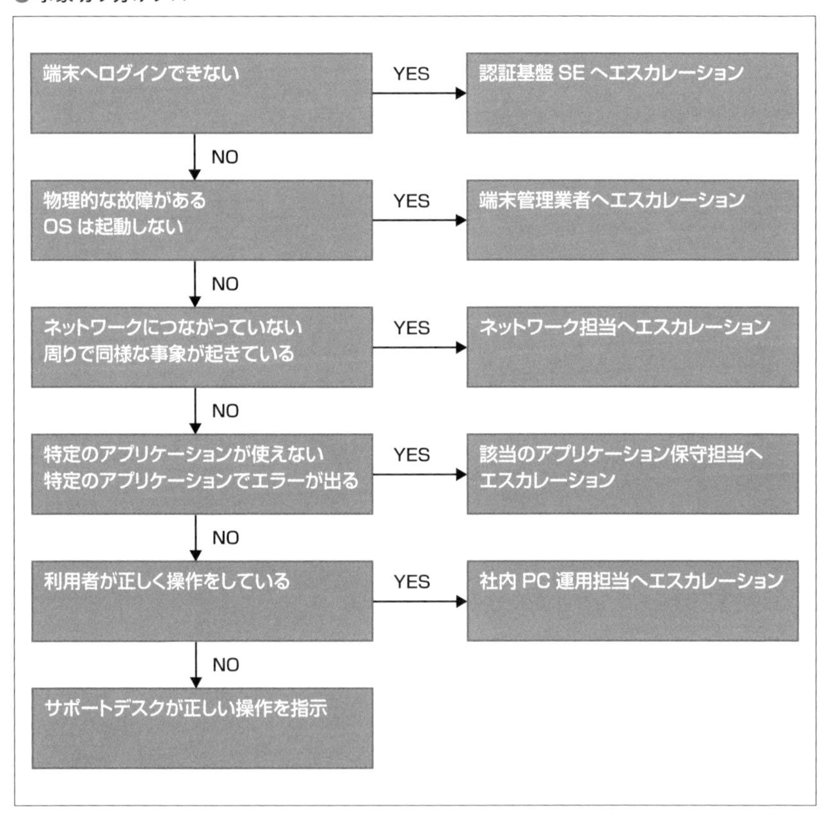

ひとまず、ヒアリングシートと FAQ、事象切り分けフローにて利用者から問い合わせに対応できる状況が整いました。

次はサポートデスクからも情報を発信して、問い合わせ数を減らすことを考えたいと思います。

3.3.4 サポートデスクから情報を発信する

サポートデスクは利用者と常に対峙する立場なので、利用者から問い合わせが発生しそうな情報はサポートデスクに集まるようにしておいたほうがよいでしょう。

集めた情報は事前に利用者に周知したり、利用者の見える場所で公開することによって問い合わせ件数を減らせる可能性があります。利用者からの問い合わせを待つだけではなく、利用者に必要な情報を発信していく仕組みも考えておきましょう。

▶サポートデスクから情報を発信する

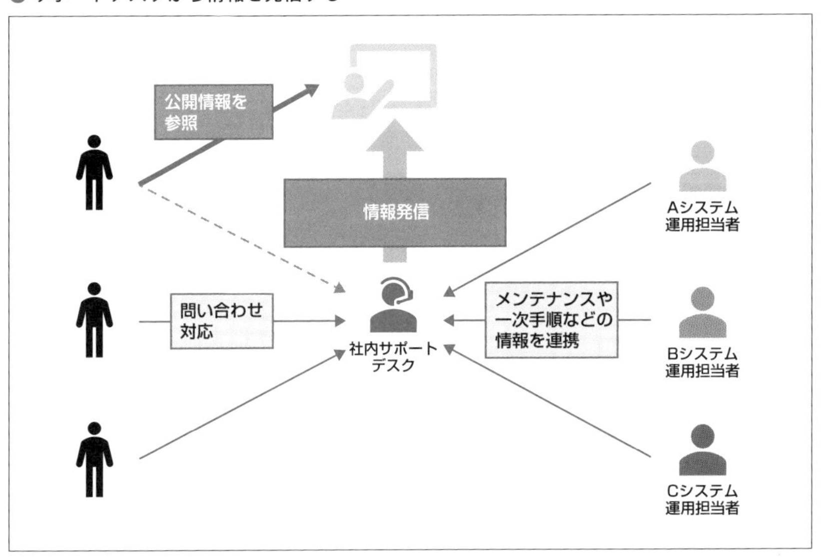

周知方法にはメールや社内ポータル、最近ならチャットツールなどいろいろなものがあるかと思います。まずは、社内ポータルのような、利用者全員がアクセスできる場所へ情報を掲載できるようにします。その中で、重要度の高いものはメールやチャットで合わせて周知しておくようにしましょう。

ポータルにサポートデスクから知っておいてほしい情報をまとめておけば、問い合わせをする前にそのサイトを見てくれる利用者もいるかもしれません。問い合わせがあったときにも、社内ポータルサイトにサポートデスクのページがあることをお知らせすれば、次回からはひとまずそこを確認してくれるかもしれません。

■サポートデスクが発信する情報

サポートデスクの業務は全体的に受け身の対応となりがちですが、しっかり地道に情報発信していくことで、時間はかかりますが問い合わせ数は必ず減らすことができます。それでは、利用者にどういった情報を発信すればよいのでしょうか。

・メンテナンスなどのシステム停止・縮退時間のお知らせ
・社内 PC の初期セットアップ手順やよく使うアプリケーションの使い方手順
・社内 PC に関わる申請種類と方法まとめ
・トラブルシューティング／よくある質問（FAQ）

上記の情報を載せれば、ある程度は問い合わせを減らすことができるでしょう。また、内容別に掲載文のテンプレートを用意しておくと掲載までの時間短縮、担当者による表記の違いなどを抑えることができます。それでは、1 つずつ内容を確認していきます。

メンテナンスなどのシステム停止・縮退時間のお知らせ

システムが使えなくなったら、まずサポートデスクへ電話がかかってきます。そのため、システムが使えなくなることや、接続が不安定になる時間がわかっている場合は事前に周知しなければなりません。

サービス停止、縮退を伴うものは、ポータルに掲載するのと合わせてメールなどで直接周知したほうがよいでしょう。

社内 PC の初期セットアップ手順やよく使うアプリケーションの使い方手順

PC の初期設定が漏れていることによるトラブルの問い合わせも一定数あります。初期セットアップ手順に関しては、ポータルに載せることと合わせて、端末引き渡し時に印刷しておいて一緒に渡したり、マニュアルファイルを端末上のデスクトップにデフォルトで配置するのも効果があります。このような対応をするためには、PC を管理している保守員と連携する必要があります。

また、全社員がよく使うアプリケーションの手順を載せておくと、利用方法についての問い合わせの削減も見込めます。アプリケーションの使い方や手順に関しては、アプリケーション担当に作成してもらうことになります。

いずれにせよ、このあたりのユーザー利用手順書については、IT に詳しくない人が使うことを想定して平易でわかりやすく作成する必要があります。

社内 PC に関わる申請種類と方法まとめ

不具合の問い合わせとあわせて多いのは、権限変更や機器貸出といった申請方法や申請そのものに関する問い合わせです。

申請にワークフローシステムを利用している場合は、システムへのリンクを整備して利用者が自ら申請サイトまでたどり着ける導線を整備しましょう。メールによる申請の場合は、メールサンプルや申請書をダウンロードできるようにしておくとよいでしょう。

トラブルシューティング／よくある質問（FAQ）

社内 PC 周りの問い合わせは、あまりにも単純なケースが多くあります。電源ケーブルが抜けている、USB ケーブルが断線している、プリンターに紙が入っていない、パスワードを一定回数以上間違えた……、などです。

このような単純なケースのトラブルシューティングは、よくある質問（以下、FAQ）としてポータルサイトなどに掲載しておくとよいでしょう。サポートデスクに問い合わせが来た場合も、利用者と同じページを見ながら作業することによって、次回以降は自ら実施してもらえる可能性が上がります。トラブルシューティングを自主的に実施してくれる利用者が増えていくはずです。

また、FAQ で気をつけたいのは分類分け（カテゴライズ）とタイトル名です。利用者が迷わず自分の問い合わせと同じ FAQ を見つけられなければなりません。

FAQ は定期的にアップデートして育てていくコンテンツですので、ナレッジを反映する仕組みも考えておく必要があります。

今回の事例では FAQ に関しては運用担当者が修正することになっていますが、

更新されたことをサポートデスクが気づける仕組みがないのであれば問題です。サポートデスクはFAQに記載してある質問は一次回答として答えなければなりません。ポータルサイトの情報を更新した際は、必ずサポートデスクへ連絡を入れることをフローとしておきましょう。

3.3.5　問い合わせ情報を取りまとめて報告する

サポートデスクの大切な業務のひとつに、問い合わせ情報の取りまとめと報告があります。サポートデスクは、運用開始後に利用者からの生の声が集まる場所です。これらの声を集計して、今後に活かさない手はありません。

問い合わせ総件数、一次対応解決率、平均対応時間、問い合わせ内容の傾向などなど…、問い合わせ結果をまとめた情報から見えてくるものを報告します。同時に、問い合わせ件数の減少や一次対応解決率の上昇などから、サポートデスクの改善活動の結果も見えてくるはずです。

サポートデスクの問い合わせ内容には、システムに対する不満も含まれている場合が多くあります。それらを丹念に拾い上げていき、アプリケーションの改修やシステム運用へ活かしていけば、おのずと利用者満足度の高いサービスが出来上がるはずです。

このように、サポートデスクへの問い合わせ情報の可視化を行うメリットは大きいので、必ず定期的に報告するルールを作っておきましょう。

3.3.6　必要なドキュメントを整理する

一通りサポートデスク運用に関する資料作成の方法を確認してきました。これらのドキュメントを運用項目一覧へ反映していきましょう。

▶運用項目一覧（利用ドキュメント反映）

作業名	利用者	利用者上長	情報システム室	サポートデスク	運用担当者	利用ドキュメント	特記事項
問い合わせ対応	△			●	◎	・問い合わせフロー図 ・ヒアリングシート ・事象切り分けフロー ・連絡先一覧	電話は3回線 対応時間は平日の8:00～20:00
情報発信	▲			●	△	・社内PC利用手順書 ・社内PC申請手順書 ・トラブルシューティング ・FAQ ・掲載文テンプレート	
FAQの更新	▲		▲	▲	●	・FAQ更新手順書	FAQ記載内容はサポートデスク一次対応
問い合わせ情報取りまとめ・報告			▲	●		・サポートデスク報告書	

［凡例］●：主担当◎：承認、サポート　▲：情報連携、情報共有　△：申請、依頼

情報発信とFAQの更新に関しては、情報の取りまとめ方によって若干利用ドキュメントが変わってくるでしょう。ExcelやWordなどの資料をポータルにアップロードして更改する場合は、アップロードするドキュメントをサポートデスクが管理することになりますし、ポータルサイトのページを更新していく場合は、ポータルサイト更新手順書も必要となるでしょう。

FAQの更新などで複数システムの運用担当者が関わり、修正ルールが必要となりそうならFAQ更新フロー図の作成も検討しましょう。

3.3.7 サポートデスク運用の成果物と引き継ぎ先

サポートデスク運用設計を進めてきましたが、まとめとしては以下となります。

・問い合わせ対応はヒアリングシートと事象切り分けフローを使って設計する
・ポータルにはお知らせ、社内PC利用手順（利用者が使う手順書）、申請方法、FAQの4つの情報を載せる
・サポートデスクの問い合わせ内容を可視化して、定期報告する仕組みを設計する

サポートデスク運用設計で合意した設計内容は、以下のドキュメントに反映します。

設計項目ごとの成果物と引き継ぎ先

設計項目	成果物	引き継ぎ先
サポートデスク運用の目的	・運用設計書	・情報システム室 ・サポートデスク
サポートデスク運用の作業範囲／対応時間など	・運用設計書 ・運用項目一覧	・情報システム室 ・サポートデスク
問い合わせ対応方法	・運用設計書 ・運用項目一覧 ・問い合わせフロー図 ・ヒアリングシート ・事象切り分けフロー ・連絡先一覧	・情報システム室 ・サポートデスク ・運用担当者
サポートデスクの情報発信	・運用設計書 ・運用項目一覧 ・社内 PC 利用手順書 ・社内 PC 申請手順書 ・FAQ	・情報システム室 ・サポートデスク ・運用担当者
FAQ などの更新方法	・運用設計書 ・運用項目一覧 ・FAQ 更新手順書	・情報システム室 ・サポートデスク ・運用担当者
問い合わせ情報取りまとめ・報告	・運用設計書 ・運用項目一覧 ・サポートデスク報告書	・情報システム室 ・サポートデスク

本書では業務運用としましたが、本来はサポートデスク運用を独立した機能として扱うことのほうが多いと思います。

ただ、サポートデスクがシステムの窓口であることに変わりはありません。サポートデスクの運用者がサービス開始後に困ることのないように、しっかり運用設計をするように心がけましょう。

ここがポイント！

利用者の窓口になるサポートデスクだから、しっかりとルールを決めておきたいですね！

PC ライフサイクル管理運用

PC ライフサイクル管理とは、利用者の PC 利用開始から返却までのさまざまな管理を指します。具体的には、ハードウェアから搭載されているアプリケーション、マスター管理などです。

最近では PC-LCM（PC LifeCycle Management）などの名称でアウトソーシングされることも多くなってきました。PC を在庫として抱えるよりも、管理も含めて月額でリースしたほうが IT 部門全体としては楽になるでしょう。アウトソーシングが主流になっていくと、今後は業務として PC ライフサイクル管理を考えることは少なくなっていくかもしれません。

しかし、PC ライフサイクル管理運用を考えることは、資産管理などもふまえて業務運用を考えるうえで大切なことを教えてくれます。そのような視点も意識しながら、どのような運用設計を行えば、PC ライフサイクル管理を円滑に運用していけるのかを考えていきましょう。

■前提とシチュエーション

今回も引き続き、「全国にチェーン展開している大手小売り企業の店舗販売管理システム」の導入をモデルとして、ノート PC を更改する場合の運用設計を考えていきましょう。

前提条件は、以下とします。

- 更改する PC は 4000 台
- 更改する PC はノート PC
- PC 利用拠点は 4 ヵ所（東京、大阪、福岡、北海道）
- 拠点ごとの人数内訳は東京本社が 2500 名、各拠点に 500 名ずつ
- PC は東京本社で一括管理している
- PC が使えないと仕事にならないため、故障時はすぐに代替機が欲しい

・営業部だけは特殊なアプリケーションを利用している。その他の部とは分けてほしい
・営業部の人数は社員 4000 名のうち 400 名である
・PC と一緒にマウスと電源も配布する
・更改した PC に対するパッチ提供は公開前と同じなので、今回のプロジェクト設計範囲外とする
・各種アプリケーションの利用については、3.2 節で考えた「システム利用者管理運用」を利用する
・サポートデスクに関しては、3.3 節で考えた「サポートデスク運用」を利用する

■PC ライフサイクル管理で設計する運用項目

PC ライフサイクル管理では、PC と周辺機器を貸与する作業を中心に、付随する必要な作業を考えていかなければなりません。大きく分けると、PC 貸出までの準備と、PC 貸し出しからその後のフォローになります。

貸し出しをしている PC が故障した場合は代替機を貸し出し、定期的にだれが PC を利用しているかの棚卸を行わなければなりません。また、PC を使えるようにするためのキッティング（導入時のセットアップ）と、PC に導入する中身、マスターイメージの更新も行わなければなりません。

▶PC ライフサイクル管理の代表的な項目一覧

運用項目名	作業名	作業概要
PC ライフサイクル管理	PC 貸し出し	利用者への PC・周辺機器貸与を実施する
	故障時対応	PC・周辺機器の故障代替機交換などを実施する
	PC 返却	利用者から PC・周辺機器の返却対応を実施する
	棚卸	定期的に管理台帳との差異がないかをメインに機器の棚卸を実施する
	キッティング	クライアント用 PC の物理的作業
	マスター更新	クライアント用 PC のマスターイメージ更新

■パソコンを利用するために必要な設定項目

PC ライフサイクル管理を考える前に、PC、つまりパソコンを使うために何が必要なのかを把握しておきましょう。

社内でパソコンを利用するためには、おおむね以下の設定が必要です。

▶PCを利用するために必要な設定

設定項目	設定詳細
パソコン本体	ハードウェア、BIOS、OS、アプリケーションが正しくインストールされ、設定されていること
パソコン周辺機器	マウス、ディスプレイ、プリンター、外付けハードディスクなどを正しく利用できること
ネットワーク	アプリケーション、プリンターなどが使えるネットワークに接続できること
アカウント	パソコンにログインでき、必要なアプリケーションやフォルダへのアクセス権が付与されていること

もし、これらすべてを利用者に設定してもらうとしたら、どれほどの混乱が起こるか、容易に想像ができるかと思います。利用者が最低限の設定だけで済むように、できるだけPCを準備しておく必要があります。

3.4.1 運用項目一覧を更新する

まずは発注者にヒアリングするために、運用項目を想定して記載していきましょう。

PCライフサイクル管理では、既存のPCライフサイクル運用を踏襲する場合が多いかと思います。ヒアリングでは何を既存と同じとして、何を変更したいのかを確認するとよいでしょう。

▶運用項目一覧（初回ヒアリング用）

作業名	作業概要	実施タイミング	実施トリガー	作業頻度（月）
PC貸し出し	利用者へのPC・周辺機器貸与を実施する	非定期	ワークフローによる申請?	15
故障時対応	PC・周辺機器の故障代替機交換などを実施する	非定期	ワークフローによる申請?	15
PC返却	利用者からPC・周辺機器の返却対応を実施する	非定期	ワークフローによる申請?	15
棚卸	定期的に管理台帳との差異がないかをメインに機器の棚卸を実施する	定期	年次?	0.08
キッティング	クライアント用PCのセッティング作業	定期	月次?	1?
マスター更新	クライアント用PCのマスターイメージ更新	定期	月次?	1?

■ヒアリングの結果をフィードバックする

初回の発注者ヒアリングでは以下のことが聞けました。

① PC 貸し出しはワークフローによる申請で行う
② PC 貸し出し、故障時の更改対応は、各拠点にいる端末管理担当者が行う。端末管理担当者は発注者側の人間がアサインされる
③ 利用者の部署異動による個別アプリケーションの入れ替えなどはアプリケーション配信システムから行う
④ 故障時の申請は不要で各拠点の端末管理担当者が代替機との交換を行う
⑤ PC と電源・マウスの紐づけ管理は不要
⑥ PC 返却は退職と休職や出産育児休暇などで 1 ヵ月以上 PC を利用しない場合に行う
⑦ PC 返却は利用者上長からのワークフロー申請で行う
⑧ 棚卸は年に一度、PC に QR コードが記載されたシールを張り付けて、専用アプリケーションで QR コードを読み取ることによって行う
⑨ 故障や新しい PC の追加によるキッティングは随時実施する
⑩ PC のマスターは 1 種類で、個別アプリケーションの導入は所属部署によってアプリケーション配信システムから実施される
⑪ 定期マスター更新作業は半年に 1 回とする
⑫ 通常の貸し出し対応とは別に、4 月には新入社員入社による大量貸し出しが発生する
⑬ PC 上で動作するアプリケーションの挙動については、各アプリケーションを導入した担当が責任を持つ

実施タイミングと実施トリガーの更新

まずは①、④、⑦、⑧、⑨、⑪で実施タイミングと実施トリガーがヒアリングできたので反映させましょう。

▶運用項目一覧（ヒアリング情報反映）

作業名	作業概要	実施タイミング	実施トリガー	作業頻度（月）
PC 貸し出し	利用者への PC・周辺機器貸与を実施する	非定期	ワークフローによる申請	15
故障時対応	PC・周辺機器の故障代替機交換などを実施する	非定期	利用者からの連絡	15
PC 返却	利用者から PC・周辺機器の返却対応を実施する	非定期	ワークフローによる申請	15
棚卸	定期的に管理台帳との差異がないかをメインに機器の棚卸を実施する	定期	年次	0.08
キッティング	クライアント用 PC のセッティング作業	非定期	随時	10
マスター更新	クライアント用 PC のマスターイメージ更新	定期	半期	0.167

役割分担表の作成

次に役割分担を考えていきましょう。②、④、⑦、⑬から、今回は利用者上長と各拠点に端末管理担当者、アプリケーション担当という役割が必要となります。

▶業務運用のおもな関係者

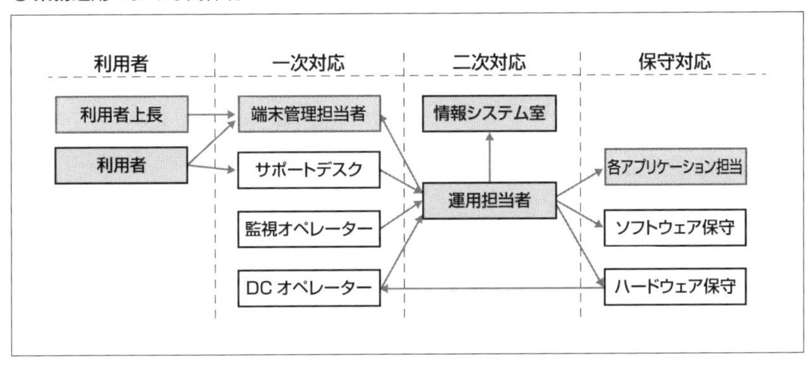

追加された役割も含めて、役割分担表を埋めておきましょう。

また、残りの⑤、⑥、⑧、⑩、⑫については、補足情報として特記事項に記載しておきます。

運用項目一覧（役割分担）

作業名	利用者	利用者上長	端末管理担当者	情報システム室	運用担当者	アプリケーション担当	特記事項
PC 貸し出し	△	◎	●		▲		4 月に新卒入社で大量貸し出しあり
故障時対応	△		●		▲		電源・マウスの紐づけ管理は不要
PC 返却		△	●		▲		返却は 1 ヵ月以上 PC 利用しない場合に行う
棚卸	▲	▲	▲	◎	●		専用アプリケーションで QR コード読み取りで行う
キッティング					●		
マスター更新					●	●	マスターは 1 種類

［凡例］●：主担当　◎：承認、サポート　▲：情報連携、情報共有　△：申請、依頼

これで運用項目一覧としてはほぼ出来上がりましたが、PC ライフサイクル管理では作業項目ごとにさまざまなことを考えていかなければなりません。

PC ライフサイクル全体、故障時対応、棚卸、キッティング、マスター更新について、少し詳しく説明したいと思います。

3.4.2　PC ライフサイクル管理の基本的な考え方

PC ライフサイクル管理の基本的な考え方は、3.2 節のシステム利用者管理と同じです。

- どうやって何を使えるようにするのか？（追加）
- 使っている最中に変更があったらどのように対応するか？（更新）
- どうやって使えないようにするか？（削除）
- だれが使っているかを定期的に確認する（棚卸）

「何かを使えるようにしたり、使えないようにする業務」は、基本的にすべて同じ考え方になります。追加、更新、削除、棚卸。この 4 つを軸に、その周辺について設計していくことになります。

▶PC ライフサイクルの軸となる作業

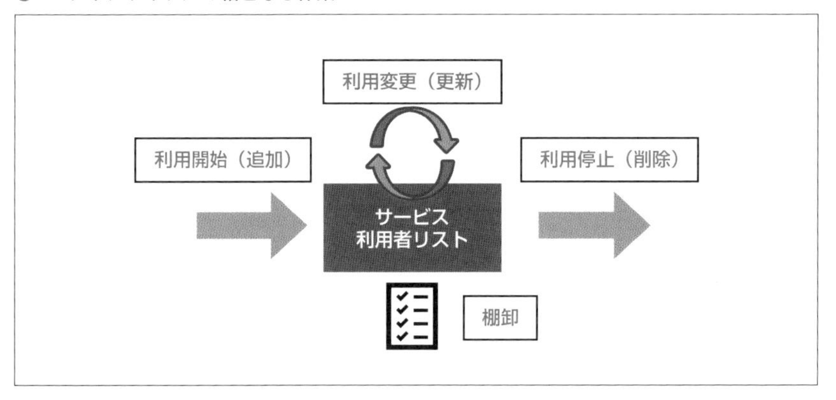

PC ライフサイクル管理では、システム的な利用管理に加えて物理的な管理も必要となります。たとえば故障が発生するので、もちろん修理をしなければなりません。また、利用停止したあとに端末が返却されるので、データの廃棄や初期化を行わなければなりません。これらのことから、システム利用者管理よりも少し複雑な設計が必要となっていきます。

物理的な PC をふまえた設計の注意点を確認していきましょう。

■利用開始（追加）

ライセンスや物品を管理するときは、大量に人が動く時を変更の最大値として考える必要があります。現代の日本の会社では、まとまった人数の新入社員を 4 月に一度に入社させる場合がほとんどですので、利用開始の最大値もそのタイミングで考えます。

4 月に間に合うように機器調達もしなければならないので、購入手続きや予算取りなどを考えると、PC の準備はかなり長い期間の作業となります。通常運用をしながら 1 日にキッティングできる台数も限られています。入社人数とキッティングができる台数を逆算して、早い場合は 1 月ごろから、遅くとも 3 月初旬から準備を始めないといけないかもしれません。

また、できればこのような作業は運用の閑散期に行いたいものです。こういった長期に渡るスケジュールは年間カレンダーを作成して、繁忙期と閑散期の可視化を行う必要があります。

■利用変更（更新）

利用変更の多くは人事異動のタイミングで起きます。人事異動が多いのは期が変わるときです。その中でも一番多いのが年度末の 3 月末です。次が半期の 9 月末で、その次が四半期の 6 月末、12 月末となります。3 月末は新入社員入社とも重なるため、PC ライフサイクル管理においては 3 月、4 月が繁忙期となります。

今回の条件だと、営業が使う PC とその他の社員で PC の設定が大きく異なっています。ほかの部署から営業へ異動となった場合、もしくはその逆の場合は何かしらの手立てが必要となります。

おもな方法は 2 つあります。

- 古い PC を引き取り、新たな PC を配布して利用してもらう
- 現在使っている端末のアプリケーションを入れ替える

それぞれにメリット、デメリットがあります。

古い PC を引き取り、新たな PC を配布して利用してもらう

新たな部署に配属になって、PC も新しくなって心機一転となるメリットもありますが、その分データ移行や共通で使っている Office 系のアプリケーションの再設定などが大変です。

まず、異動後も必要なデータをどこかのファイルサーバーに置いてもらうなどして、データを移行してもらいます。その後、メール設定や細かいアプリケーションの設定、ブラウザのお気に入りインポートなどの設定を行う必要があります。

慣れた人なら数時間で終わりますが、慣れない人だと 1 日がかりの作業になってしまいます。

現在使っている端末のアプリケーションを入れ替える

アプリケーション配信システムなどを利用して、アプリケーションの入れ替えや PC 設定変更を行う方法です。

データの移行や継続して利用するアプリケーションについての再設定が不要なので、利用者には優しい方法です。ただし、アプリケーションの入れ替えなどを

行うため、利用できない時間は出てきます。

この方法は、アプリケーションの入れ替えや設定変更が少ない場合にはよいのですが、大量にある場合は意外と大変な作業となります。作業に伴い PC の再起動を繰り返すことにより、端末故障のリスクも高まります。そうなると、心機一転で新たな部署に配属されたのに、いきなり故障で出鼻をくじかれることになります。

■利用停止（削除）

利用停止には退職はもちろんのことながら、一時的な休職や育休なども含まれます。グループ会社への出向や転勤で PC が変わる場合も、一回利用停止申請をする場合があるかもしれません。その際に返却された PC の再利用方法と廃棄のルールをあらかじめ検討しておく必要があります。

基本的には利用停止によって返却された PC は初期化して、代替機として利用したり新入社員入社時のために保管しておきます。しかし、保管しておく場所も有限ではないので、PC が余ってしまった場合は破棄しなければならないかもしれません。

古い PC 機種であれば、経過年数から故障発生確率は上がり、性能面でも見劣りするので、積極的に破棄してもよいかもしれません。

■棚卸

PC は企業会計上は資産として扱われています。年に 1 回、今回の例であれば 4000 台の PC とその付属品分の資産を保有していることを確認しなければなりません。企業における従業員の定期健康診断と同じく、棚卸して資産を確認することも義務なのです（企業会計の詳しい話は本書では割愛します）。

棚卸にはセキュリティ上の役割もあります。「共用で使うために置いていた PC がだれにも使われておらず、いつの間にかなくなっていた」「故障代替機が 1 台、行方不明になっていた」……。そのようなことを年に一度発見する機会となりますし、機器盗難に対する抑止力にもなるでしょう。

今回の棚卸はアプリによる QR コード読み取りで行われます（ヒアリングの⑧）。利用者自ら QR コードの読み取りを行ってもらう場合は、その手順書も必要となるので、だれが実施するかはヒアリングしておきましょう。

3.4.3 マスター更新フロー図を作りながら、PC を利用するまでの流れを固めていく

新しい PC を展開する際は、まずは OS や基本的なアプリケーションなどがインストールされたマスター PC を作成します。マスター PC が完成したら、同じ OS イメージをほかの PC に展開できるように、マスターイメージファイルを作成します。この作業をマスター作成と呼びます。

マスターは、キッティング時の手間を考えると変更が加えられたタイミングで定期的に更新することをお勧めします。更新しない場合、キッティング時にパッチを当てる対応となり、手間がかかります。

▶マスターを更新しなかった場合にキッティング作業で手間がかかる箇所

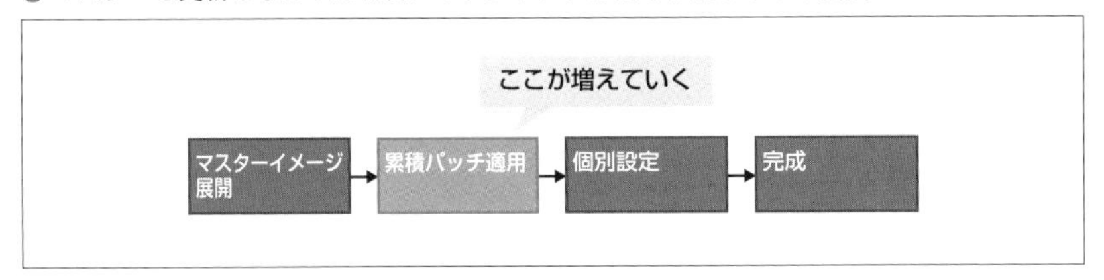

■マスターの種類を分けるかどうか

今回はヒアリングの際に「PC のマスターは 1 種類」と要望がありましたが、一般用と営業用にマスターを分けることもできます。マスターの種類を分けたほうがよいかについては一長一短があります。

マスターを分けることはキッティング作業とマスター更新作業後の検証作業に影響が出ます。

キッティング作業への影響

マスターが 1 種類だと、マスターを更新する手間は 1 回で済みますが、マスター展開後の作業が増えていくことになります。

マスターが1種類のキッティング作業

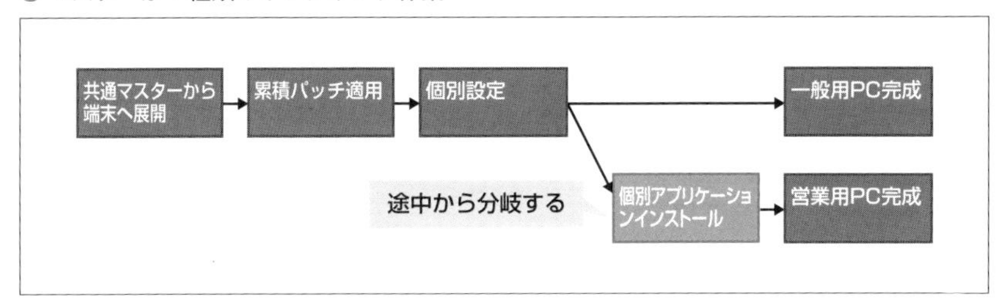

一般と営業にマスターを分けるとマスター更新作業は2回必要となりますが、展開後の個別作業はなくなります。

マスターが2種類の場合のキッティング作業

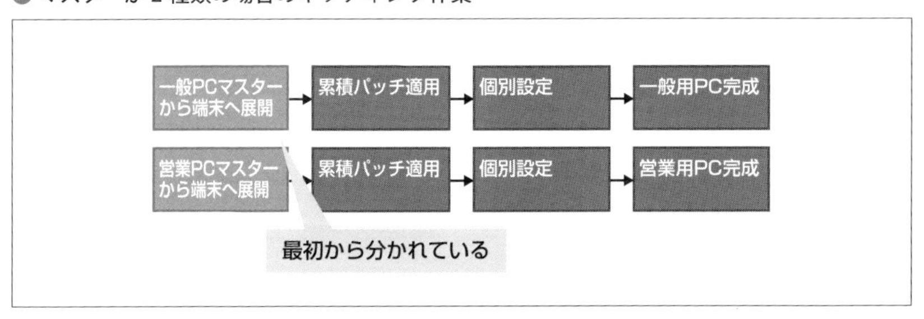

マスター更新作業後の検証作業への影響

マスター更新後には、そのマスターで必要なアプリケーションが動作するかを確認する必要があります。

ブラウザの挙動や共通アプリケーションの起動停止など、簡単な検証作業は手順書化して運用担当者にお願いすることもできます。

また、個別のアプリケーションの細かい挙動については、マスター更新後にきちんと動作するかの検証をアプリケーション担当へお願いする必要があります。

▶マスターが１種類の場合の更新後の検証作業

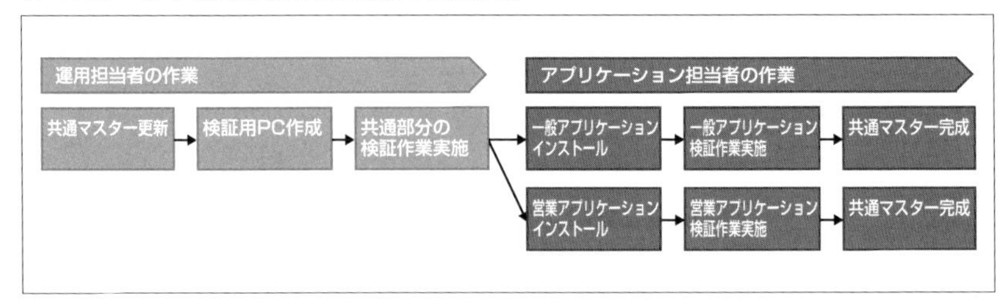

マスターが増えれば増えるほど「マスター更新」「検証用 PC 作成」「検証作業」を繰り返すことになるので、運用担当者の負荷が増えます。

▶マスターが２種類の場合の更新後の検証作業

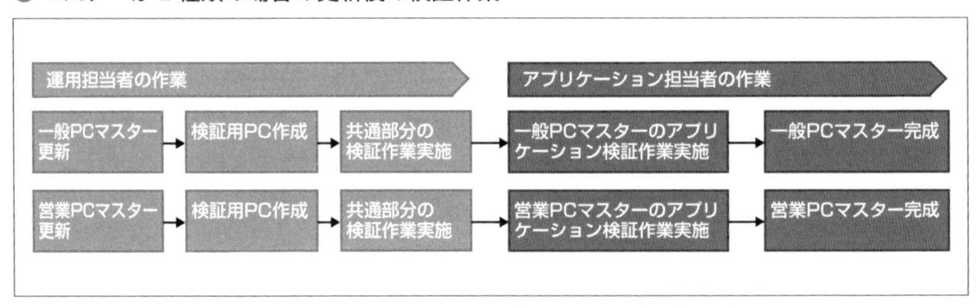

キッティングでの個別アプリケーションインストール作業負荷にもよりますが､運用担当者から見ればマスターの種類は１～３種類ぐらいがよいといえます。

■マスター更新フロー図の作成

ここまでの情報をふまえて、マスター１種類でのマスター更新フロー図を作成してみましょう。

マスター更新フロー図

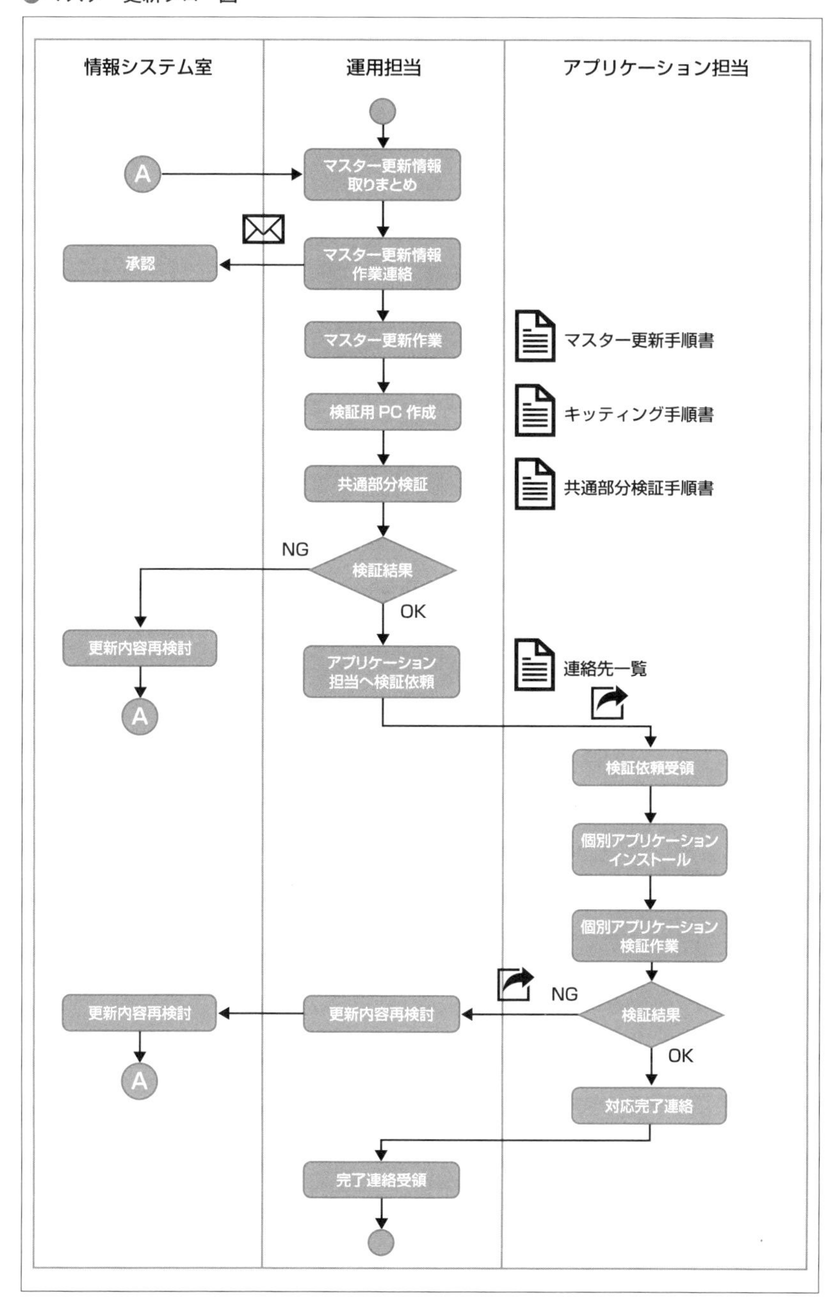

情報システム室
運用担当
アプリケーション担当
A
マスター更新情報取りまとめ
承認
マスター更新情報作業連絡
マスター更新作業
マスター更新手順書
検証用 PC 作成
キッティング手順書
共通部分検証
共通部分検証手順書
NG
検証結果
OK
更新内容再検討
A
アプリケーション担当へ検証依頼
連絡先一覧
検証依頼受領
個別アプリケーションインストール
個別アプリケーション検証作業
NG
検証結果
OK
更新内容再検討
更新内容再検討
A
対応完了連絡
完了連絡受領

運用担当者とアプリケーション担当とで2段階の検証を行い、検証結果がNGだった場合には更新内容の再検討を行い、再びマスター更新を行います。

問題なく検証が完了した場合は、次回のキッティングから新マスターイメージにて作業が実施されることになります。

3.4.4 アプリケーション改修時の検証環境利用ルールを取りまとめる

PCライフサイクル管理とは少し離れますが、PCを管理していく上でアプリケーション担当との役割分担を常に考えなければなりません。

システムやアプリケーションのバージョンアップなどで、検証用PCを使ってアプリケーションの動作確認を行うことがあります。その際に、PCの設定を変更したり、アプリケーションを入れ替えたりします。

検証用PCをどのアプリケーション担当へ貸し出しているか、作業後に検証用PCの状態を戻すといった作業と管理が必要となってきます。

■検証用PCの管理

検証用PCの代表的な管理方法は、申請方式と割り当て方式の2つがあります。

▶検証用PCの管理方式

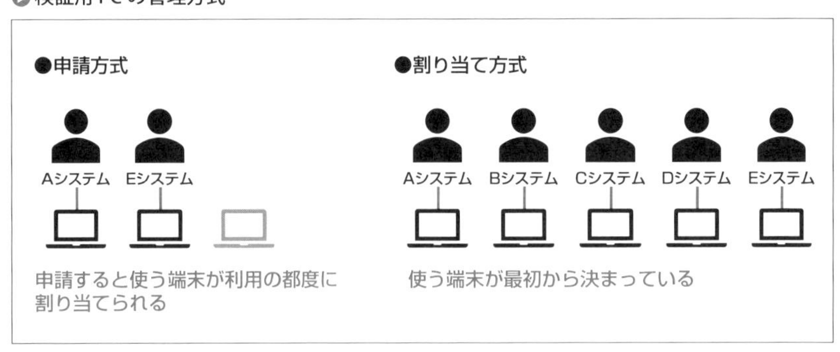

申請方式のほうが、検証用PCの台数を抑えることができる可能性が高いです。可能性が高い、としか言えない理由としては、年度末などにほとんどのシステムで一斉リリースする場合、結局すべてのシステムで検証用PCを利用するため割り当て方式と変わらなくなります。

申請方式、割り当て方式にかかわらず、検証が終わった後には端末をキッティングしなおしてクリーンナップする必要があります。検証 PC の台数が多い場合は、クリーンナップ手順を公開して各自で実施してもらうことも検討しましょう。

■アプリケーションのマスターへの取り込み

アプリケーションの検証が終わり、無事に本番リリースされた場合は、発注者とアプリケーション担当へアプリケーションをマスターに取り込む必要があるかを確認します。

もし、マスターに取り込む必要がある場合は、PC へのインストール手順とインストールに必要な資材を連携してもらうルールを決めておきます。

本番リリース後、いつまでに PC 管理担当へインストール資料一式を渡すといったルールは、変更管理やリリース管理で扱う内容となります。

運用設計時には、そのあたりのルールも事前に確認しておきましょう。

3.4.5 故障時に備えて代替機を管理する

PC は必ず故障します。ハードウェアレベルでの故障もあるでしょうし、OS やソフトウェアレベルでの故障もあります。現在の業務のほとんどが、PC がないと仕事にならないものばかりです。そのため、故障時にはすぐに代替機を用意する必要があります。

今回の条件だと、拠点が東京、大阪、福岡、北海道の 4 ヵ所あり、PC の管理は東京本社となっています。東京以外で故障が発生した場合、発生してから各拠点に PC を送っているようでは、すぐに代替機を使いたいという要件に応えられません。

そのため、運用設計時に各拠点に代替機を何台準備しておいて、故障時にはどのように対応するかを事前に考えておかなければなりません。

▶代替機の台数を考える

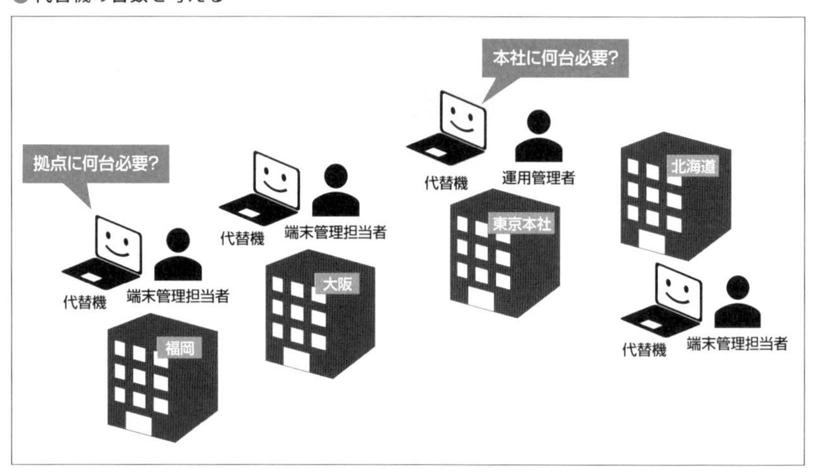

■各拠点の代替機の台数を決める

PC の故障発生率を割り出すのは、なかなか難しい問題です。2016 年に「ネットの執事が教えるパソコン修理」という Web サイトが行ったアンケート調査によると、週に 1 回以上パソコンを使用するユーザーは、ハードウェア的な故障を 5 年間に 18%の確率で経験するというデータがあります。

・メーカー別パソコン故障率ランキング 2016—利用者 3 万人に調査—
https://net-shitsuji.jp/pc/content/breakdown-ranking.html

業務で利用する場合は週 4 ～ 5 日は使用するので、故障発生率はさらに上がるでしょう。また、購入する PC の機種にもよりますし、導入しているソフトウェア数や製品クオリティにも左右されます。そのため、代替機数については故障発生率から考えるのではなく、故障した PC の修理時間と代替機が準備できる時間で考えたほうがよいでしょう。

各拠点とメーカーサポートへ問い合わせた結果、故障時に各拠点とメーカーサポートが実施できる対応は以下となりました。

・故障した PC を各拠点からメーカーに直接送ってもらうことは可能

・メーカーへ送付する際に、本社へも故障 PC が発生したことを連絡する
・明らかなソフトウェア故障の場合は本社へ送付する
・本社はすぐにキッティング済みの代替機を拠点へ補充するため発送する
・各拠点からメーカーまでは 2 営業日で到着する
・本社から各拠点も 2 営業日で配送できる
・メーカーサポートへ故障端末到着から 2 営業日で、修理済みの端末が本社へ到着する
・本社は届いた修理済み PC をキッティングする

故障時の本社、各拠点、メーカーサポートの対応

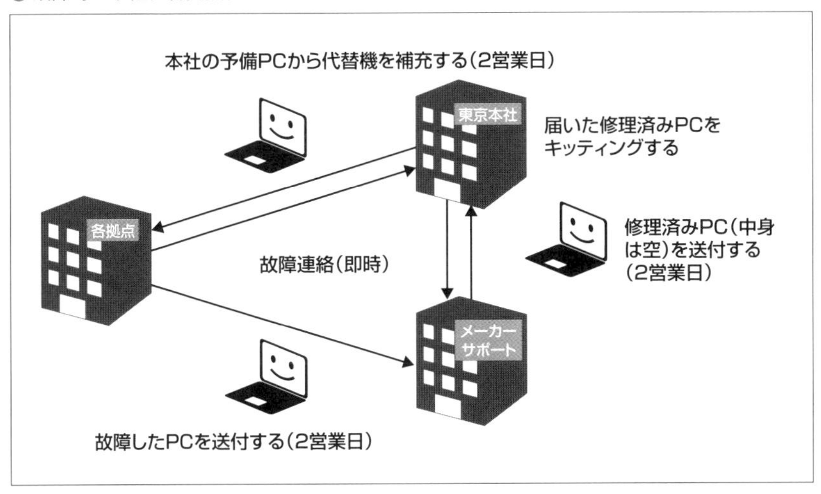

ヒアリング結果から、大枠の故障時サイクル設計ができました。次に代替機の台数を算出していきましょう。

この設計により、東京本社から 2 営業日で各拠点に新しい代替機を送付することができます。そのため、**各拠点は 2 営業日に起こる可能性がある故障 PC 台数分を保持しておけばよい**ことになります。

1 日の故障発生率をかなり多めに見積もって 0.5% と仮置きすると、各拠点の代替機については以下の計算式が成り立ちます。

拠点人数× 0.005(故障発生率 0.5%) × 2(本社からの補充日数)

各拠点は 500 名なので、500 × 0.005 × 2 ＝ 5 台が各拠点の故障代替機数となります。東京本社は 2500 名なので、2500 × 0.005 × 2（メーカーサポートからの本社への送付日数）＝ 25 台となります。

東京本社については、各拠点への代替機補充の台数も必要です。全社で 1 日に発生する可能性がある PC の最大故障台数は、4000 台× 0.005 ＝ 20 台になります。つまり、最大で 1 日に 20 台のキッティングが必要な PC が発生することになります。

これだけの台数となると、運用項目としても「故障代替機キッティング作業」を見込んでおかなければなりません。

▶本社と各拠点の代替機台数

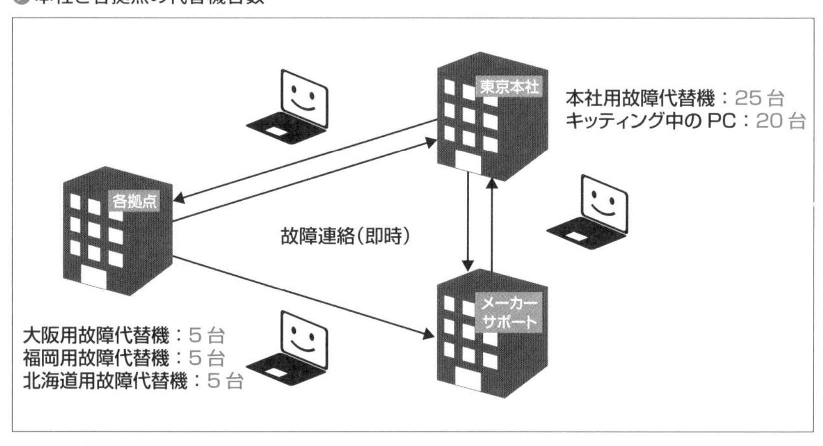

キッティング作業も含めると、会社全体としては 60 台の故障代替機を用意しておけばよい、という計算になります。ただ、あくまでこれは机上の計算となります。

実際は既存運用でどれぐらいの故障が発生しているか、予算として故障代替機をどれぐらいまで購入可能か、何台までなら保管場所やキッティング作業場所が確保できるかなどを総合的に考えながら検討していくことになります。

■各拠点の PC 管理者を決めてもらう

普通の利用者にメーカーへ故障端末を送ってもらうのは、かなりハードルの高い作業です。そのため、各拠点に PC 担当、もしくは OA 機器周りの担当を配置してもらう必要があります。

各拠点に配置してもらう PC 担当は、東京本社の運用担当よりも IT に関する知識があまりないことが想定されます。そのため、実施してもらう作業項目や内容は、限定しておく必要があります。

今回の設計だと、以下のような作業項目となるでしょう。

・故障した PC の利用者へ代替機の付与
・故障した PC を決められた診断手順に従い切り分けする
・切り分けの結果、ソフトウェアの場合は本社へ送付。ハードウェアの場合はメーカーサポートへ送付
・復旧した PC を受け取り、利用者に引き渡す
・本社から代替機の補充を受け取る
・本社に使用した代替機を送付する

各拠点の端末管理担当者にどこまでの作業をお願いできるかは、発注者と相談して決めていきます。端末管理担当者による切り分けが難しい場合、故障端末はすべてメーカーサポートへ送付するというオペレーションに固定するのもひとつの手かと思います。

3.4.6 必要なドキュメントを整理する

一通り資料作成の方法を確認してきました。

これらのドキュメントを運用項目一覧へ反映していきましょう。

▶運用項目一覧（利用ドキュメント反映）

作業名	利用者	利用者上長	端末管理担当者	情報システム室	運用担当者	アプリケーション担当	利用ドキュメント	特記事項
PC 貸し出し	△	◎	●	◎	▲		・PC 貸出返却フロー図（既存） ・PC 貸出返却申請手順書（既存） ・PC 管理台帳	4 月に新卒入社で大量貸し出しあり
故障時対応	△		●		▲		・PC 故障時対応フロー図（既存） ・PC 故障時対応手順書 ・PC 管理台帳	電源・マウスの紐づけ管理は不要
PC 返却		△	●	◎	▲		・PC 貸出返却フロー図（既存） ・PC 貸出返却申請手順書（既存） ・PC 管理台帳	返却は 1 ヵ月以上 PC 利用しない場合に行う
棚卸	▲	▲	▲	◎	●		・PC 棚卸手順書 ・PC 管理台帳	専用アプリケーションで QR コード読み取りで行う
キッティング				◎	●		・PC キッティング手順書 ・PC 管理台帳	
マスター更新				◎	●	●	・マスター更新フロー図 ・マスター更新手順書 ・キッティング手順書 ・共通部分検証手順章 ・連絡先一覧	マスターは 1 種類

［凡例］●：主担当　◎：承認、サポート　▲：情報連携、情報共有　△：申請、依頼

今回は更改なので、貸し出し、返却、故障対応は既存のフローを流用することになりました。なお、既存フローがすでに固まっている場合は、運用設計時はできる限り流用しておいたほうがよいでしょう。運用設計と運用改善を同時に進めるのはかなり難易度が高く、混乱を招くことになります。

どうしても運用改善したい、という発注者のリクエストがある場合は、更改が無事に完了した後に別プロジェクトとして取り組む提案をするとよいでしょう。

PC 管理台帳は物理的な PC 管理をするために必要となります。ただし、4,000 台の PC を Excel などで管理するのはあまり現実的ではないので、IT 資産管理ソフトを利用することが多いでしょう。

3.4.7 PC ライフサイクル管理運用の成果物と引き継ぎ先

PC ライフサイクル管理の運用設計を進めてきましたが、まとめとしては以下となります。

- PC ライフサイクル管理は利用開始、変更、停止（廃棄）、棚卸の 4 つで考える
- マスターの種類は多くしすぎない
- 検証環境の使い方をアプリケーション保守担当と合意しておく
- 故障代替機の考え方は、故障時の大きな流れから考えていく

▶設計項目ごとの成果物と引き継ぎ先

設計項目	成果物	引き継ぎ先
PC ライフサイクル管理運用の目的	・運用設計書	・情報システム室 ・サポートデスク
PC ライフサイクル管理運用の作業範囲	・運用設計書 ・運用項目一覧	・情報システム室 ・サポートデスク
PC 貸出返却棚卸の対応方法	・運用設計書 ・運用項目一覧 ・PC 貸出返却フロー図（既存） ・PC 貸出返却申請手順書（既存） ・PC 棚卸手順書 ・PC 管理台帳	・利用者 ・利用者上長 ・情報システム室 ・端末管理担当者 ・運用担当者
PC 故障時の考え方、対応方法	・運用設計書 ・運用項目一覧 ・PC 故障時対応フロー図（既存） ・PC 故障時対応手順書 ・PC 管理台帳	・利用者 ・情報システム室 ・端末管理担当者 ・運用担当者
マスター更新の考え方、実施方法	・運用設計書 ・運用項目一覧 ・マスター更新フロー図 ・マスター更新手順書 ・キッティング手順書 ・共通部分検証手順章 ・連絡先一覧	・情報システム室 ・運用担当者 ・アプリケーション担当

PC ライフサイクル管理運用は、ハードウェアとソフトウェア両方の管理が必要になる運用業務なので、複雑な考え方が多くあります。実際に運用設計する際は、調整箇所も多く、難易度の高い運用設計のひとつです。

しかし、このあたりが理解できれば IT 資産管理やアプリケーションの検証方

法などについても理解できるようになるので、学ぶことが多い運用業務とも言えるでしょう。

ここがポイント！

会社で問題なくパソコンが使えるのは、しっかり運用設計されているからなんですね！

Column 運用項目一覧は運用担当者がやること全部

運用項目を乱暴にまとめると、システムが自動化できなかった作業と維持管理のために必要な作業の 2 つとなります。

■システムがどうしても自動化できなかった作業

いくら IT 技術が進化しても人手でフォローしなければいけない箇所が出てきます。処理パターンが多く複雑なサービスになればなるほど、例外ケースが増えて手作業の運用項目が増えます。逆に、判断基準の少ないサービスほど、システムによる自動化が進み、運用項目は少なくなります。

現状での理想的なサービス提供は、これらを組み合わせて運用していくのがベストです。そもそもシステムに判断させるのが難しい作業や、発生頻度が極めて低いけれど利用者の満足度に大きな影響を与える作業などは、手順書を作って運用担当者が代わりにその作業を実施したほうがきめ細やかな対応が可能になります。

■維持管理のために必要な作業

ハードウェアは経年劣化して故障しますし、ソフトウェアはセキュリティ強化やバグ修正のために更新プログラムが発表されます。ほかにも監視運用や運用アカウント管理、長期的な需要予測をしてシステム拡張計画を考えるなど、システムを使い続けるためには人間が判断しなければならないことがたくさんあります。

これらはやみくもに手厚い維持管理作業をすればよいというわけではなく、システムが利用者と締結しているサービスレベルに従って必要な項目を考えていきましょう。

第4章

基盤運用のケーススタディ

4.1 基盤運用の対象と設計方法

4.1.1　基盤運用の設計範囲

基盤運用はアプリケーションが動作する基礎となるシステム基盤（インフラ）に関する運用となります。その目的はアプリケーションなどの業務運用が継続されることです。そのため、設計範囲としては、システム基盤とアプリケーションの一部になります。

基盤運用設計では利用者と調整することはほとんどなく、まずはプロジェクト内で方針をまとめて、発注者と設計方針を合意していくことになります。

▶設計範囲（基盤運用部分）

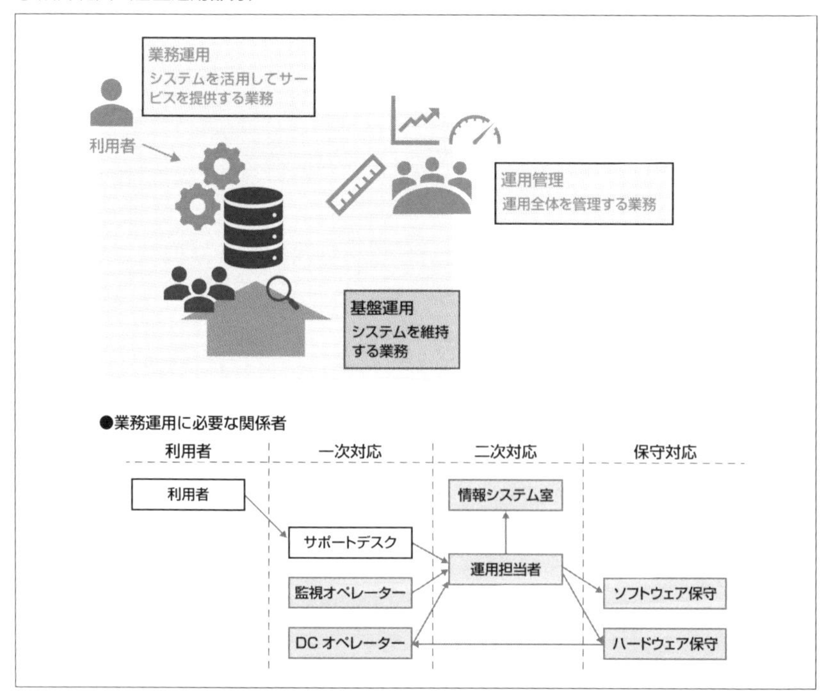

基盤運用の対象は、システムの基盤部分、つまりハードウェア、OS、ミドルウェアなどに対して行う運用になります。AWS、Azure、GCPなどのパブリッククラウドも、アプリケーションが動く基盤といえます。アプリケーションの一部がミドルウェアと連携する場合は、そこも基盤運用として扱います。

実際にはアプリケーションとミドルウェアを完全に役割で分離することは難しいので、業務運用と基盤運用の線引きも難しいところです。分類に迷った際は、「利用者への影響が大きい作業は業務運用」と分類するようにしましょう。

4.1.2 基盤運用の設計の進め方

基盤運用の代表的な設計の進め方は以下となります。

① 基本設計書から基盤運用となる作業の情報を整理してドキュメントへ反映する
② プロジェクト内でレビューを実施する
③ 発注者と運用担当者へレビューを依頼する
④ レビュー結果をドキュメントに反映して発注者と運用担当者と最終合意する

基盤運用設計を行ううえで必要となるインプット情報、処理内容、アウトプット情報は以下の表となります。

▶基盤運用の基本的な設計方法（IPOチャート）

インプット情報	処理内容	アウトプット情報
基本設計書	情報の取りまとめ	運用フロー図（あれば）
パラメータシート	運用担当とのすり合わせ	運用手順書
運用体制・運用ルール	発注者との合意	台帳／一覧

基本設計に書かれた基盤運用の仕組み・機能を理解して、今回の体制とルールだとどのように運用するのがよいのかを考えていきます。

システムが実装している仕組み・機能についての不明点があれば、まずはプロジェクト内の基盤構築担当、アプリケーション担当にヒアリングします。

基盤運用については、発注者や運用担当者へヒアリングする前に、まずは仕組みと機能を理解したうえでこちらが考えるベストな運用案を提示します。

まずは情報整理の方法を確認していきましょう。

■①基本設計書から基盤運用となる作業の情報を整理してドキュメントへ反映する

基盤運用設計は、まず情報を整理することから始まります。

基盤運用は業務運用と違い、システムによる運用項目の変動はあまりありません。本書の運用項目一覧サンプルをもとに、基本設計書に書かれた実装方法などを見ながら運用項目に必要な作業や情報をまとめていきます。

このまとめる作業は経験がものをいうので、運用設計をこなせばこなすほどレベルが上がり素早く設計ができるようになります。経験の浅いうちは基盤構築担当にフォローしてもらうようにしましょう。

■②プロジェクト内でレビューを実施する

情報を運用項目一覧へ反映した段階で、プロジェクト内レビューを行います。メインは基盤構築担当にレビューしてもらうのですが、アプリケーション担当にも見てもらったほうが精度は上がるでしょう。

その際、合わせてヒアリングしておきたいのが、システム基盤として制約事項や注意点がある作業は何かということです。例としては以下のようなことが挙げられます。

- ・システムの全停止、全起動する際は停止順序、起動順序がある
- ・リストアを複数同時実行するとストレージの性能からRTO（Recovery Time Objective：目標復旧時間）を超える場合がある
- ・大量にデータリストアをする際にシステムへ負荷がかかるため、事前に連絡と調整が必要である
- ・エラーのプライオリティとしては警告だが、定期的に確認したほうがよいメッセージがある

これらの情報のうち、要件に抵触しそうなものは、システムの抱えるリスクとして発注者へ報告する必要があります。また、リスクをどのように扱い、どのように対応するかはプロジェクトマネージャーへ発注者との調整をお願いしましょう。

制約事項や注意点は、運用設計書や運用手順書に明記しておく必要があります。制約事項は詳細設計フェーズやテストフェーズで発見されることも多いので、プロジェクト内部ミーティングなどで随時情報をキャッチアップするように心がけましょう。

■③発注者と運用担当者へレビューを依頼する

運用項目一覧がまとまってきたら、発注者と運用担当者とレビューを行います。運用担当者目線のレビューで、運用に負担のかかる実装をしていないか、既存運用と比べて足りていないことはないかなどを確認してもらいます。

負担のかかる実装があった場合は、プロジェクト側あるいは運用側で打てる対策はあるのか、合わせて検討していきます。プロジェクト側で機能実装を変更するのが難しく、運用側でスクリプトを作成して自動化できるようならば、その解決策の採用も視野に入れましょう。

短期プロジェクトで期間内対応が難しい場合は、システムリリース後の運用引き継ぎ期間などで対応することも検討します。

他システム連携が多い場合は、他システムの運用担当者にも運用項目一覧をレビューしてもらったほうがよいでしょう。関連システムの観点で、連携しなければならない運用作業が見つかる可能性があります。

■④レビュー結果をドキュメントに反映して発注者と運用担当者と最終合意する

レビューのコメントを修正して、まずは運用設計書や運用項目一覧、運用フロー図について運用担当者と内容を合意します。

業務運用とは違い、アウトプット資料を作るためのインプット情報のほとんどをプロジェクト内から連携してもらうことになります。

運用フロー図に関しては、既存フローが利用できるなら無理やり作成する必要はありませんが、システム独自の方針があれば作成する必要があります。

▶作成ドキュメントと作成方法・作成基準・注意点

アウトプット情報	作成方法、作成基準、注意点
運用フロー図	パッチ運用や監視運用で既存フローと異なる場合は、必要に応じて作成する
運用手順書	運用作業、障害対応などで手作業が必要となるものは作成する
台帳	手順書で可変データを扱う場合は、台帳として取りまとめる
一覧	手順書や障害時などに頻繁に参照するパラメータ値があれば作成する

運用手順書に関しては、先行してドラフト版を作成して運用担当者へ作成粒度の確認を行いましょう。あとから運用手順書の手直しが発生すると、詳細設計フェーズでのリソースを圧迫することになります。できるだけ早く運用担当者と納得できる作成粒度について合意をして、プロジェクト後半の調整工数が上がらないように気をつけておきましょう。

次節以降は基盤運用の以下の項目について、具体的な例を挙げながら説明していきたいと思います。なお、各項は独立しているので必要な項目から読み進めることができます。

・パッチ運用（4.2 節）
・ジョブ／スクリプト運用（4.3 節）
・バックアップ／リストア運用（4.4 節）
・監視運用（4.5 節）
・ログ運用（4.6 節）
・運用アカウント管理（4.7 節）
・保守契約管理（4.8 節）

それでは、基盤運用を設計するためには、どのようにシステムをとらえて運用設計していくのかを解説していきましょう。

ここがポイント！

基盤構築担当との密な連携が必要ですね。お互い力を合わせて設計を進めましょう！

Column クラウド環境における基盤運用項目の差分

「クラウドサービスを利用すると、システム運用が楽になる」という話しをよく聞きます。それが本当か、と問われると半分は YES で半分は NO というのが私の考えです。

変わらない箇所は業務運用と運用管理です。この 2 つはクラウドの要素を取り入れる必要はありますが、設計内容に大きな変化はありません。大きく変わるのは基盤運用になります。

クラウドサービスを利用するということは、システム基盤の一部をクラウド事業者へアウトソースするということです。そのため、管理しなくてもよい項目が増えます。

大きな境目は、サーバーなどの OS を運用担当者が管理するか、しないかという点です。クラウドを利用しても、IaaS ばかりで Windows や Linux といった OS を運用担当者が管理しなければならない場合、パッチ適用もあるし、システム監視もしっかり行わないといけないし、サーバーログも管理しないといけないし、OS の特権アカウントも管理しないといけないしとなって、オンプレミスとの差分はデータセンター運用がなくなったことぐらいになります。

SaaS や PaaS といったサーバーレスのサービスを活用してシステム構築をすると、一気に基盤運用項目がなくなります。SaaS や PaaS にもさまざまな形態があるので一概には言えないのですが、変化する箇所の概要を表にまとめてみます。

▶ サーバーレスのクラウドサービス採用時の基盤運用設計項目の変更点

基盤運用設計項目	変更点概要
パッチ運用	アプリケーションアップデートのみになる。アプリアップデートもクラウド事業者が行う場合もある
ジョブ／スクリプト運用	特に変化なし
バックアップ／リストア運用	システムバックアップがなくなり、データと設定値のバックアップのみになる
監視運用	サービス監視、アプリケーション部分の監視のみになる
ログ運用	ログ取得範囲が大幅に減る
運用アカウント管理	管理コンソールの権限設定がメインになる
保守契約管理	EOS/EOL 管理の対象が大幅に減る

設計しているシステム基盤がどのような機器やサービスを組み合わせて成り立っているかを理解すると、運用設計もスムーズに行えるようになってくると思いますので、クラウドの特性も頭の片隅に置いておくとよいでしょう。

4.2 パッチ運用

システム基盤は、大きく分けるとハードウェアとソフトウェアに分かれています。ハードウェアの保守作業としてはパーツ交換などを行いますが、ソフトウェア保守ではバグフィックスやセキュリティホールを改善するために更新プログラムの適用やバージョンアップを行います。これらを総称してパッチ適用と呼びます。

パッチ適用のおもな目的は以下になります。

・システムの構成要素の脆弱性を塞ぐ（セキュリティ向上）
・システムの構成要素の致命的なバグを解消する（機能改善）

パッチ適用をせずに放置しておくと、セキュリティホールから侵入され個人情報などが流出してしまう事件が起こるかもしれません。システムに内存していたバグによって挙動がおかしくなる可能性もあります。

システムの特性にもよりますが、パッチ適用以外の方法で脆弱性対策ができていたり、利用していない機能のバグフィックスであればパッチの適用を見送ることもあります。

ただし、パッチ適用を見送っても完全に問題ないと判断するのは非常に高度な状況判断が必要となります。

そのため、重大な脆弱性情報が公開された場合は、とりあえずパッチを適用しておくことでインシデントをクローズできることが多いでしょう。

パッチ適用を円滑に行うために、事前に判断基準などを整理しておくことがパッチ運用設計となります。

パッチ運用考えるときの要素としては、次の表に挙げる 4 つがあります。

▶パッチ運用で考える要素

要素	説明
適用対象	OS、ファームウェア、ソフトウェアなど
適用基準	JVN（Japan Vulnerability Notes）などで公開されたCVSSスコア（Common Vulnerability Scoring System：共通脆弱性評価システム）など
実施判断者	情報システム室やセキュリティ部門など
実施手順	システムの特性とメーカー公開情報を組み合わせた手順

JVNは一般社団法人JPCERTコーディネーションセンター（JPCERT/CC）と情報処理推進機構（IPA）が共同で管理している脆弱性のデータベースです。

JVNのサイトにある、JVN iPediaを確認すると、世界中の主要なソフトウェア、および日本国内製品の脆弱性情報がCVSSという評価基準をもとに確認することができます。

日本における代表的なパッチ適用の判断基準の一つで、パッチ運用の運用設計を考える際に必ずといっていいほど話題として出てくるサイトです。一度もJVN iPediaを見たことがないという方はぜひこの機会に一度サイトを確認してみることをお勧めします。

・JVN iPedia
https://jvndb.jvn.jp/

適用対象、適用基準、実施判断者、実施手順の4つに加え、システムの稼働率を考慮したメンテナンスウィンドウをあらかじめ設定しておくことができれば、迷うことなくパッチ適用作業が実施できるはずです。

■パッチ運用で設計する運用項目

パッチ適用には、定期的に実施するものと緊急時に実施するものと、トリガーが2つあります。このため、運用項目もトリガーごとにまとめることをお勧めします。

▶パッチ運用の代表的な項目一覧

運用項目名	作業名	作業概要
パッチ運用	定期パッチ適用	定期的にシステム基盤に対してパッチ適用作業を実施する
	緊急パッチ適用	システムに重大な影響を与えるパッチがリリースされた際に、緊急でシステム基盤に対してパッチ適用作業を実施する

類似の作業として、OSのサポート期限切れなどによるアップグレード対応があります。アップグレード対応は、OSのメジャーバージョンが上がるような大きな変更です。脆弱性の更新プログラムなどとは違い、多くの新機能が追加されたり仕様変更となったりします。

システム構成要素にアップグレードが必要となったら、パッチ運用として対応するのか、別途プロジェクトとして対応するのかは、発注者側と要件定義で議論して事前に決めておくべき内容となります。

4.2.1　パッチ適用フロー図の作成

セキュリティの向上が見込めるパッチ適用作業ですが、基本的にたいへん面倒な作業です。サーバー再起動なども伴うことが多く、ほかの作業よりトラブルが発生する可能性も高いです。サービスへの影響を考慮して休日夜間作業となる場合も多いでしょう。不具合発生時にはリストアを含めた切り戻しプラン（コンティンジェンシープラン）も考えなければなりません。

パッチ適用が無事に終わっても、パッチ適用の影響でアプリケーションに不具合が出る場合もあります。そのため、事前に検証環境での正常性確認も必要となり、対応期間が長くなっていきます。

本番稼働しているシステムに対してパッチを適用する場合、アプリケーションの正常性確認も含めると以下のようなフローを辿るのが一般的です。

▶本番稼働中のシステムに対するパッチ適用フロー

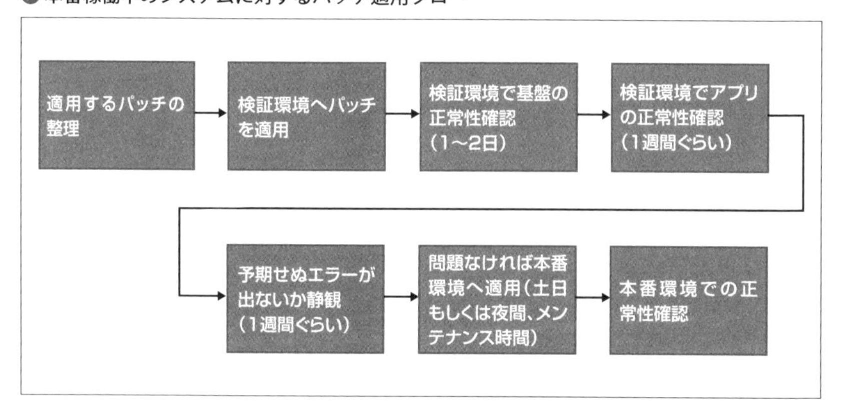

一度作業がはじまると、正常性確認作業や静観期間を含めて１ヵ月程度かかります。トラブルが発生すれば、その原因切り分けでさらに時間がかかります。パッチ適用対象やアプリケーションが増えれば増えるほど、作業は面倒となりトラブルが起こる可能性も高くなります。

パッチ適用はセキュリティの側面が強いので、運用コストとトレードオフとなります。システムに求められているセキュリティ要件を鑑みて、毎月なのか、半期に一度なのか頻度を決めていきましょう。

全社統一のパッチ適用ルールがあればその運用フローに従いますが、なければ運用フロー図を作成します。登場人物により役割分担などが変わりますが、おおむね次ページに示す「代表的なパッチ運用フロー図」のようになると思います。

ここではパッチ適用専用の運用フロー図を記載してみましたが、内容が５章で解説する変更・リリース管理フローと類似する場合は個別で作成する必要はありません。

このフロー図では運用担当者からフローが始まっていますが、トリガーが情報システム室やセキュリティ部門からの依頼で始まる場合もあります。

パッチ適用に向けてさまざまな情報を確認することになりますが、事前情報だけでパッチ適用の影響範囲を読み切ることは至難の業です。パッチ適用後は、必ずアプリケーション保守担当と関連システム担当に正常性確認をしてもらうようにしておきましょう。各所でチェックポイントを設けて、問題があった場合は作業を中断してもう一度情報の精査からやり直します。

パッチの中にはサービスに影響を及ぼすものもあるため、細心の注意を払えるような運用フロー図を作成するように心がけましょう。

4.2.2 適用対象とパッチ適用周期をまとめる

おおまかな流れと役割分担が決まったら、次はパッチの適用対象と適用周期を考えていきます。

パッチ運用を設計する場合、まずはシステムにどのようなタイプのソフトウェアがあるかを把握する必要があります。パッチ適用やアップデートを管理しなければいけない対象の分類方法はいくつかあるかと思いますが、本書ではファームウェア、OS、ミドルウェア、アプリケーション、クラウドサービスの５つに分けて解説していきます（219ページの表に続く）。

▶代表的なパッチ適用フロー図

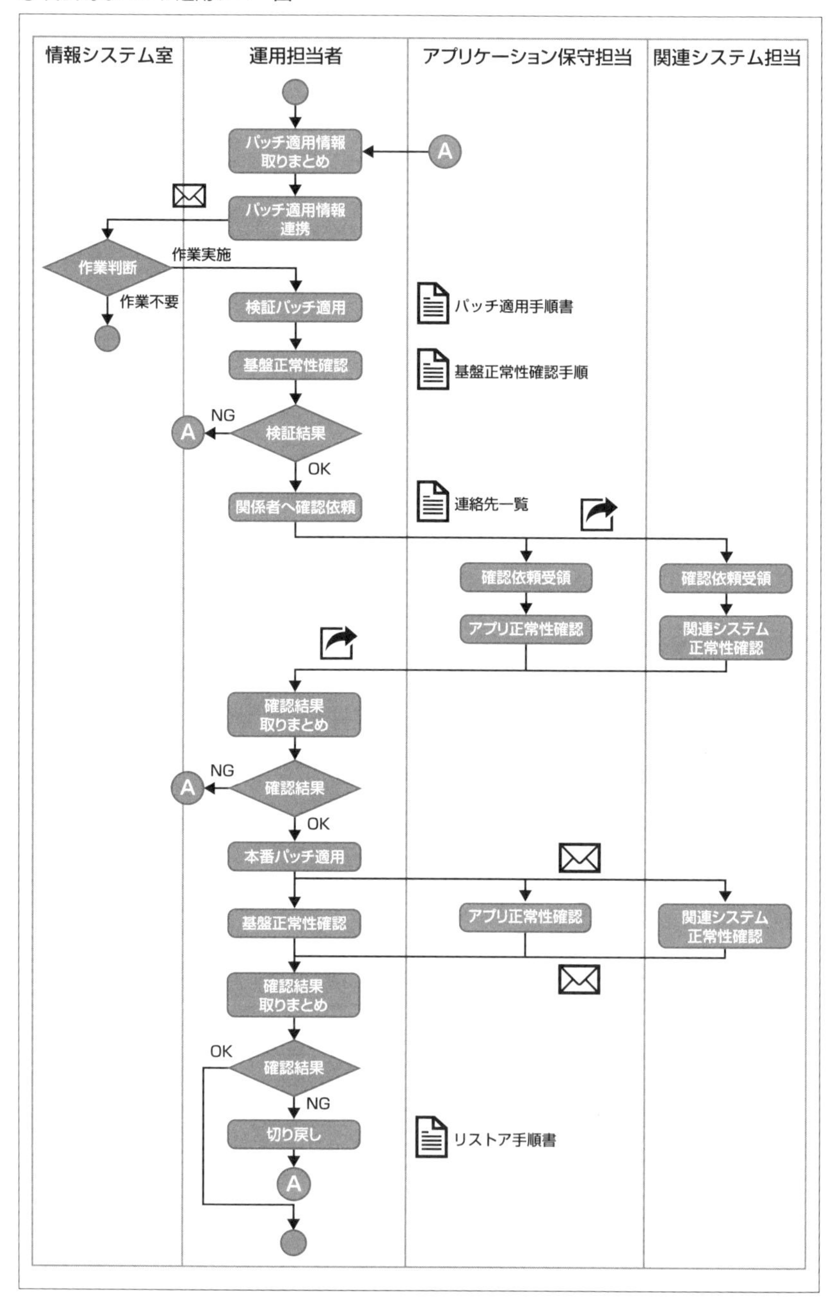

▶おもなパッチ分類と適用周期

ソフトウェア分類	概要	代表例	代表的なパッチ公開周期
ファームウェア	機器に組み込まれたソフトウェア	BIOS、ルーター、NAS、ハイパーバイザーソフトウェア（ESXi）	不定期
OS	コンピュータの基盤となるソフトウェア	Windows、Linux、MacOS	定期／不定期
ミドルウェア	OSとアプリケーションの仲立ちをするソフトウェア（製品）	データベース、Webサーバー、データ連携製品	定期／不定期
アプリケーション	業務目的に開発されたソフトウェア	開発した業務アプリケーション、OS上にインストールした製品	定期／不定期
クラウドサービス	インターネットを介して、必要なITリソースを利用するサービス	AWS、Azure、GCP、Salesforce、M365など	定期／不定期

■ファームウェア

ファーム（firm）は固定されたという意味で、もともとはハードウェアの読み出し専用メモリに書き込まれていたため、ほぼアップデートすることはありませんでした。しかし、最近では書き換え可能なフラッシュメモリに格納されるようになってきたため、ファームウェアもアップデートができるようになりました。

成り立ちがハードウェアに組み込んで固定する想定のソフトウェアなので、それほど頻繁にアップデートはありません。運が良ければ、運用期間中一度もアップデートがない場合すらあります。ただ、アップデートがきた場合は作業影響が大きくなります。

ハイパーバイザーなどのファームウェアをアップデートする場合、仮想マシンを停止するかどこか違う物理マシン上へ移動させる必要があります。ルーターやNASの場合、冗長化されていなければネットワークや共有ディスクが一時的に使えなくなることも想定されます。

ファームウェアのアップデートを行う場合は、作業影響を利用者へ周知したうえで、土日などのメンテナンス日に行う必要があります。

■OS、ミドルウェア

OSとミドルウェアは、ソフトウェアベンダーが公開したパッチを適用するという意味では同じ対応になります。

マイクロソフトのように、Windowsのセキュリティ更新プログラムは毎月第2火曜日（US時間）に公開すると決まっているものは定期的に対応していきましょう

不定期に公開されるパッチに対しては、定期的にJVNなどを確認したり、ソフトウェアベンダーのサイトをチェックしたり、製品サポートからのメールなどでパッチ情報を収集します。

導入する会社のセキュリティポリシーにもよりますが、基本的には毎月／3ヵ月に一度／半年に一度、といった周期を決めて、情報収集とパッチ適用作業を行っていきます。

定期パッチとは別に、ソフトウェアベンダーとして重大なセキュリティリスクが判明したときに緊急パッチがリリースされます。

ちなみに、緊急パッチがリリースされたということは、世界中にそのリスクが知らされたということになり、パッチを適用しないとセキュリティ攻撃し放題という状況になります。

緊急パッチの情報を入手したら、JVNやJPCERTなどの情報から、運用しているシステムに急いで適用するべきかどうかを調べる必要があります。公開されたパッチの多くは「特定の機能を利用している場合にリスクが発生する」と記されています。運用担当者は冷静に注意深く、自分の管理しているシステムが該当するかを確認する必要があります。

該当するかどうか判断が難しい場合は、適用する方針としておいたほうがよいでしょう。もし緊急パッチを適用せずに脆弱性起因のセキュリティインシデントが発生してしまったら、もうパッチ適用作業どころではないぐらい面倒なことになります。

また、ソフトウェアの中にはバージョン依存関係が存在するものがあります。たとえばOSをアップデートした場合、OS上にインストールされているミドルウェアやアプリケーションがそのバージョンをサポートしているかを確認する必要があります。明確な依存関係があるソフトウェアは設計段階で洗い出しておきましょう。

■アプリケーション

アプリケーションについては、スクラッチ開発なのかパッケージ開発なのかに

よって、大きく対応が変わります。

アプリケーションの開発種類

独自なスケジュール >>>> >>>> >>>> OS・ミドルウェアとほぼ同じ

スクラッチ開発

パッケージ開発（作り込みあり）

パッケージ開発（作り込みなし）

スクラッチ開発しているアプリケーションの場合、運用体制にアプリケーション保守担当がいることが多く、パッチ適用というよりはアプリケーションリリース作業となります。

アプリケーションがパッケージ製品だった場合、製品を作っているメーカーのリリーススケジュールに従うことになり、対応としてはOSやミドルウェアとほぼ同じになります。

パッケージ製品のアップデート注意点

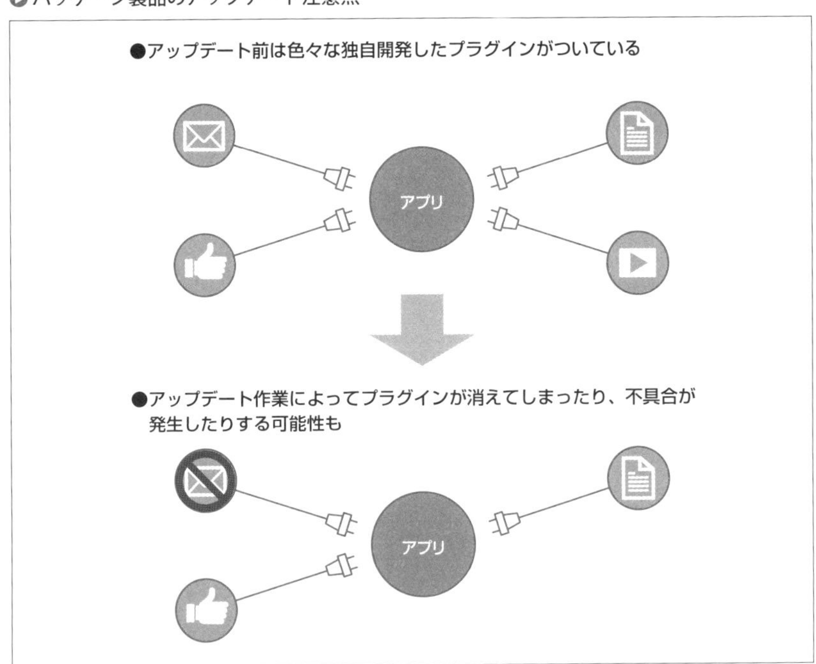

パッケージ製品を個別で作り込んでいる場合は注意が必要です。作り込みによっては、製品をアップデートしたら作り込み部分が消えてしまうなどの不具合が発生する場合もあります。作り込み部分が多い場合は、メーカーへアップデートの仕様を確認しておく必要があるでしょう。

高可用性が求められるシステムでは、これらのメンテナンス時にシステムが止まらないような冗長構成を意識して構築しておいてもらう必要があります。

■クラウドサービス

クラウドサービスにもメンテナンスやアップデートが存在します。

AWS、Azureといったパブリッククラウドでは、EC2、仮想マシンやデータベースなどでメンテナンスによる再起動や一時的なサービス停止があります。

高可用性が求められるシステムでは、これらのメンテナンス時にシステムが止まらないような冗長構成を意識して構築しておいてもらう必要があります。

また、SaaSやPaaSのサービスでもアップデートがあります。

M365のように運用担当者が意識することなくアップデートしているサービスもあれば、運用担当者が何かしらのアップデート作業を行わなければならない場合もあります。

運用担当者の判断でアップデート作業を行うサービスの場合、バージョンを追随しないと適切なサポートを受けられなくなる可能性もあるので注意が必要です。

どのようなパターンにせよ、アップデートやメンテナンス後に管理画面やユーザーインターフェースやロゴなどが変更されていることがあります。

利用者の手順書など、ITスキルの低い人向けに作成している手順書に画面ショットを張り付けている場合は、あわせて修正する必要があるので一連の作業として忘れないようにしておきましょう。

クラウドサービスは、クラウド事業者が管理している範囲のパッチ適用は事業者が実施することになるので、オンプレミスとクラウドサービスのパッチ運用の差は、次のような図で表すことができます。

▶オンプレミスとクラウドサービスの管理範囲

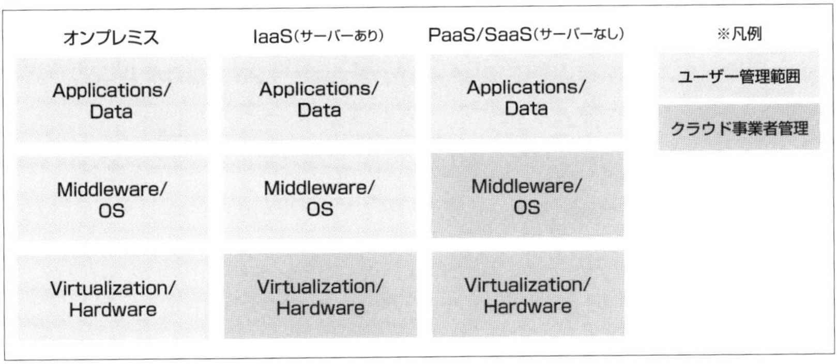

オンプレミス	IaaS(サーバーあり)	PaaS/SaaS(サーバーなし)
Applications/Data	Applications/Data	Applications/Data
Middleware/OS	Middleware/OS	Middleware/OS
Virtualization/Hardware	Virtualization/Hardware	Virtualization/Hardware

※凡例
ユーザー管理範囲
クラウド事業者管理

▶基盤分類ごとに発生するパッチ適用マトリクス

基盤分類	HW ファームアップ	OS/MW パッチ適用	アプリリリース	クラウドメンテナンス
オンプレミス	○	○	○	−
IaaS(サーバーあり)	−	○	○	○
PaaS/SaaS(サーバーなし)	−	−	○	○

4.2.3 既存のパッチ適用ルールを確認する

パッチ適用が必要なソフトウェアとパッチ公開周期の取りまとめが完了したら、その資料をもとに既存のパッチ適用ルールを発注者に確認しましょう。既存パッチ適用ルールの中に、パッチ運用設計に関わる重要な要素が多く含まれています。

ここで発注者に決めていただく項目は以下となります。

- パッチ公開周期とセキュリティ重要度から、パッチ適用周期を決める
- パッチ公開情報をだれが取得するかを決める
- 緊急パッチ適用判断をだれが実施するかを決める
- 緊急の場合、一時的にサービスを停止してまで実施するかを決める
- パッチ適用時のメンテナンス時間の利用者周知方法を決める

前述しましたが、セキュリティと運用コストはトレードオフの関係です。ソフ

トウェアは常に最新の状態にしておいたほうがよいのですが、パッチ適用の頻度が増えれば増えるほど運用コストはどんどん膨らんでいきます。このあたりの、セキュリティに対してどこまでコストをかけるかは、最終的には発注者が決める必要があります。

サービス提供がエンドユーザーなのか、社内で従業員が使っているのか、どのようなネットワーク環境にあるシステムなのか、などの要素によってシステムごとにパッチ適用方針をカスタマイズする余地はありますが、個別のルールが乱立することを避ける意味でも、セキュリティポリシーなどの発注者側のルールにしたがって設計することがおすすめです。

■セキュリティの正当性を追求しすぎない

注意点として、運用設計でセキュリティの正当性まで考え始めると、終わりのない議論となって先に進まないことがよくあります。

企業のコア業務までITシステムが担っている状況で、セキュリティに関してはシステム単体で考えるのではなく企業全体として決めていかなければならない問題です。

そのため、もし既存パッチ適用ルールの確認から議論が発散して、「今のパッチ適用ルールはいけてないから変えたい」となった場合は、安易に受けずに別に専用のプロジェクトを立ち上げることを提案しましょう。

おそらくそのような状況になっている場合、システム運用設計ではなく社内CSIRT（Computer Security Incident Response Team）を構築しなければならないと思います。

CSIRT構築に関しては本書での言及は避けますが、興味のある方は日本シーサート協議会のサイトに有益な資料がいくつかあるのでご確認ください。

・日本シーサート協議会
　https://www.nca.gr.jp/

セキュリティの正当性検証と、それに伴う運用コスト最適化はそれぐらい難しい問題です。システム追加や更改のプロジェクトの中で、片手間で解決できる問題ではないことを理解しておきましょう。

4.2.4 パッチ適用に必要な手順書を作成する

パッチ運用の対象と周期が決まったら、次は具体的な適用手順書の作成を考えなければなりません。

しかし、パッチ適用手順はWindows更新プログラムなどの頻繁に公開されるパッチ以外は、毎回手順が違うことがほとんどです。このため、面倒でもリリースされた更新プログラムの適用方法から、そのつど手順書を作るのがベターです。なまじ最初にしっかりとしたパッチ適用手順書を作ってしまうと、運用開始後に手順書を信じ切って作業をしてしまい問題が発生する場合もあるので要注意です。

運用設計で準備できる手順書は、事前・事後作業と正常性確認です。

▶パッチ適用に必要な手順書

手順書名	代表的な手順書名	作成担当者
事前作業手順書	・パッチ適用前サービス停止手順書 ・仮想サーバーマイグレーション手順書	アプリケーション担当者 基盤構築担当者
パッチ適用作業手順書	【随時作成】	製品ベンダー、メーカー
事後作業手順書	・パッチ適用後設定手順書 ・仮想サーバーマイグレーション手順書	アプリケーション担当者 基盤構築担当者
基盤正常性確認手順書	・インフラ正常性確認手順書	基盤構築担当者
サービス正常性確認手順書	・サービス正常性確認手順書	アプリケーション担当者

事前作業手順書

事前作業としては、冗長構成のサーバーだと稼働系と待機系の切り替え手順／切り戻し手順、ハイパーバイザーのファームウェアアップデートであれば、仮想マシンのライブマイグレーション方法とパッチ適用可能な状態の確認方法、などになります。

事後作業手順書

事後作業としては、パッチ適用後にシステム個別で必ず設定する項目があれば取りまとめます。

サービス正常性確認手順書

正常性確認には、サービスと基盤の2つの観点があります。

サービス正常性確認は、サービスの基本動作が対象となります。システムにログインできるか、提供しているサービスのレスポンス時間が許容範囲内か、メインの処理が正常に実行されるかなどを確認します。

この手順が必要な場合、アプリケーション担当にまとめてもらう必要があります。システム監視でサービス正常性確認が実施できている場合、個別に作成する必要はありません。

基盤正常性確認手順書

基盤正常性確認は、監視システムからエラーが出ていないとか、各ミドルウェアの管理コンソールのダッシュボードにてエラーが出ていないかなどが該当します。システムを構成する機器やミドルウェアが正常に動いているということを確認する手段を手順書としてまとめておきます。

この手順が必要な場合、基盤構築担当にまとめてもらう必要があります。こちらもシステム監視で正常性確認が実施できている場合、個別に作成する必要はありません。

システムが完全に正常であることを証明するのは、ある種の悪魔の証明です。このため、正常性確認手順書を作る際は、**どのような状態が正常であるかを発注者と合意しておく**必要があります。そして、合意した内容以外で問題が発生した場合は、リスクとして許容してもらいます。

「どのような状態が正常か？」は、アプリケーション担当と基盤構築担当にシステムとして確認すべき項目をリスト化してもらいましょう。そのリストをもとに、正常性確認内容を合意していきます。あわせて、それらの項目が監視システムで監視できないかも確認します。

正常性確認手順を作成しておくことにより、運用開始後に障害対応などで新たにメーカーサポートから教えてもらった確認手順を追記することができます。運用開始後のナレッジ反映先を準備しておくというのは、運用設計として大事な観点となります。

4.2.5 どこまでを運用業務として対応するかを決める

製品にはサポート期限があり、運用中にメジャーバージョンのアップグレードを検討しなければならないときがあります。OSのように影響が大きい作業は、運用業務ではなくアップグレード対応として個別プロジェクトとして対応することをおすすめします。

また、ハードウェアのファームウェアアップデートなども影響範囲が大きく、失敗した場合に長期間のシステム停止を伴う可能性があります。こういった作業も運用業務から外して専門家に対応をお願いする個別プロジェクト対応とする方法もあります。

どこまでを運用業務として、どこからは個別プロジェクトとして対応するかを決めることも運用設計の範疇です。

発注者側もケースに合わせて予算を組むことができますし、運用担当者としても不確定要素の多い作業を外して精度の高い工数見積もりができるようになります。

個別プロジェクトとして対応すると決めた作業でも、バージョンアップ情報を収集するのは運用担当にして個別プロジェクト開始トリガーの発見は運用に組み込んでおくと迅速な対応が可能となるでしょう。

こういった対応方針を決めておかないと、運用中に方針や役割分担の整理が始まってしまい、運用担当者の負荷が上がります。運用開始後の運用担当者の調整事項の負担を減らすことも運用設計の役割のひとつです。

4.2.6 環境凍結直前のパッチ適用エビデンスを取得しておく

システム構築期間だからといって、パッチを好きなタイミングで適用するわけにはいきません。結合テストやシステムテストの裏でパッチ適用して環境が変わってしまうと、想定外の問題が発生する場合があります。

そのため、プロジェクトにはパッチ環境凍結というタイミングがあります。基本設計書には、「●●年●月のパッチを前提とする」と記載されていることでしょう。これはプロジェクトとして記載のバージョンでシステム構築を実施して、テストに問題がなかったことを証明します、という宣言です。

逆に言うと、このタイミングですべてのソフトウェアにパッチ適用作業を実施するということです。

前段で、しっかりしたパッチ適用手順を作成するとミスを誘発すると書きましたが、環境凍結のタイミングで実施したパッチ適用作業のメモや作業エビデンスは、事前のナレッジとして運用担当者へ引き継ぎましょう。このナレッジには、メーカーサポートからは得られないシステム独自の環境に関する知見が詰まっている可能性が高いです。

手順にしてしまうとミスを誘発する可能性がありますが、ナレッジとしてはしっかり引き継ぐ。その際に、パッチ適用手順は毎回違うので、手順ではなくナレッジとして引き継いでいる旨も説明しておきましょう。

4.2.7　運用テストとしてパッチ適用作業を実施する

パッチ適用周期を決めた段階で頻繁にパッチ適用するソフトウェアがある場合、サービス開始直前の運用テストのタイミングでパッチ適用作業を実施するのも有効な運用引き継ぎの 1 つとなります。

サービス開始してしばらくすると、プロジェクトメンバーのほとんどがいなくなってしまう可能性があります。実際に環境を作った人のサポートがある状態で一度作業できれば、運用担当者の経験値を上げることもできます。

なぜ運用テストのタイミングかというと、これよりも前だと環境構築が不十分な可能性があるからです。パッチ適用した際の不明点は、単体ではあまり発生せず、ほかのシステムとの連携において発生する場合がほとんどです。逆にサービス開始後だと、パッチ適用の不明点が障害として扱われてしまうため、ゆっくりと状況を確認することができません。結合テストのあと、運用テストで実施するのが最適なタイミングとなります。

注意点としては、ちょうどシステムテストや受け入れテストを実施している可能性がありますので、実施スケジュールを調整しておく必要があります。

システムリリース直前というタイミングなので、トラブルが発生する可能性のあるパッチ適用をやりたがらないプロジェクトマネージャーもいますが、**サービス開始後にトラブルが発生してシステムが止まるよりはまし**です。

作業の必要性と、トータルとしては運用開始後の安定稼働につながる旨をきちんと説明して、実施するようにしましょう。

4.2.8 運用項目一覧の取りまとめ

これまでのことをふまえて、最後に運用項目一覧の取りまとめを行いましょう。

運用項目一覧（作業名、作業概要）

運用項目名	作業名	作業概要
パッチ運用	定期パッチ適用	定期的にシステム基盤に対してパッチ適用作業を実施する
	緊急パッチ適用	システムに重大な影響を与えるパッチがリリースされた際に、緊急でシステム基盤に対してパッチ適用作業を実施する

運用項目一覧（作業タイミング、実施トリガー、作業頻度）

作業名	実施タイミング	実施トリガー	作業頻度（月）
定期パッチ適用	定期	四半期に一度	0.3
緊急パッチ適用	非定期	情報システム室からの依頼	0.16

運用項目一覧（役割分担、利用ドキュメント、特記事項）

作業名	情報システム室	サポートデスク	運用担当者	アプリ保守	関連担当	利用ドキュメント	特記事項
定期パッチ適用	◎	▲	●	▲	▲	・定期パッチ適用フロー図 ・パッチ適用手順書 ・基盤正常性確認手順 ・連絡先一覧 ・リストア手順書	サービス停止を伴う場合はサービスデスクへ情報を連携して利用者へ周知を行う
緊急パッチ適用	◎	▲	●	▲	▲	・緊急パッチ適用フロー図 ・パッチ適用手順書 ・基盤正常性確認手順 ・連絡先一覧 ・リストア手順書	サービス停止を伴う場合はサービスデスクへ情報を連携して利用者へ周知を行う

［凡例］●：主担当　◎：承認、サポート　▲：情報連携、情報共有　△：申請、依頼

実施トリガーと作業周期については、協議して決めた結果を反映します。

役割分担は関連する登場人物に役割をマッピングしておきましょう。

4.2.9 パッチ運用の成果物と引き継ぎ先

ここまでのパッチ運用で決めてきた設計は、以下のドキュメントに反映します。

▶設計項目ごとの成果物と引き継ぎ先

設計項目	成果物	引き継ぎ先
パッチ運用の目的	・運用設計書	・情報システム室 ・運用担当者
パッチ適用対象と適用タイミング	・運用設計書 ・運用項目一覧	・情報システム室 ・運用担当者
定期、緊急のパッチ適用作業連携方法	・定期パッチ適用フロー図 ・緊急パッチ適用フロー図	・情報システム室 ・運用担当者 ・サポートデスク（利用者へのメンテナンス時間の周知があれば）
パッチ適用時の手順	・パッチ適用前サービス停止手順書 ・パッチ適用後設定手順書 ・インフラ正常性確認手順書 ・サービス正常性確認手順書	・運用担当者
構築時のパッチ適用ナレッジ	・ナレッジ管理台帳	・運用担当者

ここで記載した成果物は一例です。

パッチ適用は導入するソフトウェアによって、成果物もかなり変わります。特に手順書は独自のものが存在する可能性が高いので、運用設計で必要と思われるものは適宜追加してください。

ここがポイント！

パッチ適用とアップデートは分けて考えたほうがいいかもしれませんね

4.3 ジョブ／スクリプト運用

ジョブ／スクリプト運用のおもな目的は以下になります。

・システム運用で自動実行されている処理を把握する（可視化）
・処理がエラーで止まった際に復旧する（事業継続）

システムを構築するということ自体が、人が行っていた業務をITで自動化するという一面があります。そのため、ジョブなどで自動実行している処理が止まることは、業務が止まることでもあります。

ジョブ／スクリプトの実装や作成はアプリケーション担当や基盤構築担当となる場合がほとんどですが、運用開始後に実装したジョブやスクリプトがエラーで止まってしまったときに対応するのは運用担当者になります。

どの業務が自動実行されているのか、止まってしまったらどのような影響が発生して、どのように復旧するのかをあらかじめ整理しておくと、業務停止時間を最小限に抑えることができます。

また、運用改善として運用項目一覧の作業をジョブやスクリプトで自動化していくこともあるでしょう。

ただし、ルールなき自動化は運用の属人化を招き、有識者離脱による業務継続の危機を迎えることになります。

ジョブ／スクリプト運用では、不具合時の対応の明確化、メンテナンスを属人化させないための運用設計が必要となってきます。

■ジョブ／スクリプト運用で設計する運用項目

今回は業務や基盤のジョブの作り込みは完了しているものとして、スケジュール変更、再実行、停止作業を対象に考えてみましょう。

ジョブが異常終了した場合は、監視アラートとして検知できるものとして今回は作業から外しています。

異常終了検知を営業日の朝に目視で行わなければならない場合などは、作業として採用することになります。

運用中に状況に応じてジョブを作成、削除する作業がある場合は、ジョブの作成、削除作業も発生します。

▶ジョブ／スクリプト運用の代表的な項目一覧

運用項目名	作業名	作業概要
ジョブ／スクリプト運用	ジョブスケジュール変更	ジョブ実行スケジュールの変更
	登録済みジョブの再実行	すでに実行登録されているジョブの再実行
	登録済みジョブの停止	スケジュール実行登録されているジョブの停止

4.3.1　ジョブとは

ジョブとは、簡単に言うと人の代わりにシステムに対する命令（コマンド）を実行するものです。このジョブをつなげて依存関係を明確にしたものを**ジョブネット**と呼びます。

たとえば、以下のような手順があったとします。

1. サーバーにログインする
2. ホスト名を確認する
3. 統計データを CSV 出力するコマンドを実行する
4. CSV ファイルを共有フォルダへ転送する
5. CSV 保存フォルダに半年以上前のものがあれば削除する

一つひとつの作業をジョブとして登録し、ジョブネットにすると以下となります。

▶ジョブとジョブネット

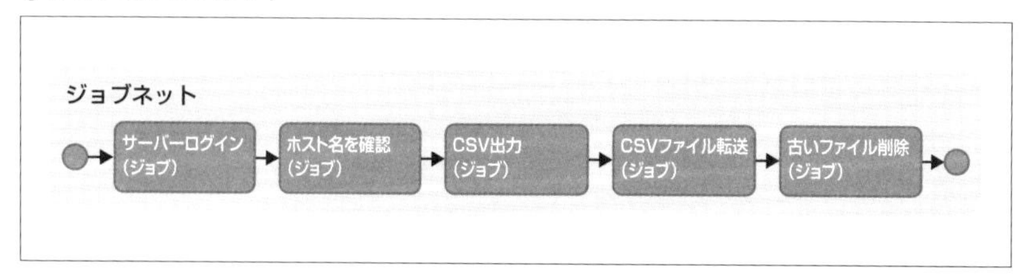

ジョブネットとしてまとめると、バラバラだった小さな命令（ジョブ）を一連の処理として実行できるようになります。

ジョブネット内のジョブはコマンド実行のリターンコードを識別して、実行結果に問題がない場合は次の処理を実行して先へ進んでいきます。実行結果に問題があった場合は、処理を停止して監視システムへエラーを通知します。

もちろん、ジョブネットとしてではなく、ジョブ単体を実行することもできます。

こうした、システムに必要な処理をジョブやジョブネットとして登録しておいて、外部から人に代わって実行するものが「ジョブ管理システム」となります。ジョブ管理システムは各社いろいろなものが出ていますので、詳しくは導入されている製品マニュアルをご確認ください。

コマンドを１つずつジョブにしていくのもよいですが、どうしても処理に限界がきます。同じコマンドを特定の条件終了まで複数回繰り返したり、エラー判定処理を強化してエラーハンドリングを実施したい場合は、スクリプトを作成してジョブとして登録して実行させます。

次はスクリプトとは何なのかを簡単に説明します。

4.3.2 スクリプトとは

スクリプトとは、一連の作業を即時実行可能な言語（スクリプト言語）で記載した簡易なプログラムになります。代表的なものでは、Linux だとシェルスクリプト、Windows だとバッチファイルや VBS、PowerShell などが該当します（厳密な定義については諸説あるため、本書では割愛します）。

スクリプト作成の目的は、バッチ処理（一括処理）による高速化と、インタラクティブ処理（対話処理）によるオペレーション精度向上の２つになります。

- バッチ処理：高い頻度で大量のデータに対して同じ手順の処理を一気に行う
- インタラクティブ処理：判断分岐の多い処理を運用担当者が判断して値を入力しながら処理を行う

基本的にはこの２つの処理方法を組み合わせてスクリプトを作成していきます。

バッチ処理のスクリプトは、入力データが定型な場合に有効です。ジョブ管理システムから実行するスクリプトの多くはバッチ処理のスクリプトになるでしょう。

インタラクティブ処理のスクリプトは、入力するデータに状況判断が必要な場合に有効です。実行するコマンドは決まっているのだけど、引数となる値が毎回違うような場合に作成します。

■運用手順書を自動化するかの判断

運用手順書で毎回同じコマンド実行が続く箇所がある場合、スクリプトを作成しておくと手順の省力化が行えるため作業工数を下げることができます。また、作業者によるキーボード入力箇所が減らせるので、スキルによる作業レベルのばらつきも抑えることができます。

実行結果やエラーログ出力を保管するような設計にしておけば、作業ログの精度も安定させることができます。

一見、悪いことがないように見えるスクリプトですが、作成にはそれなりの工数がかかります。このため、短納期のプロジェクトでは、すべての運用手順書でスクリプトを作成することはコストとして難しい面があります。

また、スクリプトは実行対象のOSやミドルウェアのアップデートによって挙動が変わる可能性があります。スクリプトに頼りすぎて、動かなくなった時に運用自体が止まってしまうことは避けなければなりません。

そのため、**プロジェクトでの自動化は高頻度高負荷作業だけにとどめ、インタラクティブ処理となるような複雑な処理についてはしっかりとした手順書を残し、自動化は運用開始後に運用担当者にて実施する改善とする**ことをお勧めします。

そのほうが、いざという時の対応手順もはっきりしますし、運用担当者が処理内容を理解して自動化したほうが作業内容に対する理解も深まります。

4.3.3 システム全体の運用自動化の方針をまとめる

ジョブ／スクリプト運用で、運用設計として最初に取り組まなければならないのはシステム全体としての運用自動化方針の確認です。

まずは、アプリケーション担当と基盤構築担当にシステム側として自動化する範囲を決めてもらいます。アプリケーションであれば、夜間のバッチ処理やデータベースの最適化処理などがシステム側の自動化処理にあたるでしょう。基盤構築担当であれば、バックアップの定期取得やログローテーションなどが自動化処理にあたります。

このあたりは要件定義に書かれている場合も多く、システムの必須要件として各担当が取り組む範囲です。

運用設計としては、そこからもう一歩踏み込んで、**必須ではないけれど運用上の効率化が求められる部分について、今回のプロジェクトではどう扱うか**を決めておきます。具体的には、以下のようなものが考えられます。

- アプリケーションへの利用者の登録が、GUIだと1名ずつ登録しないといけないが、CLIでスクリプトを書けばCSVファイルを読み込ませて複数名同時に登録できる
- サーバーの稼働情報の取得から整形までをスクリプトを組むことで大幅に時間短縮することができる
- 障害発生の一次対応、ログ取得などをジョブとして登録しておき、監視オペレーターに障害発生時はジョブを実行してもらうようにし、障害復旧スピードを向上させる

運用効率化のために既存のジョブ管理システムを利用できるかも確認しておく必要があります。

これらについて必須でやる範囲、発注者の要望があれば対応する範囲、対応しない範囲が決まったら、それをどこに記載するかを決めます。

自動化の方針についてはプロジェクト全体の方針なので、基本設計書に記載しておくほうが収まりがよい場合もあります。基本設計書に自動化方針が記載されたら、運用設計書には基本設計のどこに自動化に関する記載があるか、参照先を明記しておきます。

なお、**基本設計と運用設計書の両方に書くのは悪手**です。方針が変わった場合にデグレが発生したり、書きぶりによる複数解釈が起こる可能性があります。システムの管理ルールについて、二重記載はできるだけ少なくしていきましょう。

4.3.4　システムに対して自動実行している処理を一覧化する

システムに対して自動実行されている処理は、問題なく実施されているときは運用担当者が意識することはありません。しかし、ひとたび障害でジョブが止まったら、運用担当者がなにも知らないでは済まされません。そのため、運用担当者はシステムで自動実行している処理を把握しておく必要があります。

まず、自動実行している処理を基本設計書や詳細設計書から洗い出します。そして、それらの実施方法、実施概要、実施周期、運用中に停止した場合の影響、再実行する場合の実施判断などを一覧化します。

▶自動化項目一覧の項目サンプル

項目	内容
分類	自動化されている方式の分類。ジョブ管理、ミドルウェアなどの製品機能、OS 機能（Cron、タスクスケジューラー）などを記載する
ホスト名	処理が実行されているホスト名を記載する
処理概要	実施されている処理の概要を記載する
実行周期	自動化処理が実施されている周期を記載する
開始時刻	自動実行処理が開始される時刻を記載する
停止時の影響	ジョブが停止した場合の影響を記載する（すぐに対応しないとサービス影響が出る処理なのか、そうでないのかなど）
停止時の他システムへの影響	ジョブが停止した場合の他システムへの影響。影響がある場合は、連絡先と連絡方法を記載する
停止時の再実行	ジョブが何かのエラーで停止した時に、無条件で再実行してもよいかを記載する
停止時の代替手段	代替で実施できる手順書がある場合は記載する

監視システムでジョブ実行エラーを検知したら、この一覧を見れば対応の道しるべが記載されている状態にしておきましょう。ジョブの実行周期や開始時刻に制限があるような場合は、それらの補足事項も同じ一覧へ記載しておくとよいでしょう。

この一覧はジョブが改修されたり、新たに自動化された項目があった場合に更新するドキュメントとなります。

4.3.5　ジョブ管理運用は、基本的にすべて依頼作業

障害発生時を除き、基本的には運用担当者が勝手にジョブを実行したり、スケ

ジュールを変更したり、停止したりはしません。運用担当者は、業務部門や情報システム部門などからジョブに対する作業依頼を受けることになるでしょう。

既存でジョブに関する依頼フローがあればそちらに従います。ない場合は作成することになります。依頼系の基本フローは「3.2　システム利用者管理運用」と同じなので、そちらを参照してください。

4.3.6 管理主体があいまいなスクリプトの注意点

手作業で行うとあまりに時間がかかりすぎる作業があり、それにより運用コストが高騰してしまうと判断して、プロジェクト対応として作業時間短縮のためのスクリプトを作り込む場合もあります。ただし、要件として明確に定義されておらず、プロジェクトの途中で発注者から追加要望で対応していたら要注意です。

正式に開発対象となっているアプリケーションなどは、運用期間中も保守契約が結ばれるので何かあれば問い合わせることができます。しかし、要件があいまいで運用効率化のために作ったスクリプトは、だれが管理主体となるのかはっきりしない場合が多くあります。便利だから使い続けているうちに、何かの仕様が変更されてスクリプトが動かなくなり、問い合わせ先もなく運用担当者が途方に暮れることもあります。

その際に仕様書や処理フローがなければスクリプトを読み解かねばならなくなります。スクリプトの処理を読み解いて改修できる人がいればよいのですが、いない場合は運用が止まることになります

そうならないためには、作成したスクリプトも保守契約を結ぶか、スクリプト仕様書と処理フローを用意して運用担当者へ処理内容を引き継いでおくなどの対応をしましょう。

4.3.7 運用項目一覧の取りまとめ

これまでのことをふまえて、最後に運用項目一覧の取りまとめを行いましょう。

運用項目一覧（作業名、作業概要）

運用項目名	作業名	作業概要
ジョブ／スクリプト運用	ジョブスケジュール変更	ジョブ実行スケジュールの変更
	登録済みジョブの再実行	すでに実行登録されているジョブの再実行
	登録済みジョブの停止	スケジュール実行登録されているジョブの停止

運用項目一覧（作業タイミング、実施トリガー、作業頻度）

作業名	実施タイミング	実施トリガー	作業頻度（月）
ジョブスケジュール変更	非定期	ワークフローによる申請	0.5
登録済みジョブの再実行	非定期	ワークフローによる申請	5
登録済みジョブの停止	非定期	ワークフローによる申請	2

運用項目一覧（役割分担、利用ドキュメント、特記事項）

作業名	情報システム室	運用担当者	アプリ保守	関連担当	利用ドキュメント	特記事項
ジョブスケジュール変更	△	●	△	△	・ジョブ依頼申請フロー図（既存） ・自動化項目一覧 ・ジョブ操作手順書	障害などの緊急時はワークフロー以外での依頼も受け付ける
登録済みジョブの再実行	△	●	△	△	・ジョブ依頼申請フロー図（既存） ・自動化項目一覧 ・ジョブ操作手順書	障害などの緊急時はワークフロー以外での依頼も受け付ける
登録済みジョブの停止	△	●	△	△	・ジョブ依頼申請フロー図（既存） ・自動化項目一覧 ・ジョブ操作手順書	障害などの緊急時はワークフロー以外での依頼も受け付ける

［凡例］●：主担当　◎：承認、サポート　▲：情報連携、情報共有　△：申請、依頼

実施トリガーは 3.2 節と同じにしてあります。障害などの緊急時はこのとおりでない場合もあると思います。その旨は特記事項に記載しておきます。

関連システムと連携しているジョブが存在する場合もあります。その際は、関連システム担当からの作業依頼も受け付けることもあります。

ジョブ操作手順書はジョブ管理システムを導入した担当者に作成してもらうことになります。既存のジョブ管理システムを使う場合は、既存の流用となります。

4.3.8 ジョブ／スクリプト運用の成果物と引き継ぎ先

ここまでのジョブ／スクリプト運用で決めてきた設計は、以下のドキュメントに反映します。

設計項目ごとの成果物と引き継ぎ先

設計項目	成果物	引き継ぎ先
システム運用自動化の方針	・基本設計書 OR 運用設計書	・情報システム室 ・運用担当者
システムに対して自動実行している処理をまとめる	・自動化項目一覧	・情報システム室 ・運用担当者
ジョブ管理システムの操作	・ジョブ操作手順書	・運用担当者
スクリプトの仕様や処理内容をまとめる	・スクリプト仕様書 ・スクリプト処理フロー	・運用担当者

なお、ここで記載した成果物は一例です。

ジョブ／スクリプト運用に関しては、プロジェクト全体として取り組むことが多いので、運用設計がメインの担当ではない場合もあります。ただ、システムとして管理しているジョブやスクリプトにはどんなものがあって、トラブルが起こった場合は運用担当者が対応しなければならないことは確かです。

運用設計としては、それらの情報を正しく取りまとめて、運用開始後に運用担当者が困らないようにしておく必要があります。

ここがポイント！

たしかに運用担当者は、何が自動で動いているかは知っておく必要がありますね

4.4 バックアップ／リストア運用

バックアップ／リストア運用のおもな目的は以下になります。

・トラブルが発生した際に復旧する

パッチ適用をしたらなぜかシステムが使えなくなったり、作業ミスでデータを丸ごと消してしまうことがあるかもしれません。また、ランサムウェアにファイルを暗号化されて、高額な身代金の支払いを要求される可能性もゼロとは言えません。

いかなるトラブルでも、バックアップから正しくデータをリストアできればシステムの安心感は格段に増します。本節では、どのようにバックアップ／リストアを運用設計するべきかを説明していきます。

バックアップ／リストアは非機能要件の可用性と深く結びついています。要件定義で合意した可用性を守りながら、効率的に運用設計をするためには、アプリケーション担当や基盤構築担当と連携することが必須となります。

■バックアップ／リストア運用で設計する運用項目

バックアップとリストアは必ずペアで考えなければなりません。運用設計では、どのタイミングで取得したバックアップを、どのようなタイミングでリストアする可能性があるのかを常に考えておく必要があります。

基本的にバックアップは決められた周期で定期的に取得するか、システムの設定変更作業前後に取得するかの２択となります。

リストアについては、障害や設定変更による不具合が発生した時か、データを消去してしまったり不整合が発生した場合となります。

アプリケーションのユーザーデータのバックアップを取得している場合、利用者からの依頼としてデータバックアップやリストアを実施することがあります。

▶バックアップ／リストア運用の代表的な項目一覧

運用項目名	作業名	作業概要
バックアップ／リストア運用	バックアップスケジュールの変更	登録済みバックアップのスケジュール変更作業
	依頼によるリストア	利用者などの依頼によるリストア作業
	依頼による手動バックアップ取得	登録済みバックアップジョブを手動で実行する作業

4.4.1 システムの可用性とバックアップ／リストア

システムが継続して稼働できる能力は、非機能要件の可用性として検討されています。バックアップ／リストア運用を考えるうえで大切になってくるのは、リストアはシステムの可用性担保の一部であるということです。

高可用性が必要なシステムであれば、まずは構築時点で単一障害によるシステム停止が発生しないように冗長構成を組む必要があります。そのうえで、不具合発生時や故障した場合はバックアップデータからリストアで復旧を試みることになります。

ここではシステム全体の可用性からバックアップの立ち位置を確認しておきましょう。

■システムの冗長構成による担保

システムの可用性は、まずは各コンポーネント（システム構成要素）を冗長化することで担保されています。

障害が発生するとサービスが停止してしまうような単一障害点（Single Point of Failure：SPOF）は、複数台で冗長構成を組んで障害に耐えられるようにしておくことが多いでしょう。

ハードウェアレベルではCPU、I/O、伝送路、電源などを冗長化します。ネットワークスイッチも2台以上で冗長化することが一般的ですし、サーバーもデータベースなど重要なコンポーネントは複数台で冗長化されているでしょう。

仮想化技術を提供しているハイパーバイザーでは、その名もずばりのHA（High Availability：高可用性）という名の機能があります。仮想マシンが載っている物理サーバーがダウンした場合に、別の物理マシンへ自動で切り替える仕組みです。

■バックアップデータからのリストア

「冗長構成で守られているなかでソフトウェアに何かの不具合が発生した」「調

査した結果、バックアップデータから戻すしかない」となった場合に、ようやくバックアップ／リストアの出番です。

実際の運用でリストアをしなければならないような事態に陥るのはそれほど多くありません。ほとんどの場合がリストア以外の対処で復旧が完了すると思います。ということは、リストアをしなければならない状況というのはかなりの緊急事態です。

つまり、**リストア作業は実施頻度は低いけれど緊急性の高い時に行わなければならない作業**、と言えます。運用担当者は慣れていない作業を、プレッシャーのかかる状況で行わなければなりません。

このような状況を考えると、リストアの手順書はだれにでも実施できるぐらいわかりやすいものであったほうがよいでしょう。

■DRプランの策定

バックアップ／リストアで担保できる冗長性は、あくまでデータセンターなどが無事である場合に限られます。

大規模災害などでデータセンターが丸ごと破損してしまった場合などは、DR（Disaster Recovery：災害復旧）プランで対応することになります。この場合、別拠点に保管したバックアップデータからシステムを丸ごと復旧することになります。

▶可用性とITサービス継続性管理

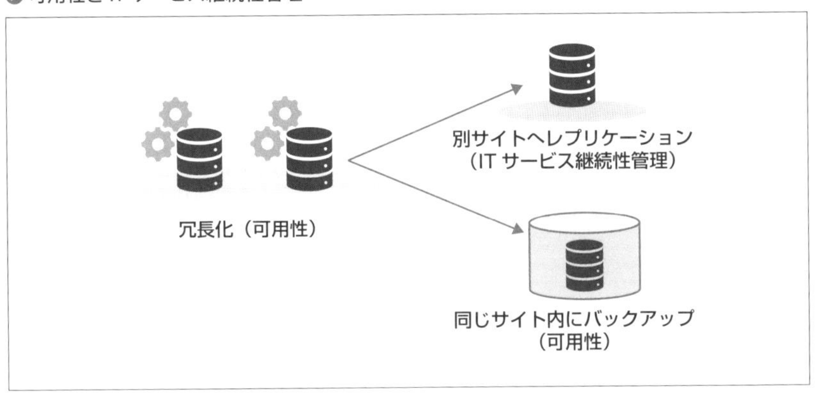

システム重要度によって対応は変わってきますが、全損してシステムの全復旧をする場合は運用担当者だけで対応することはないでしょう。システム構築を担当したベンダーや、メーカーサポートの知見も借りつつ復旧していくことになると思います。

4.4.2 バックアップ方針を決める

バックアップと基盤構築コストは密接な関係があります。バックアップソフトの購入やバックアップを取得するストレージの容量検討、バックアップデータの二次保管のためのテープバックアップや別筐体のストレージの準備などは、システム構成に直接影響します。

結合テストあたりで、「やっぱり、別拠点にストレージを置いてバックアップデータをレプリケーションしたい」と言い始めてもサービス開始に間に合いません。

もし別拠点にストレージがあったとしても、ネットワークの帯域利用量やそれによる他システムへの影響やレプリケーションにかかる時間の算出、実施時間の検討など、多数の設計要素が増えます。

このように、バックアップ方針の変更はちょっとした変更で済まない場合が多いのです。そのため、バックアップ方針に関しては要件定義時にしっかりと決めておく必要があります。

要件定義時に決める項目は以下となります。

▶バックアップ検討内容

検討項目	検討概要
バックアップの目的	システム障害の復旧がターゲットなのか、ユーザーデータの復旧も含むのか。DR 要素も含むのか
バックアップ対象	システム基盤以外のアプリケーションデータやユーザーデータをどこまでバックアップ範囲とするか
バックアップ取得周期・世代数	RFP の目標復旧時間（RTO）と目標復旧時点（RPO）から算出する
バックアップ取得可能時間	バックアップを取得する時間に制限があるか
バックアップ方法	どのような方法でバックアップを取得するのか
バックアップ取得媒体	専用ストレージなのか、テープや別筐体への二次バックアップは行うのか

それぞれの項目について、詳しい検討内容を見ていきましょう。

■バックアップの目的

バックアップは基本的に、システムの復旧とデータの復旧の2つの目的があります。

アプリケーションのデータ不整合が発生した場合はデータだけを復旧すればよいでしょう。OSを含むサーバーの根本的なシステム部分で不具合が発生した場合は、システムを復旧する必要があります。

データベースがミラーリングされている場合などは、明示的にデータバックアップを取得しない場合もあります。そのような構成のシステムであれば、バックアップの目的はシステム復旧だけになります。

取得したバックアップデータを外部へレプリケーションしていたり、媒体で外部保管している場合はDR要素も含んでいるのでその旨も記載しておきましょう。

■バックアップ対象

システム基盤部分のシステムバックアップについては、何かしらの方法で取ることになると思います。アプライアンス製品などでは、復旧方法が再構築しかないものもあります。その場合はバックアップリストア手順ではなく、再構築手順を準備することになります。

問題となるのは、データバックアップの対象です。

ユーザーデータが破損や消失した場合に、いつのどこまで、だれが復旧するのかを決めておく必要があります。それにより構成や設計が大きく変わってきます。もちろん、対応範囲が広がれば広がるほど、バックアップデータの復旧ポイントが近ければ近いほど、運用設計として考慮することは増えていきます。

重要なユーザーデータの復旧がリアルタイムで必要となる場合は、利用者へデータ復旧手順を公開することを考えてもよいでしょう。

■バックアップ取得周期・世代数

バックアップの取得周期に関しては、目標復旧時点（RPO）から算出することができます。RPOが24時間であれば1日に1回取得すればよいことになりますし、12時間であれば1日に2回取得する必要があります。

バックアップ方式はアプリケーション担当や基盤構築担当の管轄ですが、営業時間内にバックアップを取得する場合は、システム負荷の少ない差分バックアップや増分バックアップを検討しましょう。

世代数に関しては、いつのデータまで戻す要件があるかにもよりますが、新しいバックアップを取得しているときのために最低でも２世代は必要となります。RFP にバックアップ世代数について言及されている場合もあるので、確認しておきましょう。

▶ RPO が 12 時間のバックアップ例

	1日目		2日目		3日目		4日目	
	0時	12時	0時	12時	0時	12時	0時	12時
1世代目	フル	増分			フル	増分		
2世代目			フル	増分			フル	増分

このタイミングでリストアするときは、１世代目のフルバックアップと増分バックアップでリストアする

１世代目のフルバックアップ取得中にリストアする際は、２世代目のバックアップデータでリストアする

システムの利用用途に合わせて検討したところ、もっと必要だったとか、それほどいらないといった結論になることもあります。特に世代数に関しては、バックアップストレージサイズなど機器構成に影響を与える可能性があるので、入念に確認しておきましょう。

要件定義時点でシステムに本当に必要なバックアップ世代数と取得周期を決めておくことで、次工程以降がスムーズに進んでいきます。

■バックアップ取得可能時間

バックアップ取得可能時間のことを、「バックアップウィンドウ」と呼ぶ場合もあります。バックアップ処理中は該当データへのアクセス速度が遅くなったり、ネットワークに負荷がかかるなどの影響があるため、夜間など利用者数の少ない時間帯に取得するのが一般的です。

他システムとの連携がある場合は、そちらのサービス提供時間の影響がある場合もあります。

このバックアップ取得可能時間は、そのままメンテナンス作業可能時間である場合もあるので、そちらもあわせて確認しておきましょう。

■バックアップ方法

ハードウェアやアプライアンスなどのデータを持っていない製品は、管理コンソールやSSHで設定情報をエクスポートする方法が多いかと思います。

OSやミドルウェアは、バックアップ専用ソフトを使ったほうがスケジュール実行やデータの暗号化などセキュリティ面で利点はありますが、ライセンスコストがかかります。そのため、OS標準のバックアップ機能（WindowsならWindows Serverバックアップ、Linuxならdump／restoreコマンド）を使う場合もあります。

クラウドサービスでは、簡単にバックアップサービスを利用できたり、冗長構成も簡単に組むことができます。ストレージなどの心配をすることはないですが、追加でコストがかかる場合があるので確認して利用しましょう。

システムを既存の運用担当者へ引き継ぐ場合、既存と同じバックアップ方法にしたほうが技術習得のための時間が短くなるため、運用引き継ぎの時間短縮になります。

運用中にリストアを実施するのはよほどの緊急時です。その際に使い慣れたツール、やり慣れた手順であれば、作業実施時の心理的負荷も下がります。

■バックアップ取得媒体

バックアップは、ハードウェア障害に備えて別の媒体に取得するのが原則です。バックアップ専用ストレージであれば重複排除や圧縮機能などの機能がついているでしょう。

一次バックアップは別媒体へ取得する方針でよいとして、二次バックアップを取得する場合は複数の選択肢があります。テープなどの媒体への書き出しや、取得したバックアップデータを暗号化してクラウドのストレージへ保管することもあるでしょう。

バックアップ先が増えれば増えるほど、運用設計の考慮点は増えていきます。特にバックアップを外部記憶媒体に書き出して管理する場合は、ローテーション、保管場所、書き込み上限回数から購入スケジュールなどなど、在庫管理の観点も追加で設計する必要がでてきます。

4.4.3 バックアップ／リストアの運用設計の観点

要件定義でバックアップ方針が決まったら、システムにおけるバックアップの運用設計を考えていきます。

バックアップ／リストア運用設計では、以下の 3 つを考えていきます。

・定期バックアップ
・手動バックアップ
・リストアタイミング

それぞれについて、どのような設計観点で考えるのかをまとめておきます。

■定期バックアップ

頻繁にデータ更新されるバックアップ対象では、定期バックアップを検討する必要があります。逆に言うと、それほどデータが更新されない管理サーバーなどでは、定期バックアップではなくシステム変更前後に手動でバックアップを取得するという設計でも問題ありません。

定期でバックアップを取得する場合、できれば自動で取得するように機能実装してもらいましょう。その際、バックアップが何かの理由で止まってしまった時を検知できるようにする仕組みが必要です。

この「定期バックアップがいつのまにか止まっていた」というトラブルは比較的多く発生します。バックアップソフトやコマンド実行結果のログを監視システムで検知させる方法はもちろんながら、半年に一度ぐらいはバックアップ状況を棚卸する運用項目も検討しておくとよいでしょう。

■手動バックアップ

システム変更前後、定期バックアップが止まってしまった場合などに手動でバックアップを取得します。

代表的な手動バックアップタイミングとしては、Windows サーバーのパッチ適用前後でしょう。セキュリティパッチを適用して正常性確認をして問題があった場合はリストアを実施しなければなりません。

ただ、セキュリティパッチを適用する Windows サーバーが仮想マシンであった場合、ハイパーバイザーのスナップショット機能を利用して復旧することもできます。

その場合の作業の流れは、おおむね以下のようになると思います。

1. 事前バックアップ取得
2. スナップショット取得
3. パッチ適用
4. 正常性確認　　➡問題があればスナップショットからの戻し
5. スナップショット削除
6. 作業後バックアップ取得

この場合、作業中のミスやすぐに不具合を発見した場合はスナップショットからリストアすることになります。

ここがポイント！

スナップショットはバックアップじゃないから注意が必要！

■リストアタイミング

バックアップを取得した場合、どのような用途でリストアするのかを定義しておく必要があります。

リストアを実施するトリガーとしては、おもに障害からの復旧と依頼に基づく復旧の2種類があります。まずは取得するバックアップデータそれぞれがどのトリガーでリストアを実施するかをマッピングします。2つとも該当する場合もあるでしょうし、どちらかだけの可能性もあります。

▶リストアトリガーのまとめ

バックアップデータ	リストアトリガー	
	障害時	依頼時
データA	○	○
システムA	○	–
データB	–	–
システムB	○	–

➡そもそも、取得する必要がないかも？（データBの行）

このリストアトリガーがマッピングできないバックアップデータは、取得する必要のないバックアップとなります。そのようなデータについては、プロジェクトマネージャーと発注者と相談の上、バックアップ対象から外しましょう。

リストアについては、「このような状態になったら実施する」という実施判断基準も発注者と事前に合意しておくことで、緊急時にもめることなく判断できます。

バックアップもリストアも、少なからずシステムに負荷をかける作業です。バックアップデータとリストアタイミングをしっかり整理して、必要なものを過不足なく取得するように設計しましょう。

4.4.4 バックアップ／リストア設計の役割分担

バックアップ／リストア設計をするためには、アプリケーション担当と基盤構築担当と連携することが必須となります。

バックアップを取得する機能設計実装はアプリケーション担当と基盤構築担当が実施することになります。実装された機能をどのように運用するかを考えるのが運用設計の役割です。

事前にどこまでを各担当で実施するか、役割を決めておく必要があります。

・アプリケーションのデータバックアップ機能実装：アプリケーション担当
・システムインフラ部分のシステムバックアップ機能実装：基盤構築担当
・それぞれの機能をどう運用するか：運用設計担当

▶バックアップ／リストアの運用手順書作成役割分担（例）

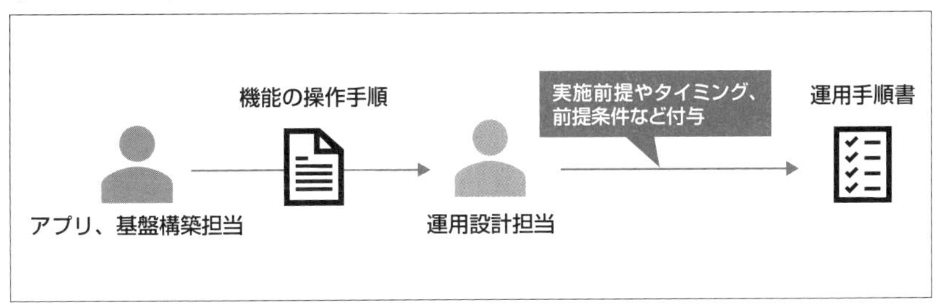

■バックアップ／リストアの事前すり合わせ

バックアップ／リストアの設計には、どう運用するかの要素が大きく影響するため、機能実装段階から各担当と情報連携しておく必要があります。

たとえば、80台のサーバーがあるシステムで、「月次でバックアップを取得すること」という要件を、手動で行う方針で基盤構築担当が設計したとします。その場合、1台1時間で終わったとしても毎月80時間かかります。バックアップだけで毎月0.5人月もかかるのは運用コストをかけ過ぎているので、どうにか自動実行を検討するべきです。

こういった場合はプロジェクトマネージャーをふまえて基盤構築担当と話し合い、早めに解決策を検討しましょう。バックアップ／リストア設計をあとから運用側の要望で変更するのはなかなか大変です。事前のバックアップ設計方針のすり合わせ、手順書作成やテストなどの役割分担を明確にしておきましょう。

4.4.5　バックアップ／リストア単独作業は、基本的にすべて依頼作業

障害発生時を除き、運用担当者が勝手にバックアップのスケジュールを変更したり、リストアを実行することはありません。もし変更がある場合は、依頼ベースの作業となるはずです。

既存でバックアップに関する依頼フローがあればそちらに従います。ない場合は作成することになります。依頼系の基本フローは「3.2　システム利用者管理運用」と同じなので、そちらを参照してください。

4.4.6　リストアの運用テストと引き継ぎ

機能としてのリストアができるかどうかは、結合テスト段階で実施されます。

リストアの運用テストは、運用手順書と結合テストのエビデンスを机上で確認して完了となることもしばしばあります。ただ、サービス開始後に本番環境でリストア作業を実機確認することはほぼ不可能です。そのため、主要サーバーや主要データのリストア作業ができるのであれば、運用テスト期間中に運用担当者の方に実施してもらうことをお勧めします。

リストア作業は意外と複雑なものが多く、バックアップデータを単純に復元するだけでは復旧できないことがよくあります。事前にサービスを落としておかなければならなかったり、リストア後に設定値を変更しなければならなかったりと、事前事後作業があります。

運用引き継ぎという観点では、運用担当者が一連の作業を一度やったことがあるかないかで、実施の作業時の心理的な負担がだいぶ変わってきます。運用テスト期間は、システムテストやユーザー受け入れテストと重なっているので日程調整が難しいですが、可能であれば実施するようにしましょう。

4.4.7 運用項目一覧の取りまとめ

これまでのことをふまえて、最後に運用項目一覧の取りまとめを行いましょう

▶運用項目一覧（作業名、作業概要）

運用項目名	作業名	作業概要
バックアップ／リストア運用	バックアップスケジュールの変更	登録済みバックアップのスケジュール変更作業
	依頼によるデータリストア	利用者などの依頼によるリストア作業
	依頼による手動バックアップ取得	登録済みバックアップジョブを手動で実行する作業

▶運用項目一覧（作業タイミング、実施トリガー、作業頻度）

作業名	実施タイミング	実施トリガー	作業頻度（月）
バックアップスケジュールの変更	非定期	ワークフローによる申請	0.16
依頼によるデータリストア	非定期	ワークフローによる申請	20
依頼による手動バックアップ取得	非定期	ワークフローによる申請	1

▶運用項目一覧（役割分担、利用ドキュメント、特記事項）

作業名	利用者	情報システム室	運用担当者	ソフト保守	関連担当	利用ドキュメント	特記事項
バックアップスケジュールの変更		△	●	△	△	・バックアップ関連依頼フロー図（既存） ・バックアップ／リストア手順書 ・バックアップ正常性確認手順書	
依頼によるデータリストア	△		●			・データリストア依頼フロー図（既存） ・バックアップ／リストア手順書	
依頼による手動バックアップ取得		△	●	△	△	・バックアップ関連依頼フロー図（既存） ・バックアップ／リストア手順書 ・バックアップ正常性確認手順書	

［凡例］●：主担当　◎：承認、サポート　▲：情報連携、情報共有　△：申請、依頼

実施トリガーは3.2節と同じワークフローとしてあります。

バックアップ／リストアに関しては、単独の作業がほとんどない場合もありますので、発注者と作業についてはしっかり整理しておきましょう。

4.4.8 バックアップ／リストア運用の成果物と引き継ぎ先

ここまでのバックアップ／リストア運用で決めてきた設計は、以下のドキュメントに反映します。

▶ 設計項目ごとの成果物と引き継ぎ先

設計項目	成果物	引き継ぎ先
バックアップ方針	・基本設計書 OR 運用設計書	・情報システム室 ・運用担当者
定期バックアップ、手動バックアップ、リストアタイミングをまとめる	・バックアップ対象一覧	・運用担当者
バックアップ取得方法、リストア方法	・バックアップ／リストア手順書	・運用担当者

ここで記載した成果物は一例です。

バックアップ／リストア手順書は機器ごと、サーバーごとに作成することになるので、かなりの数になると思います。

繰り返しになりますが、バックアップ／リストア、特にリストアをするときは緊急時の場合はほとんどです。緊急時に迷わない手順書に仕上げておくのが運用設計として大事な点となります。

ここがポイント！

バックアップ／リストアは、作業実施トリガーをまとめることが重要ですね

4.5 監視運用

監視運用のおもな目的は以下になります。

・システムの状態変化を発見する

システムはハードウェアからソフトウェアまで、さまざまなコンポーネントが絡み合って日々サービスを提供しています。それらのコンポーネントはバグ、不具合、経年劣化などによって問題が発生します。また、不正なデータ入力や作業ミスによってもエラーが発生します。

それらの問題やエラーを状態変化として検知し、できるだけ早く見つけて復旧することが監視運用の目的となります。

企業によっては、監視運用を丸ごとアウトソースしている場合もあります。逆に、監視を内製化して、システム監視やAPM（Application Performance Management）など複数の監視ツールを1つのダッシュボードにまとめて高度なモニタリングを実施することもあります。監視運用の形態は多様化しているので、導入するシステムに対してどのような監視運用が最適なのか捉える必要があります。

■監視運用で設計する運用項目

監視運用でおもに考えることは、検知からの流れと監視設定変更の2点です。今回はシステム独自に監視システムを導入したものとして運用設計を考えてみましょう。

▶監視運用の代表的な項目一覧

運用項目名	作業名	作業概要
監視運用	監視対応	監視アラートを検知して、一次切り分け、エスカレーションを実施する
	監視設定変更	監視項目の追加・変更・削除を実施する

4.5.1 監視システムの基本的な機能

監視運用設計を行うために、まずは基本的な監視システムの仕組みや考え方を理解しておく必要があります。

監視を行う場合、何らかの監視ソフトウェアを利用して行います。監視ソフトウェアには有償のものから無償のものまでさまざまなものが存在しますが、どれもシステムの問題を検知して知らせる機能があります。基本的にはこの問題を検知して知らせる機能を使ってシステムの正常性を監視します。そして、システム基盤やサービスで問題が発生した場合は、監視システムを経由して運用担当者へ通知されます。

一般的な監視システムの立ち位置としては以下のようになります。

▶監視概要図

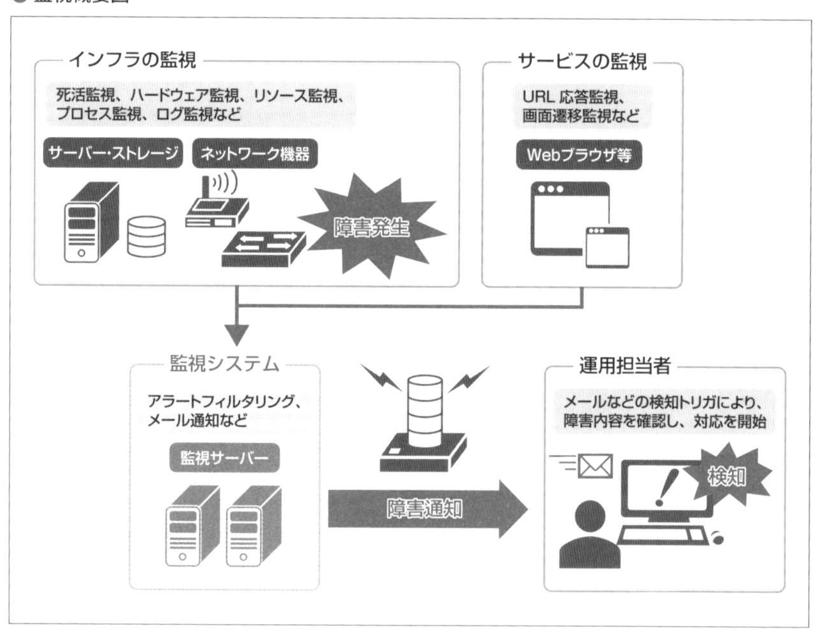

監視は、提供しているサービスに問題がないかを確認するサービスの監視と、システム基盤に問題がないかを確認するインフラの監視の2種類に分けることができます。それぞれの役割について考えていきましょう。

■サービスの監視

サービスの監視は、利用者が直接アクセスして利用するサービスの監視です。監視内容の設計担当はアプリケーション担当になります。

たとえばWebサイトを提供しているシステムであれば、サイトにアクセスして正しく内容が表示されるか、入力した値に対して想定通りに応答があるかなどを確認します。

代表的なサービスの監視として、HTTP監視、画面遷移監視について説明しましょう。

HTTP監視（URL応答監視）

システムがWebサイトを提供している場合、サイトのトップページにアクセスすることによってサービスの死活監視を行います。

HTTP監視で行うことは、応答コードの確認、記載されている文字列の確認、Webページ応答時間の確認となります。

・応答コードの確認

最初に、監視ソフトウェアからサイトにアクセスした時に送られてくる応答コードによって状態を判断します。基本的には400番台、500番台が返ってきた場合は問題と判断します。

▶HTTPステータスコード

応答コード	説明
100番台	Informational。リクエストが受理され、処理が継続中であることを通知
200番台	Successful。リクエストが受理され、正常に処理されたことを通知
300番台	Redirection。リクエスト先の移転に関する通知
400番台	Client Error。クライアント側に起因するエラーを通知（リクエストを受理できなかった）
500番台	Server Error。サーバー側に起因するエラーを通知（リクエストは受理できたが、サーバー側で正しく処理できなかった）

・Webページ応答時間の確認

Webページとしては200番台を返答しているけれど、応答時間がものすごくかかっている場合も何か問題がある可能性が高いと言えます。

どこまでを正常値とするかは、性能も考えながら発注者と決める必要があります。銀行振り込みやクレジットカードの支払いなどのシステムでは、応答時間がSLAで定められている場合もあります。

画面遷移監視（シナリオ監視）

Webページの認証機能など、利用者が実際に使う機能まで監視したい場合は、画面遷移監視（シナリオ監視）を行います。利用者ページに監視用アカウントでログオンして挙動を確認したり、問い合わせフォームから正しくメールが送信できるかなどを確認します。

HTTP監視よりもきめ細やかな監視を実現する際に実施する監視方法となります。図に例を示しますが、このどちらの例も、シナリオ通りに画面が遷移しなければエラーとなります。

画面遷移監視の例

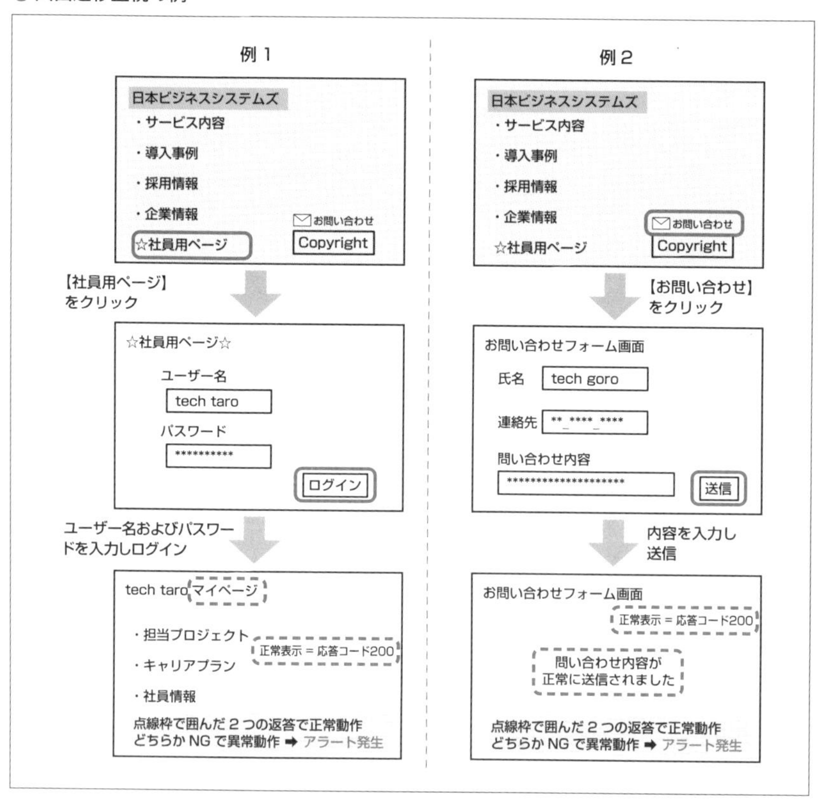

■インフラの監視

インフラの監視によって、システムの構成要素で問題が発生していないかを確認することができます。

監視方法としては、死活監視、ハードウェア監視、リソース監視、プロセス監視、ログ監視の 5 種類となります。

インフラの監視方法

監視項目	監視内容
死活監視	ping などで機器や OS が起動しているかを確認する
ハードウェア監視	SNMP でハードウェアの異常、寿命、故障の予兆などを確認する
リソース監視	CPU、メモリ、ストレージ、ネットワークといったリソースの使用率が設定したしきい値を越えていないか確認する
プロセス監視	OS 上で動作しているプロセスやサービスが起動しているか確認する
ログ監視	OS やミドルウェアのログの中身を確認する

このうち、ログ監視についてはかなり柔軟に設定をすることが可能で、工夫次第でさまざまな問題を発見することができます。

基本的には、ログに付与されるアラートランクによって、問題かどうかの判断をします。アラートランクは、Linux では「priority」、Windows では「イベントレベル」と呼ばれています。

アラートランク（Linux）

Linux	priority	説明
重大度（低）	debug	デバッグレベルの情報
	info	情報
	notice	通知
	warning	警告
	err	エラー
	crit	重大なエラー
	alert	すぐに対処すべき状態
重大度（高）	emerg	システムが落ちるような状態

▶アラートランク（Windows）

Windows	イベントレベル	説明※
重大度（低）	情報	重大ではない情報を管理者に提供するイベント
	警告	潜在的な問題について事前に警告するイベント
	エラー	問題を示すイベント
重大度（高）	重大	システム管理者がすぐに対処する必要があるイベント

※マイクロソフト社のドキュメントより抜粋
https://docs.microsoft.com/ja-jp/previous-versions/office/developer/sharepoint-2010/ff604025(v%3Doffice.14)

一般的には、エラー／err以上を監視対象とし、警告／warning以下は障害が発生した時に確認する運用設計にすることが多いと思います。

また、対処が必要となる重要な通知が埋もれないように、静観しても問題のないメッセージを通知除外に設定することも重要な設計項目です。特定の時間帯だけ静観可能なのであれば、時間限定で通知除外設定をする運用もあります。

可用性要件によってシステムが冗長化されている場合、インフラの単体故障ではサービスには影響が出ない構成となっているはずです。そのため、監視システムで検知する内容としては、サービスの監視でエラーを検知した場合のほうがユーザーへの影響が大きくなります。そもそも大規模な障害が起こった場合は、サービスもインフラもどちらからもエラーが検知されるはずです。

障害が起こった場合に、被疑箇所がどこなのかを判明させるのも、監視システムの役割のひとつです。

■セキュリティ監視

サービス監視、システム監視とは別に、セキュリティの監視も存在します。

セキュリティ監視には、サーバーやPCなどのエンドポイントでウイルスや不正なふるまいを監視するEPP/EDRと、設置した機器のログを収集して分析するSIEMがあります。

外部のSOCサービスを利用している場合はサービス提供範囲や対応内容、連携方法も確認しておきましょう。

EPP/EDR

EPP/EDR（Endpoint Protection Platform / Endpoint Detection and Response）は個別にシステム導入するよりは、企業全体で同じウイルス対策ソフトウェアを導入していることが多いので、運用方針も既存の運用に従うことが多いでしょう。

PC で検知した際の対応方針はしっかりと決まっている場合が多いですが、サーバーで検知した場合の対応方針はシステム個別に検討しないといけない場合があります。

その際は、検知するトリガーを整理し、どのような場合に隔離するのか、隔離した場合のユーザー影響などを顧客と合意したうえで対応方針を決めていきます。

▶ EPP/EDR

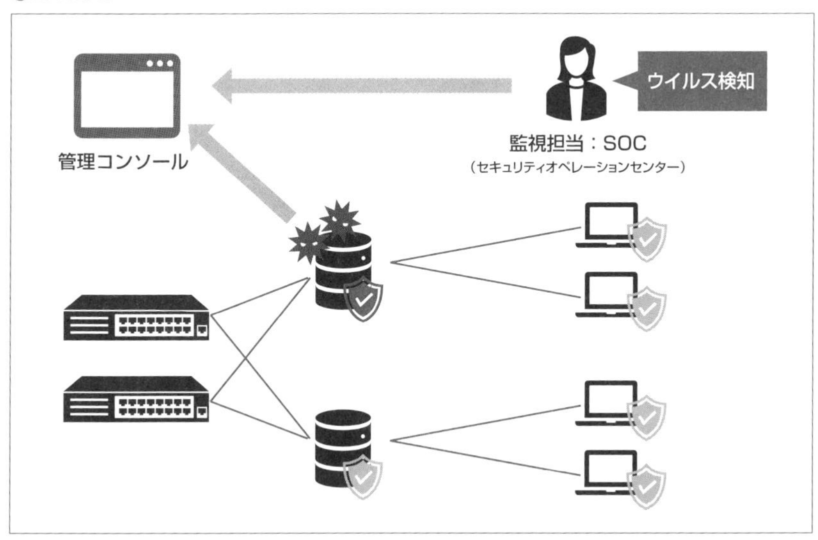

SIEM

SIEM（Security Information and Event Management）も基本は企業全体で管理されていることが多いので、運用方針も既存の運用に従うことが多いでしょう。

個別運用設計要素としては、監視担当からどのようなエスカレーションがあり、システムとしてどのような対応をするべきなのかを整理しておきます。

具体的には、作業申請が出ていないサーバーで管理者ログインが検知された場合にどのように調査をするかなどをまとめておきます。

想定されるエスカレーションについては、事前に対応方針をまとめて手順書などを準備しておくとよいでしょう。

SIEM

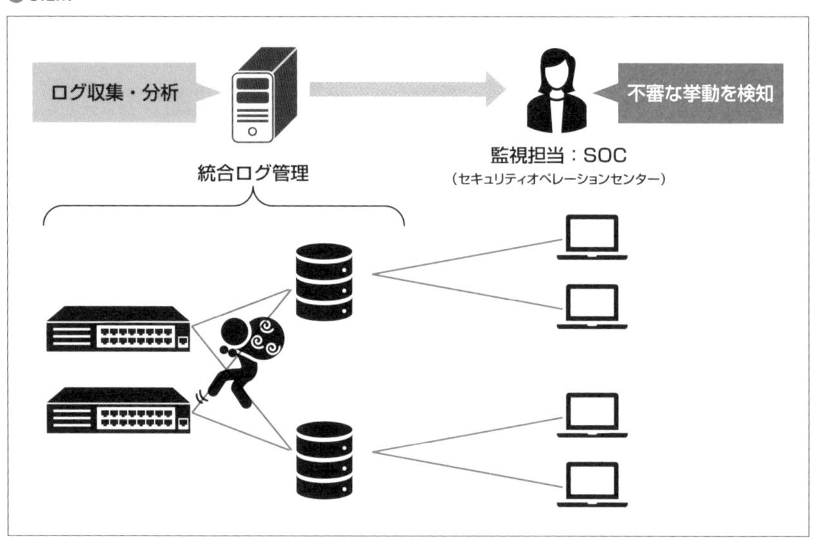

4.5.2　監視対応フローを決める

監視運用では、まず問題を検知したらどのような流れで対応するかの大きなフローを決めなければなりません。

監視は各役割が調査と切り分けを行いながら、解決できない場合は情報をエスカレーションしていきます。監視オペレーターから情報を受け取り、運用担当者でも復旧できなかった場合は、保守対応のサポートを受けながら復旧していくことになります。もし、サービスに影響を与える重大障害が起こったら、情報システム室などの運用管理者へ連絡しなければなりません。

保守担当者とのやりとりについては 4.8 節で詳しく説明します。本項では一次対応から二次対応までに限定して、監視対応フローを確認していきます。

▶障害対応フローを決める箇所

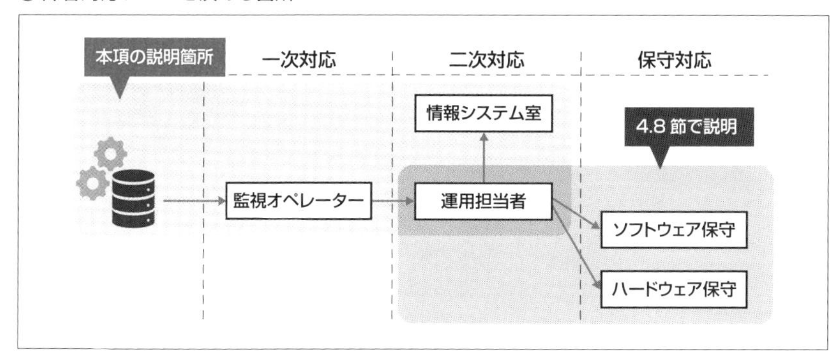

まずは役割ごとの対応時間、エスカレーション先、連絡方法、情報連携方法を取りまとめていきます。今回は以下のような対応時間と連絡方法、情報連携方法として設計を進めてみます。

▶連絡先一覧

役割名	対応時間	エスカレーション先	連絡方法	情報連携方法
監視オペレーター	24 時間 365 日	運用担当者	メールと電話	運用管理ツール
運用担当者	平日 9:00 ～ 18:00	情報システム室	通常時はメール、重大障害の場合はメールと電話	運用管理ツール
		保守サポート	保守情報一覧に記載	保守情報一覧に記載
情報システム室	平日 9:00 ～ 18:00	ー	メールと電話	運用管理ツール

このような表は、運用設計書に運用体制図としてまとめておくとよいでしょう。

■監視オペレーターと運用担当者

監視オペレーターと運用担当者の関係について考えてみましょう。まず、監視オペレーターと運用担当者の対応時間の差があります。

監視オペレーターが 24 時間 365 日対応なのに対して、運用担当者が平日 9:00 ～ 18:00 なので、その差分の時間にエラーを検知した場合にどうするかを考えなければなりません。

▶対応時間の差分

点線部分でエラー検知
した場合どうするか?

●平日	0時	4時	8時	12時	16時	20時	24時
監視オペレーター							
運用担当者							

●休日	0時	4時	8時	12時	16時	20時	24時
監視オペレーター							
運用担当者							

この場合、まず確認すべき項目はシステムのサービスレベルです。システムのサービスレベルが高く、休日夜間でもサービス停止を最小限にしなければならないのか、それとも休日夜間のサービス停止を許容するのかで、対応がかなり変わってきます。

前者であれば、休日夜間は監視オペレーターから運用担当者へ電話連絡して、緊急出勤などをして対応する必要があるでしょう。後者であれば、翌営業日に出社してからの対応でも遅くはありません。

今回は、サービスに影響がある障害が発生したら、対応時間外でもベストエフォートで復旧作業を実施してほしいという依頼が発注者からあったとします。

このような場合、「サービスに影響がある」がどのような状態を指すのかを、まずは発注者としっかり合意します。可用性要件にもよりますが、だいたいのシステムは冗長化されているので単体障害ではサービスは止まりません。ここでは「サービスに影響がある」＝「サービス完全停止」で合意したものとして進めていきます。

この場合、夜間休日の連絡については、監視オペレーターでサービスの確認をしてもらう必要が出てきます。監視システムでサービスの監視を実施しているなら、対応時間外はサービス監視にてエラーが発生した場合のみメールと合わせて電話で連絡してもらうことにします。

監視アラートの種類によって、監視オペレーターに作業をお願いする場合は一次切り分け表を連携しておくとよいでしょう。

監視オペレーターのほうで軽微な作業が可能なら、特定のエラーで強制再起動などをお願いすることもできます。

▶監視オペレーターへ定型作業を依頼する

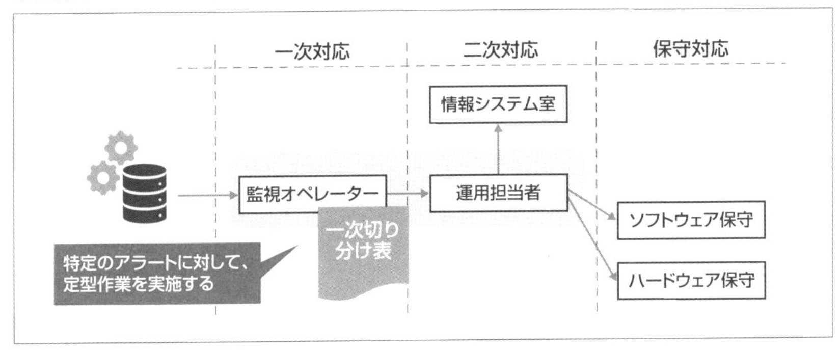

▶一次切り分け表サンプル

エラー種別	対応内容	利用ドキュメント
サービス監視	運用担当者へ電話+メール。その後に運用管理ツールにて詳細連絡	連絡先一覧
死活監視	対象がWindowsサーバーだった場合は手順書に従って強制再起動を実施する	Windowsサーバー強制再起動手順
サービス監視以外	運用担当者へメール。その後に運用管理ツールにて詳細連絡	連絡先一覧

システムを正常に保つという意味では、一次対応はできる限り早いほうがよいでしょう。運用担当者で毎回行う一次対応があれば、監視オペレーターに実施してもらったほうがエラー検知からの時間が短くなり、サービスに与える影響が少なくなります。

ただし、何から何まで監視オペレーターへ作業をお願いすればよいというわけではありません。監視オペレーターは24時間365日対応なので要員の交代が頻繁にあるため、要員のスキルセットを合わせることが難しくなります。そのため、監視オペレーターやサポートデスクなどの一次対応には、トリガーが明確な定型作業を移管するのが一般的な対応となります。

▶定型／非定型作業と対応時間の考え方

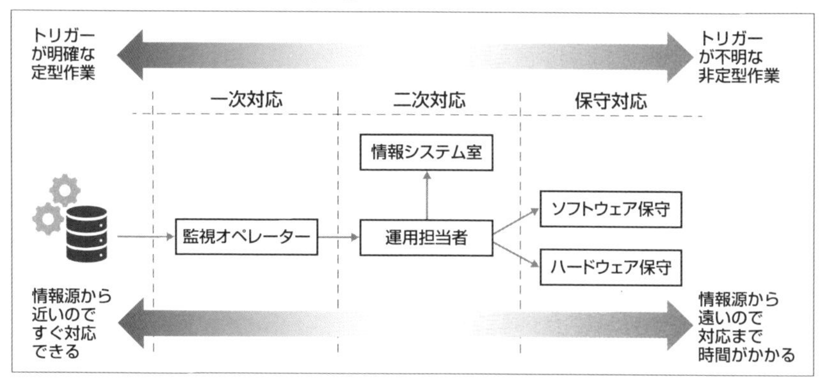

これにて、監視オペレーターと運用担当者の連携についてはだいたい整理ができました。最後に体制図の連絡方法を修正しておきます。

▶連絡先一覧

役割名	対応時間	エスカレーション先	連絡方法	情報連携方法
監視オペレーター	24時間365日	運用担当者	一次切り分け表に従う	運用管理ツール
運用担当者	平日9:00～18:00	情報システム室	通常時はメール、重大障害の場合はメールと電話	運用管理ツール
		保守サポート	保守情報一覧に記載	保守情報一覧に記載
情報システム室	平日9:00～18:00	―	メールと電話	運用管理ツール

■運用担当者と情報システム室

今回は対象システムが社内システムだとして、運用管理者となる情報システム室との連携について整理しておきましょう。

情報システム室の役割は、社内システム全体の管理と利用者からのIT部門の窓口の2つがあります。このため、サービスに影響を与える障害が発生したら、必要な情報を情報システム室も把握しておかなければなりません。まずは情報システム室が把握しておく必要のある障害とは何なのかを考えていきましょう。

情報システム室が把握しておくべき障害情報とは、障害発生時に利用者に周知したり対応を検討しなければならない性質のものです。

障害の選別によく行われる方法は、障害をランク付けして、あるランク以上だったら情報システム室へ報告を行うという方法です。以下の表のように、サービスへの影響度に応じて障害ランクを策定し、情報システム室と事前に合意しておきましょう。

▶障害ランクの例

障害ランク	説明
S	サービス全停止
A	サービスの一部機能が停止、または縮退運転
B	サービスは継続しているが、冗長化しているコンポーネントが一部破損
C	一時的な閾値越えなど、サービスに影響がなく、コンポーネントも正常な状態

この場合、ランクS、Aだった場合を重大障害として、情報システム室へ連絡する必要がありそうです。ランクBの緊急性は低そうですが、コンポーネントの復旧にサービスの停止が伴うのであれば、復旧時期を含めて情報システム室と相談する必要があります。ランクCの場合は、通常障害としてメール報告でよさそうです。

このように、運用担当者は監視オペレーターから受け取ったアラートをもとに調査して、障害ランク付けをして対応する必要があります。

▶運用担当者で障害ランク付けを行う

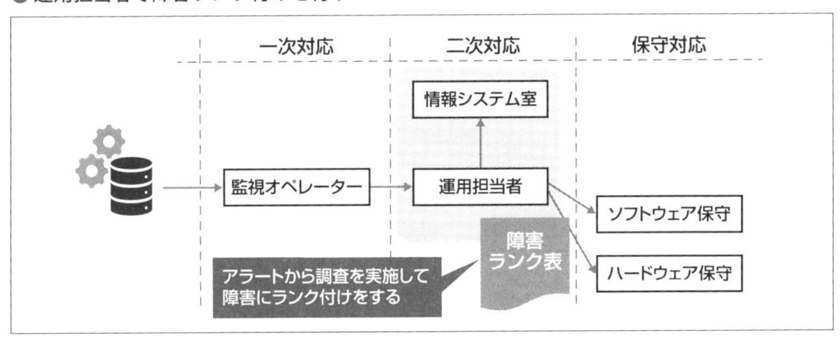

ただ、ランク付けのための調査に時間がかかって情報システム室への連絡が遅くなっては本末転倒です。障害が発生してから情報システム室への第一報は、一定時間以内と決めておく必要があるでしょう。

このあたりは既存ルールがある場合は、既存ルールと統一するべきです。同じ基準で情報を扱ったほうが、分析・解析が正しく行えるため運用改善に活かすことができます。ランク付けの基準にしても、システムごとに違う基準で判断していると、いらぬ混乱を招きます。

運用上のルールをできる限り統一することは、より良い運用設計を行ううえでの基本となりますので常に心がけてください。

最後に、これまでの情報をまとめて運用フロー図を作成しましょう。

代表的なアラート検知対応フロー図

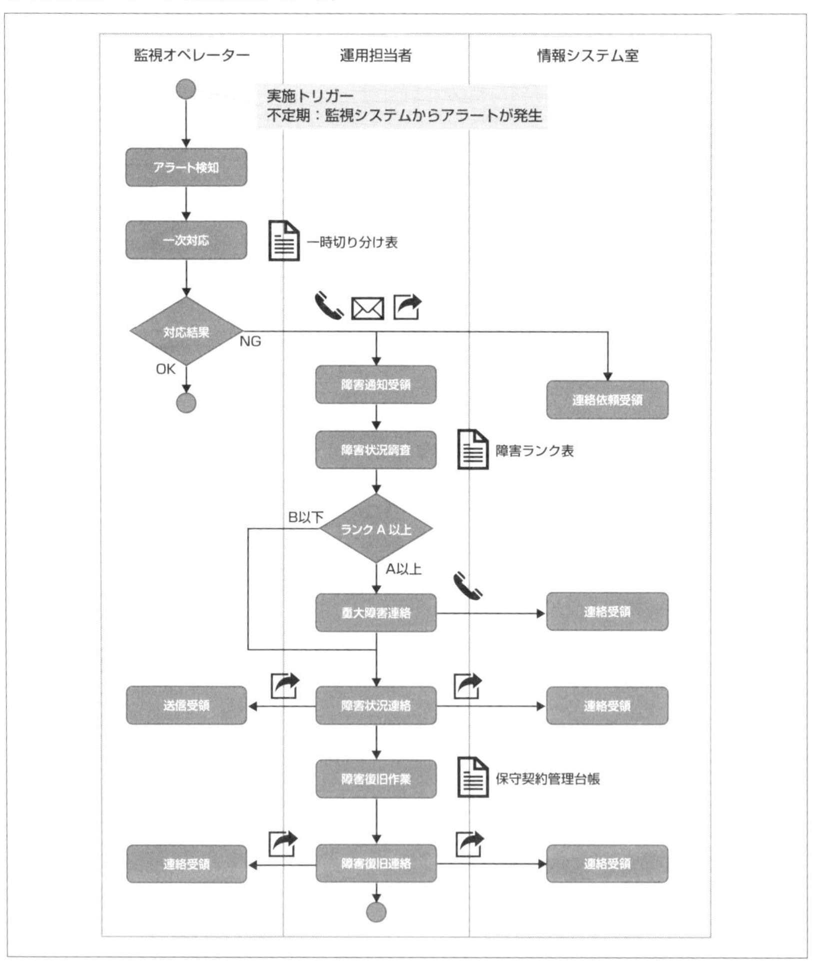

このフロー図は5章で解説するインシデント管理のフローと同じです。

アラート検知〜障害切り分け〜障害復旧というフローはどのシステムでも必ず必要となります。既存の他システムでアラート検知対応フローがあればそちらを参考にしながら、システム個別部分を発注者や既存運用担当者とすり合わせていきましょう。

4.5.3 アラート検知テストと検知後の情報連携テストの実施

監視に関するテストは、「アラート検知テスト」と「検知後の情報連携テスト」の2種類があります。

アラート検知テストのテスト項目はかなりの量があります。そのため、検知後の情報連携テストと完全に分けて実施する場合がほとんどです。もし、検知後の情報連携テストで実際のアラートをトリガーとして実施したい場合は、サービスに影響が少ないサーバーを停止させるなどして疑似的に障害を発生させてテストを行いましょう。

▶テストの実施タイミング

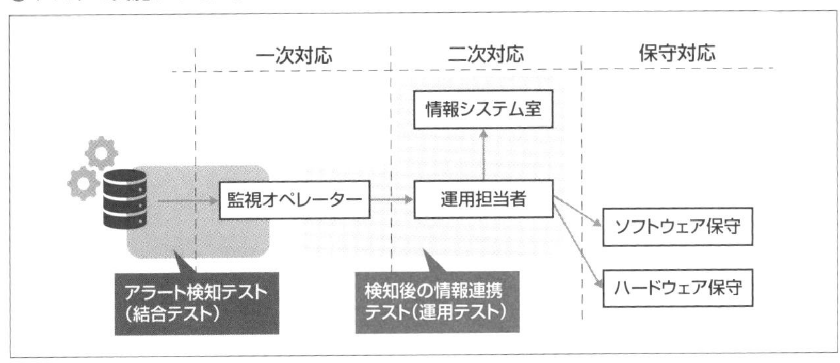

監視システムの設定まではアプリケーション担当と基盤構築担当の役割なので、アラート監視テストは結合テストで実施します。ネットワーク機器のLANケーブルを抜いたり、サーバー上で監視しているサービスを停止したりして、実際に監視が行われているかを確認します。

検知後の情報連携テストについては、運用フローが完全に既存と同じ、かつ関係者が既存ルールを理解している場合、発注者と相談のうえテスト自体を省略することも可能です。

▶監視運用のテスト項目

テスト項目	テスト実施担当	内容
アラート検知テスト	アプリケーション担当、基盤構築担当	機器の停止・起動、LANケーブル抜線・結線、サービスやプロセスの起動・停止、エラーログの出力などを行い、設定した監視項目通り監視システムへ通知がされるかのテストを行う
検知後の情報連携テスト	運用設計担当	ランク別の障害が発生したシナリオを作成して、情報連携がうまくいくかのテストを行う。エラー検知のテストは監視項目テストで実施されているので割愛する

4.5.4　サービス開始直後の監視チューニング

監視項目の整理や、エラーログの中で静観しても問題ないメッセージの精査はシステムの構築中に行いますが、すべてが対応できるわけではありません。特にエラーメッセージの中には、特殊な条件でしか出力されないものもあります。それらのすべてを、短いプロジェクト期間中に見つけ出すことはほぼ不可能です。そのため、運用中に新たな静観メッセージが見つかった場合の対応を設計しておく必要があります。

新たなエラーメッセージが検知されたら、ネット検索やサポート問い合わせなどを行い、メッセージの意味と発生条件を調べます。

もし、エラーメッセージが定常的に出力されるもので、全時間帯で静観してよいメッセージであれば監視システムの静観対象へ追加します。特定の作業などで出力され、再現性はないが問題ないメッセージなのであれば、今後のナレッジとして一次切り分け表やナレッジ一覧へ追加して運用で対応する方針としておくとよいでしょう。

こうしたルールを決めておくことにより、無用なアラート検知連絡を減らし、対応速度も上げることができます。

なお、サービス開始直後のタイミングは、運用担当者も定常作業に慣れていないため、監視チューニングを行う余裕がない場合がほとんどです。静観してよいメッセージを通知除外する精度もまだ低いため、不明なエラーメッセージが大量に出力される可能性もあります。また、いざサービスを開始してみたらリソース監視項目（CPU、メモリなど）もチューニングが必要ということもあります。

このため、リリース直後の初期流動期間は、基盤構築担当や運用設計担当が運用支援として一定期間サポートして、監視項目のチューニングを行う体制を準備してもよいでしょう。

4.5.5 運用項目一覧の取りまとめ

これまでのことをふまえて、最後に運用項目一覧の取りまとめを行いましょう

運用項目一覧（作業名、作業概要）

運用項目名	作業名	作業概要
監視	監視対応	監視アラートを検知して、一次切り分け、エスカレーションを実施する
	監視設定追加・変更・削除	監視システムのパラメータ変更

運用項目一覧（作業タイミング、実施トリガー、作業頻度）

作業名	実施タイミング	実施トリガー	作業頻度（月）
監視対応	非定期	アラート検知時	10
監視設定追加・変更・削除	非定期	依頼作業	2

運用項目一覧（役割分担、利用ドキュメント、特記事項）

作業名	情報システム室	監視オペ	運用担当者	ソフト保守	ハード保守	利用ドキュメント	特記事項
監視対応	▲	●	●	▲	▲	・監視エラー検知時 運用フロー図 ・一次切り分け表 ・障害ランク表 ・保守契約管理台帳	
監視設定追加・変更・削除	△	●	△			・監視設定変更フロー図（既存） ・監視パラメータシート	

[凡例] ●：主担当　◎：承認、サポート　▲：情報連携、情報共有　△：申請、依頼

監視対応とサポートデスクの一次対応は、基本的に同じような動きになります。トリガーが利用者なのか、システムなのかが違いますが、インシデント発生から情報の選別、一次対応、エスカレーションという大きな流れは変わりません。

監視設定については、既存の監視設定フロー図を参照としていますが、ない場

合は3.2節などの依頼系運用フロー図を参照してフローをまとめます。

4.5.6　監視運用の成果物と引き継ぎ先

ここまでの監視運用で決めてきた設計は、以下のドキュメントに反映します。

▶設計項目ごとの成果物と引き継ぎ先

設計項目	成果物	引き継ぎ先
監視方針	・基本設計書 OR 運用設計書	・情報システム室 ・運用担当者
監視項目の詳細 （作成担当はアプリケーション担当、基盤構築担当）	・監視パラメータシート	・運用担当者 ・監視オペレーター
エラー検知時の流れ	・監視エラー検知時 運用フロー図 ・保守契約管理台帳	・情報システム室 ・運用担当者 ・監視オペレーター
監視オペレーターの一次切り分け方法 特定のエラーメッセージ対応方法	・一次切り分け表 ・ナレッジ管理表	・運用担当者 ・監視オペレーター
検知したエラーの障害ランク決め	・運用設計書	・情報システム室 ・運用担当者 ・監視オペレーター

ここで記載した成果物は一例です。

監視運用設計はアプリケーション担当、基盤構築担当と連携して、既存運用ルールを確認しながら進める必要があります。

既存運用ルールがある場合、今回のシステムにおいてどのような解釈とするかをしっかりと検討する必要があります。

また、一度対応したエラーは次回以降すぐに対応できるようにナレッジを溜めておく仕組みも作っておきましょう。

それらの設計をしっかりすることが、システムの安定稼働へつながっていく第一歩となります。

ここがポイント！

監視アラートを発見してから、復旧の判断までのフローはキチンと押さえておきたいですね

4.6 ログ管理

ログ管理のおもな目的は以下になります。

・障害発生時に発生原因や障害影響を調べる（障害対応）
・監査対応時に業務状況を証明する（監査対応）

システムを稼働させていくうえで、ログを保管しておくことは大切な意味をもちます。ログはシステムに起こった出来事を記録している日誌のようなものです。そこから障害の原因を特定したり、セキュリティインシデントの痕跡を発見したりします。

定められた期間のシステムログを保管し、必要な時に参照、取得できるようにすることで、運用の俊敏性を高めることができます。

■ログ管理で設計する運用項目

ログ管理は、大きく分けて**障害対応**と**監査対応**の 2 つに分類できます。

障害対応では、障害が発生したタイミングのログを解析することで、作業内容や原因を特定するためにログ管理が必要となります。アラート検知から障害切り分け、復旧作業といった流れの中で随時ログを参照することになるので、単独の運用項目として採用することはありませんが、必要に応じて素早く参照できるようにログ一覧として情報を取りまとめることもあります。なお、ログの保存場所や保管期間はアプリケーション担当や構築基盤担当の設計範囲なので、運用設計担当者として設計する内容はほとんどありません。

監査対応では、社内で決められた規定に従ってシステムへのアクセスログや操作ログを保管しておき、正しく業務が行われていることを証明する必要があります。

監査対応でのログの確認や提出は運用作業となるので、運用設計として整理が必要です。

また、ログの保管期間が5年や7年といった長期に渡る場合は、1年や2年ごとに外部記憶媒体へ退避する作業が必要となることがあります。今回はこの作業を「ログのアーカイブ対応」として記載しておきます。

ログ管理の代表的な項目一覧

運用項目名	作業名	作業概要
ログ管理	監査対応	監査ログの収集・提出
	ログのアーカイブ対応	外部メディアなどへの退避対応

4.6.1　ログを取得する意味を理解する

ログ管理設計をするためには、目的のわかりやすい障害対応以外でログを取得する意味を最低限理解しておかなければなりません。

■監査ログ

企業活動をしていると、何かしらの監査を受けることがあります。

代表的なところだと、ISMSなどのセキュリティ監査、上場している企業だとJ-SOX（内部統制報告制度）などの内部監査があります。

また、財務状況の信頼性の証明を目的とした財務監査、業務の適切性を診断する業務監査などもあります。

監査の種別は次の図のような関係性があります。

一般的な内部監査における各監査の関係性

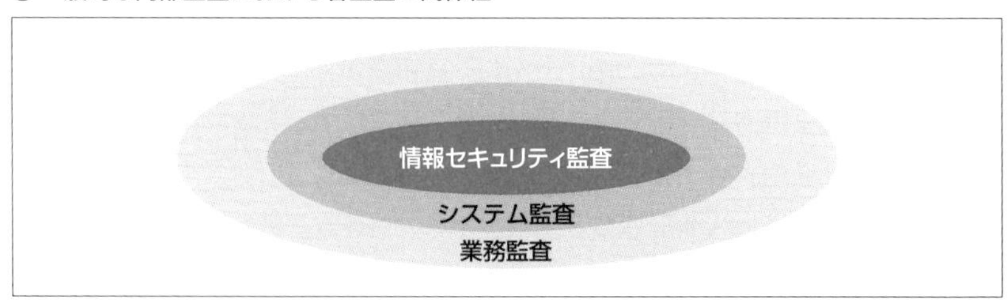

それぞれの監査は目的が違うため、必要とされる監査ログが違います。

本書では、経済産業省による『システム監査基準』の監査視点をもとに、監査の観点と取得するログについて考えてみたいと思います。

① ガバナンスの視点

ITシステムに係るガバナンスを監査対象とする場合、取締役会等がITシステムの利活用について経営目的や経営戦略に沿うように経営者に対して適切な方向付けを行い、指示し、かつ、経営者の執行状況を監督し、必要な場合には是正措置を適切に指示しているかどうかを確かめることに重点を置いた監査計画となる。例えば、IT戦略は経営戦略と整合しているか、新技術や技術革新を経営戦略推進のために適時適切に利活用できているか、IT投資の結果が適切なリターンを生んでいる等を監査する計画が必要となる。また、マネジメントの視点、コントロールの視点での監査により識別した重大な不備やリスクの根本的発生原因がガバナンスにあると推察される場合は、その点についても検証する必要がある。

［出典］『システム監査基準』「［2］システム監査の実施に係る基準　【基準6】監査計画の策定」より（経済産業省）　※続く2つの網掛けボックスについても同様
https://www.meti.go.jp/policy/netsecurity/sys-kansa/sys-kansa-2023r.pdf

ガバナンスの視点は、経営とITシステムの整合を確認するため、ログ管理が必要になることはあまりありません。

企業全体のサービスポートフォリオと経営計画が、企業リソースに合わせて最適化されて最大限に効果を生む形になっているかが問われます。

② マネジメントの視点

ITシステムの利活用に係るマネジメントを監査対象とする場合、経営者による方向付けに基づいて、PDCAサイクルが確立され、かつ適切に運用されているかどうかを確かめることに重点を置いた監査計画となる。例えば、IT投資管理や情報セキュリティ対策が、PDCAサイクルに基づいて、組織体全体として適切に管理されているかどうかに関する監査計画が必要となる。なお、継続的モニタリングの実施により、PDCAサイクルのどこかに機能の不十分な点や重大なリスクが識別された場合には、それらの点について監査を優先的に行うために監査計画を変更することも必要である。

マネジメントの視点は、ITシステムを有効に活用するためのPDCAサイクルを確認するため、ログ管理が必要になることはあまりありません。

企業の各部署ごとに定めた目標が経営計画と合致し、効率的に遂行されていることが問われています。

③コントロールの視点

ITシステムの利活用に係るコントロールを監査対象とする場合、業務プロセス等において、リスクに応じたコントロールが適切に組み込まれ、機能しているかどうかを確かめることに重点を置いた監査計画となる。例えば、規程に従った承認手続が実施されているかどうか、異常なアクセスを検出した際に適時に対処及び報告がなされているかどうか等に関する具体的な監査計画が必要となる。なお、ここでいうコントロールには、手作業によるコントロールと、情報システムに組み込まれた自動化されたコントロールの双方が含まれることに留意する。

コントロールが適切に実施されることによって、情報システムの有効性、効率性、信頼性、安全性（機密性、完全性、可用性）、準拠性が維持される。

コントロールの視点では、システム運用のログ管理する必要性が明記されています。記載されている項目を整理してみましょう。

規程に従った承認手続

申請業務などで上長承認や管理者による承認がされているかのログを残す必要がある。

異常なアクセスを検出した際に適時に対処及び報告がなされているかどうか

異常アクセス検出（セキュリティインシデント）が発生した場合の一連の対応のログを残す必要がある。

手作業によるコントロール

運用作業などで、手作業でシステムを変更した場合にエビデンスとしてログを残す必要がある。

情報システムに組み込まれた自動化されたコントロール

ジョブなどで自動実行されている処理のログを残す必要がある。実行失敗によるエラー検知も同様。

ざっと並べただけで、運用に関する一連のログを取得しなければならないことがわかります。

次にどれぐらいの期間のログを保管しておけばよいのかを整理していきましょう。

4.6.2 ログの保管期間を決める

監査を基準に考えると、ほとんどの場合が事業年度を対象に行われるので1年ほど保存しておけばよいことになります。

日本セキュリティ監査協会の『サイバーセキュリティ対策マネジメントガイドライン Ver2.0』の中に以下の記載があります。

> *・ログの適切な保管*
>
> *インシデントの内容の全体像を正しく分析するために，ログは長期間保存しておく。*
>
> *保存期間は1年以上とすることが望ましい。*

[出典] 『サイバーセキュリティ対策マネジメントガイドライン Ver2.0』「19.1.2 サイバーセキュリティインシデントの検知」の「実施の手引」より（特定非営利活動法人 日本セキュリティ監査協会）
https://www.jasa.jp/wp-content/uploads/%E3%82%B5%E3%82%A4%E3%83%90%E3%83%BC%E3%82%BB%E3%82%AD%E3%83%A5%E3%83%AA%E3%83%86%E3%82%A3%E5%AF%BE%E7%AD%96%E3%83%9E%E3%83%8D%E3%82%B8%E3%83%A1%E3%83%B3%E3%83%88%E3%82%AC%E3%82%A4%E3%83%89%E3%83%A9%E3%82%A4%E3%83%B3_Ver2.0.pdf

ただし、ログには監査以外の要件もいくつかあるので、それにあわせて保存期間を決める必要があります。

IPAが2016年に出した『企業における情報システムのログ管理に関する実態調査』では、以下のようにログ保存期間の目安が定められています。

ログ保存期間の目安

保存期間	法令・ガイドライン等
1か月間	刑事訴訟法第百九十七条3「通信履歴の電磁的記録のうち必要なものを特定し、三十日を超えない期間を定めて、これを消去しないよう、書面で求めることができる。」
3か月間	サイバー犯罪に関する条約第十六条2「必要な期間（九十日を限度とする。）、当該コンピュータ・データの完全性を保全し及び維持することを当該者に義務付けるため、必要な立法その他の措置をとる。」
1年間	PCI DSS 監査証跡の履歴を少なくとも1年間保持する。少なくとも3か月はすぐに分析できる状態にしておく。
	NISC「平成23年度政府機関における情報システムのログ取得・管理の在り方の検討に係る調査報告書」政府機関においてログは1年間以上保存。
	SANS「Successful SIEM and Log Management Strategies for Audit and Compliance」1年間のイベントを保持することができれば概ねコンプライアンス規制に適合する。
18か月間	欧州連合（EU）のデータ保護法。
3年間	不正アクセス禁止法違反の時効。
	脅迫罪の時効。
5年間	内部統制関連文書、有価証券報告書とその付属文書の保存期間に合わせて。
	電子計算機損壊等業務妨害罪の時効。
7年間	電子計算機使用詐欺罪の時効。
	詐欺罪の時効。
	窃盗罪の時効。
10年間	『不当利得返還請求』等民法上の請求権期限、及び総勘定元帳の保管期限：商法36条。（取引中・満期・解約等の記録も同じ扱い）
	銀行の監視カメラ、取引伝票に適用している例あり。

［出典］『企業における情報システムのログ管理に関する実態調査』「表4-2：ログ保存期間の目安」（IPA）
https://warp.da.ndl.go.jp/info:ndljp/pid/12356598/www.ipa.go.jp/security/fy28/reports/log_kanri/

監査と合わせて、セキュリティ攻撃を受けた場合の訴訟までを考えると5～10年という保存期間も視野に入ってきます。

これらの法令、ガイドラインを基に、企業内でセキュリティポリシーとしてログ保存期間が定められている場合は、ポリシーにしたがってログ保管機能を実装することになります。

このあたりの要件定義と実装については、発注者とアプリケーション担当、基盤構築担当が行うことになりますが、運用設計担当も何のログがどこにどれぐらい保管されているのかを把握しておく必要があります。

■障害対応のログの保管期間

ログはデフォルト設定でも、各機器、OS、ミドルウェア、アプリケーションから出力されます。ログは一定期間で上書きしたり、一定容量以上になったら古いログを切り分け、保存期間が過ぎたものを消していくのが一般的です。これをログローテーションと呼びます。

ログローテーションは、製品機能として搭載されていて柔軟に設定ができる場合もあれば、周期や設定は固定で強制的にログローテーションするものもあります。

監査ログはローテーションされる前に、外部媒体やクラウドストレージに退避することになります。退避したログは監査時に提出できればよいので、すぐにアクセスできる場所に保管する必要はありません。

障害対応ログは、障害発生時にすぐに確認できる必要があります。そのため、障害ログ対応の設計では、すぐにアクセスできる場所にどれぐらいの期間ログを保管しておくかを決めなければなりません。

保管期間は、システムが行っている処理サイクルから決めることになります。基本的には異常発生時と正常時の比較ができるような保管周期を検討します。そのため、提供しているサービスの周期を考える必要があります。

利用者の利用周期やシステム処理サイクルが1週間であれば、システム全体としては1ヵ月程度のログが残っていれば過去の正常処理が行えていた時と比較ができるので問題ありません。

利用周期が1ヵ月程度である場合、1ヵ月しかログが残っていないのでは少し心もとないでしょう。この場合は、2～3ヵ月程度のログを障害対応用に保管しておくことを検討しましょう。

4.6.3　ログの保管場所の管理

ログをどこで管理しているかは、運用担当者が理解しておかなければならない項目です。

最近ではログ管理サーバーを立てて、複数システムのログを重複排除や圧縮して一元管理する仕組みも増えてきました。ログ管理サーバーがある場合は、わざわざログ一覧を作成する必要はありません。新しく追加したシステムのログを既存のログ管理サーバーに保管する場合も、既存ルールに従うことになります。

ログ管理サーバーがない場合は、障害対応用にどこになんのログがあるのかを一覧にまとめておくとよいでしょう。機器やOSであれば、ある程度共通の場所にログが出力されますが、ミドルウェアやアプリケーションのログがどこに出力されるかは調べておく必要があります。

また、監査ログとして長期保管しているログがどれなのかも判別できると、監査時のログ提出もスムーズに行えるでしょう。

ログ保管場所は属人化しやすい知見のため、ログ一覧を作っておくことによってログの場所などを運用チーム内へ共有し障害切り分け作業などの属人化を軽減することができます。

▶ログ一覧

製品名	ホスト名	ログ名	概要	確認方法	ログ保存周期	監査対象
Windowsサーバー	XXX	Application	ホスト上で起動しているアプリケーションのログ	イベントビューアー	20480KBで上書き	×
Windowsサーバー	XXX	セキュリティ	ホスト上の監査ログ	イベントビューアー	20480KBで上書き	○
Windowsサーバー	XXX	システム	ホスト上のシステムに関するログ	イベントビューアー	20480KBで上書き	×
ストレージ	YYY	システム	ストレージ上のシステムログ	管理コンソールのLogsタブ	30日	×
アプリケーションA	XXX	アプリケーションログ	E:¥AppLogs配下にログを保管	XXXサーバーログオン	90日	×
アプリケーションA	XXX	アクセスログ	E:¥AccessLogs配下にログを保管	XXXサーバーログオン	90日	○

ログ一覧を作っておくことによって、障害時に頻繁に確認するログの場所などを運用チーム内へ共有することができます。

監査対象かどうかについては、情報システム室へヒアリングして確定する必要があります。

4.6.4　障害発生時のログ取得方法の手順化

障害発生時のメーカーサポートへのログ提出は、早ければ早いほど障害復旧も早くなります。障害調査のためのログ取得は、迅速に正確に実施できるように整理しておきましょう。

一般的に、メーカーサポートから提出してほしいと依頼される一次調査ログは、毎回同じログであることがあります。その場合は、一時ログ取得手順書を作成しておくとよいでしょう。

もしジョブ管理システムが利用できる場合は、ログ取得手順をジョブ化して監視オペレーターの一次対応としてジョブの実行をお願いすることも検討できるでしょう。

4.6.5　運用項目一覧の取りまとめ

これまでのことをふまえて、最後に運用項目一覧の取りまとめを行いましょう。

運用項目一覧（作業名、作業概要）

運用項目名	作業名	作業概要
ログ管理	監査対応	監査ログの収集・提出
	ログのアーカイブ対応	外部メディアなどへの退避対応

運用項目一覧（作業タイミング、実施トリガー、作業頻度）

作業名	実施タイミング	実施トリガー	作業頻度（月）
監査対応	定期	情報システム室依頼時	0.16
ログのアーカイブ対応	非定期	アラート検知時	0.16

運用項目一覧（役割分担、利用ドキュメント、特記事項）

作業名	情報システム室	運用担当者	利用ドキュメント	特記事項
監査対応	△	●	・ログ一覧 ・監査ログ取得手順書	
ログのアーカイブ対応	△	●	・ログ一覧 ・ログアーカイブ手順書	

［凡例］●：主担当　◎：承認、サポート　▲：情報連携、情報共有　△：申請、依頼

監査対応もログのアーカイブ対応も、基本的には依頼作業となります。しかし、関係者が少ないので運用フロー図を作成することはないと思います。運用設計書に依頼経路がわかるように記載しておきましょう。

ここでは監査ログ取得手順書とログアーカイブ手順書を別出しとしています

が、ログ一覧の中に記載できてしまうぐらいの内容であれば、ログ一覧にまとめても問題ないと思います。

4.6.6 ログ管理の成果物と引き継ぎ先

ここまでのログ管理で決めてきた設計は、以下のドキュメントに反映します。

▶設計項目ごとの成果物と引き継ぎ先

設計項目	成果物	引き継ぎ先
ログ管理方針	・基本設計書 OR 運用設計書	・情報システム室 ・運用担当者
ログの詳細情報	・ログ一覧 ・監査ログ取得手順書 ・ログアーカイブ手順書	・運用担当者

ここで記載した成果物は一例です。

障害調査に関するログ管理設計は作り込みの要素が多少ありますが、監査対応用のログについては原則既存ルールに従うことになります。

ログ管理で一番大切なことは、システムが明示的に取得しているログが何の目的で取得されているのかを運用担当者が見失わないことと、すぐに調べることができる状態に情報をまとめておくことです。そうすることで、障害復旧の時間を短縮してシステムの安定稼働へ貢献できます。

ここがポイント！

監査対象のログは発注者側のポリシーに沿って決める必要があります。要望と実現性をしっかりすり合わせたいですね！

Column ログがディスク容量を圧迫した場合の対応

アプリケーション担当と基盤構築担当は、ログがディスクを圧迫しないように設計していきます。しかし、結構な確率でログによるディスク容量圧迫障害は発生します。ログが肥大してしまった場合の対応としては、圧縮、退避、削除の 3 つが考えられます。

そもそもログローテーションが止まっていた場合などは、本来の保存期間を越えているログを削除します。何らかの理由で削除できない場合は圧縮を行いましょう。ログがテキストファイルの場合はかなりの圧縮効果が見込めます。それでも不十分な場合は、別のディスクへの退避を検討します。

ログ肥大に関する対応は、設計上はログがディスクを圧迫することはないはずなので、わざわざ手順書を作成するのは少し違和感があります。構築時のナレッジとして引き継いで、いざという時に対応してもらうのがよいでしょう。

4.7 運用アカウント管理

運用アカウント管理のおもな目的は以下になります。

・システム特権を管理してリスクを減らす（セキュリティ）
・権限によって役割分担を強制する（運用体制強化）

運用アカウント管理では、それぞれの担当に適切な権限を付与して、だれがどれぐらい権限を持っているかを管理します。正しく権限を付与することはセキュリティリスクを軽減して、担当者の操作できることを制限して役割分担を強化することができます。

特にシステム管理者権限を持つアカウントの管理が重要です。運用担当者をはじめ、システムを維持管理する人たちには利用者よりも強い権限が付与されます。システムに対してなんでもできてしまう人を正しく管理しないと、情報流出などのリスクを抱えることになります。

特権ID管理システムという、パスワードを隠ぺいしてワンタイムパスワードを発行してくれたり、アカウントごとに詳細な操作ログを取得してくれる製品もありますが、今回はそれらを使わずに管理する方法を考えてみましょう。

■運用アカウント管理で設計する運用項目

運用アカウント管理も、基本的には3.2節のシステム利用者管理と同じです。管理者の利用開始、変更、削除、そして棚卸が必要となってきます。また、ローカル特権IDのパスワード変更などの作業が随時必要となります。

▶運用アカウント管理の代表的な項目一覧

運用項目名	作業名	作業概要
運用アカウント管理	アカウント追加・変更・削除	運用担当者の入退に合わせたアカウント情報の管理
	アカウント棚卸	定期的に運用アカウント情報の棚卸を行う
	パスワード変更	定期的なパスワード変更

4.7.1 特権IDの種類

機器やソフトウェアに対して、すべての操作が可能な管理者権限のことを特権IDと呼びます。

特権IDには、機器やソフトウェアがはじめから持っているローカル特権IDと、Active Directoryなどのディレクトリサービスを利用しているアカウントに特権を付与しているIDの2種類があります。

この2種類の特権IDをどのように管理していくかを決めることが、運用アカウント管理の肝となります。

■2種類の特権IDが発生する過程

なぜこのように2種類の特権IDが発生するのでしょうか。ディレクトリサービスとして、WindowsのActive Directory（以下AD）を使用する例で見ていきましょう。

①初期構築時

ローカル特権IDのみで、IP設定などの初期構築を行います。

▶初期構築時

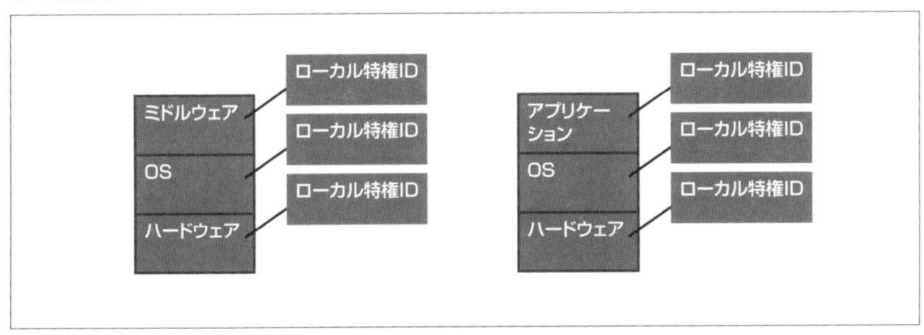

②ADドメインの構築時

初期構築したOSやミドルウェア、アプリケーションの中で、ADのドメインに参加できるものは参加します。この際、不要なローカル特権IDは無効化します。

▶ ADドメインの構築、不要な特権IDの無効化

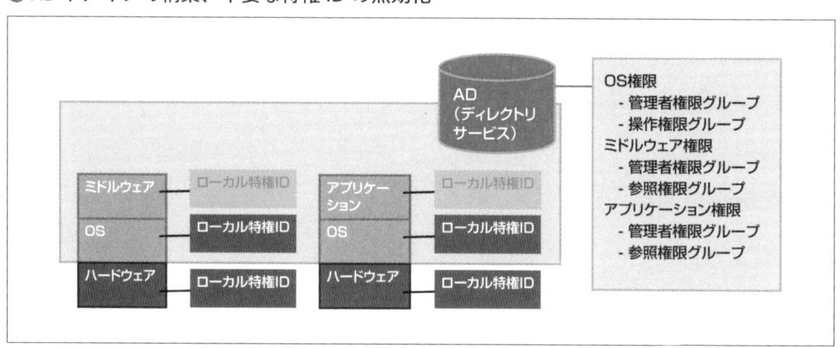

③運用開始時

運用担当者をはじめ、運用にかかる登場人物のアカウントへAD管理のために必要な権限を付与します（AD管理の特権ID）。

ローカル特権IDは、作業上必要なものやドメインに参加できないもの（機器など）については運用開始後も使い続けます。

▶ 担当者のアカウントへ必要な権限を付与

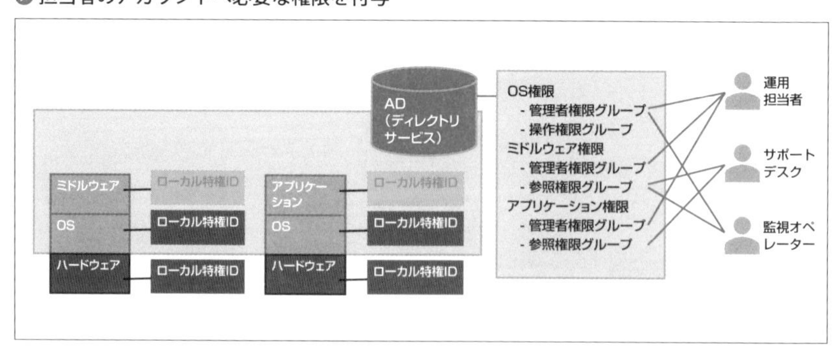

このような流れで、ローカル特権IDとAD管理の特権IDが混在することになります。

以下、ディレクトリサービスの特権IDを「AD管理の特権ID」として解説を続けます。AD以外のディレクトリサービスを利用している場合には、置き換えてお読みください。

4.7.2 AD管理の特権IDの管理方法

AD管理の特権IDの管理方法は以下の2つがあります。

・権限付与方式
・払い出し方式

■権限付与方式

権限付与方式は、個人のアカウントに必要な権限を付与する方法です。運用担当者が入れ替わるたびに権限を付与する作業が必要になりますが、ログにアカウント名が残るため、だれがいつシステムにログインしたかが一目瞭然です。

アカウントの管理はAD側で行うので、システム離任によるアカウント削除作業はAD担当者へ依頼することになります。管理台帳は以下のようになります。

▶AD特権ID管理台帳（権限付与方式）

アカウント名	所属	OS管理者	OS操作	MW管理者	MW参照	AP管理者	AP参照	利用開始日	利用終了日	ステータス
daiki.suzuki	運用担当者	■	□	■	□	■	□	2019/1		利用中
shiho.saito	運用担当者	■	□	■	□	■	□	2019/1		利用中
kimiko.yano	サポートデスク	□	□	□	■	□	■	2019/1	2019/6	離任
shotaro.kishida	サポートデスク	□	□	□	■	□	■	2019/1		利用中
miho,asano	監視オペレーター	■	□	□	■	□	□	2019/1		利用中
akira.yoshida	監視オペレーター	■	□	□	■	□	□	2019/1		利用中

[凡例] ■：管理権限あり　□：管理権限なし　MW：ミドルウェア　AP：アプリケーション

・担当者が新規追加となった場合は行を追加していく
・担当者が離任となった場合は、AD管理担当者へ連絡して権限を削除してもらい、ステータスを削除へ変更

■払い出し方式

払い出し方式は、権限が付与されたアカウントを作り置きしておき、必要に応じて担当者を割り当てる方法です。この方式では、担当者がシステムを離れる場合にパスワードの初期化が必要になります。

運用アカウントが個人管理ではないため、担当者の入れ替わりが多い場合や、臨時で一時的な作業者がシステムへログインすることが見込まれている場合などは、こちらの方式がお勧めです。管理台帳は以下のようになります。

▶AD特権ID管理台帳（払い出し方式）

アカウント名	氏名	権限	OS管理者	OS操作	MW管理者	MW参照	AP管理者	AP参照	利用開始日
admin01	daiki.suzuki	運用担当者	■	□	■	□	■	□	2019/1
admin02	shiho.saito	運用担当者	■	□	■	□	■	□	2019/1
admin03		運用担当者	■	□	■	□	■	□	
help01	kimiko.yano	サポートデスク	□	□	□	■	□	■	2019/1
help02	shotaro.kishida	サポートデスク	□	□	□	■	□	■	2019/4
help03		サポートデスク	□	□	□	■	□	■	
ope01	miho,asano	監視オペレーター	■	□	□	■	□	□	2019/1
ope02	akira.yoshida	監視オペレーター	■	□	□	■	□	□	2019/1
ope03		監視オペレーター	■	□	□	■	□	□	

・担当者が新規追加となった場合は空いている箇所へ氏名を追加して払い出す
・アカウント返却の場合は、氏名を消したうえでパスワードを初期化する

もし既存ルールやセキュリティポリシーに管理方法の規定がある場合は、それらに従って運用設計することになります。

デジタル庁が2022年に発表している『ゼロトラストアーキテクチャ適用方針』の「2　適用方針」には、アカウントを含めて「リソースを識別し、特定できる状態にする」との記載があります。

企業全体がセキュリティ強化をしている場合、原則は権限付与方式で運用設計して、緊急時に利用する緊急アクセス用管理者アカウント（Break Glass アカウント）を共有アカウントとして作成して強固な管理を実施する方針がよいで

しょう。

・『ゼロトラストアーキテクチャ適用方針』（デジタル庁）
https://www.digital.go.jp/assets/contents/node/basic_page/field_ref_resources/e2a06143-ed29-4f1d-9c31-0f06fca67afc/5efa5c3b/20220630_resources_standard_guidelines_guidelines_04.pdf

方式ごとのメリット／デメリット

方式	メリット	デメリット
権限付与方式	・システムのログに作業者名が残るため、インシデント発生時に迅速な対応が取れる	・障害対応などの緊急時にシステムへログインする際に別途ルールが必要となる ・運用担当者の入退に合わせて、アカウントを作成、削除する必要がある
払い出し方式	・緊急時にシステムへログインする際でもすぐに払い出しができる ・運用担当者の入退に合わせて、アカウントを作成、削除が不要	・共通アカウントとなるため、ログを見ただけではだれが作業したのかわからない ・アカウント返却のつど、パスワード初期化が必要となる

4.7.3 ローカル特権IDの管理方法

AD管理の特権IDをまとめ終わったら、ローカル特権IDをまとめましょう。

機器、OS、ミドルウェア、アプリケーションにどのようなローカル特権IDがあるかは、アプリケーション担当、基盤構築担当にヒアリングすることになります。その際に、可能なら特権IDの利用用途とパスワード変更が可能かどうかも確認しておきましょう。運用上、利用用途がないローカル特権IDは、できるだけ無効化しておくことでセキュリティリスクを軽減できます。

また、ローカル特権IDの中には、他システムと連携しているものは、変更時にサービス影響が出てしまうためパスワード変更をしない方針とする場合があります。

それらを把握したうえで、ローカル特権IDを次のような台帳にまとめていきます。

▶ ローカル特権 ID 管理台帳

ホスト名	機種	アカウント名	利用用途	パスワード変更	最終変更日
AAA01	ストレージ装置 1 号機	root	SSH 接続用	可	2019/1/15
AAA01	ストレージ装置 1 号機	admin	管理コンソール用	可	2019/1/15
AAA02	ストレージ装置 2 号機	root	SSH 接続用	可	2019/1/15
AAA02	ストレージ装置 2 号機	admin	管理コンソール用	可	2019/1/15
NNN01	L2 ネットワーク機器 1 号機	root	SSH 接続用	可	2019/1/15
NNN02	L2 ネットワーク機器 2 号機	root	SSH 接続用	可	2019/1/15
WWW01	Windows Server	administrator	リモート接続用	可	2019/1/16
WWW01	Windows Server	jobadmin	ジョブ実行用	不可	2018/11/1
WWW02	Windows Server	administrator	リモート接続用	可	2019/1/16

■パスワード変更手順の作成

パスワード変更が可能なものについては、パスワード変更手順をそれぞれの機器を構築した担当者に作成してもらいます。運用設計担当は、パスワードを変更するタイミングを取りまとめます。

ローカル特権 ID のパスワード変更タイミングは、セキュリティポリシーと照らし合わせながら検討していく必要があります。

既存ルールやセキュリティポリシーで管理者 ID のパスワード変更周期が定められている場合は、そちらに従うことになります。

定められている周期とは別に、パスワードが流出した恐れがある場合は臨時でパスワード変更を実施しなければなりません。

なお、従来は定期的にパスワードを変更することが推奨されていましたが、2018 年に総務省が発表した「国民のための情報セキュリティサイト」では、定期的なパスワード変更は不要と明記されています。

なお、利用するサービスによっては、パスワードを定期的に変更することを求められることもありますが、実際にパスワードを破られアカウントが乗っ取られたり、サービス側から流出した事実がなければ、パスワードを変更する必要はありません。むしろ定期的な変更をすることで、パスワードの作り方がパターン化し簡単なものになることや、使い回しをするようになる

ことのほうが問題となります。定期的に変更するよりも、機器やサービスの間で使い回しのない、固有のパスワードを設定することが求められます。

[出典] https://www.soumu.go.jp/main_sosiki/cybersecurity/kokumin/basic/basic_privacy_01-2.html

セキュリティに関する考え方は時代によって変わっていくので、運用設計担当としても情報をキャッチアップする必要があります。

4.7.4 特権ID管理台帳の管理者

ローカル特権IDとAD管理の特権IDの管理台帳をまとめてきました。最後に、この台帳を管理する人を決める必要があります。

この役割は、特別な利用がない限りは、登場人物のすべてと連絡を取れる運用担当者に任せるのがよいでしょう。AD管理の特権ID管理について、システム担当者を新規で追加する場合は情報システム室へ報告して承認してもらう必要がありますし、管理台帳記載の担当者が存在するかといった台帳の棚卸作業でも、すべての役割と連携できる運用担当者がよさそうです。

▶特権ID管理台帳の管理者

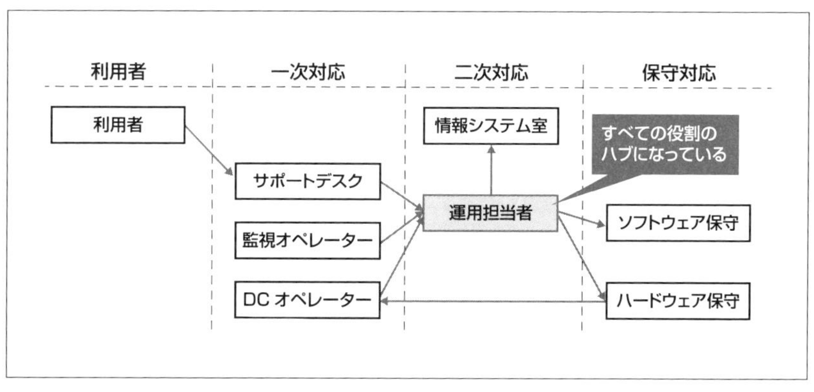

このように多数の役割でやりとりが存在する場合には、運用フロー図を作成します。依頼による申請と棚卸のフロー図は、3.2節のシステム利用者管理と同様となるので、そちらを参照してください。

これにより、運用アカウント管理に必要な管理ルールの整理とドキュメントはそろったことになります。

4.7.5 特権IDのパスワード変更テスト

システム構築中はプロジェクトメンバーのほとんどがローカル特権IDのパスワードを知っています。しかし、システムが完成してプロジェクトメンバーが離任する時に、ローカル特権IDを多数のユーザーが知っているのは、セキュリティ上よろしくありません。

このような理由から、ローカル特権IDのパスワード変更はシステムリリース直前にやればよいと思っている担当者が多いでしょう。

しかし、できれば結合テストの一環として早い段階に1回目を実施しておくことをお勧めします。つまり、結合テストと運用引き継ぎの計2回、ローカル特権IDの全パスワードを変更するのです。

▶ローカル特権IDのパスワードを変更するタイミング

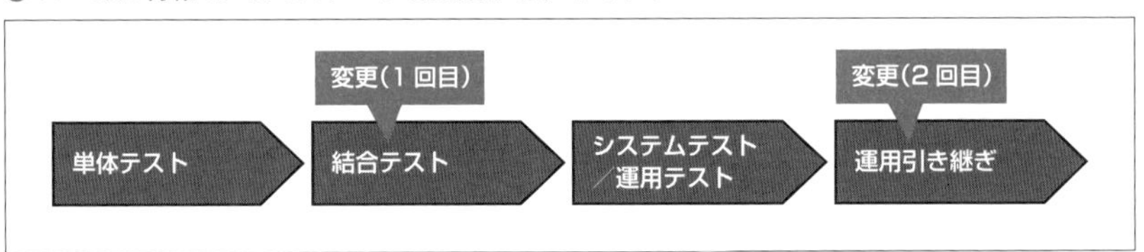

構築期間中に2回もローカル特権IDパスワード変更をやるのは二度手間にも思えますが、やる価値は存分にあります。経験上、ローカル特権IDのパスワード変更は高確率で問題が発生します。単体のパスワード変更では問題が発生しなかったのに、システムが完成すると問題が発生するのです。

ローカル特権IDの中には、ほかのOSやミドルウェアと連携を取っているものがあります。代表的な例は、VMware vSphereの特権ID「administrator@vsphere.local」です。ハイパーバイザー機能と連携する仕組みを持っているミドルウェアには、このローカル特権IDが登録されています。

本来ならadministrator@vsphere.localのパスワードを変更した際に、あわせて関連するミドルウェアに設定されているパスワードも変更しないといけないのですが、その手順が抜けていることがよくあります。

システムリリース直前にこれらが発覚すると、それなりに大きな騒ぎになります。これが結合テストの段階で発見できていれば、騒がないで済みます。

手順書の精度を上げる効果もあるので、プロジェクトマネージャーへ結合テストでのローカル特権IDの全パスワード変更をテスト項目として入れてもらうように相談しましょう。

▶コンポーネント連携している特権IDのパスワード変更注意点

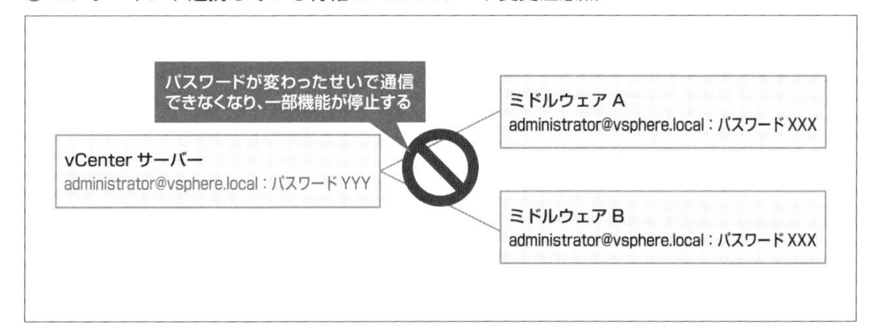

4.7.6　運用項目一覧の取りまとめ

これまでのことをふまえて、最後に運用項目一覧の取りまとめを行いましょう。

▶運用項目一覧（作業名、作業概要）

運用項目名	作業名	作業概要
運用アカウント管理	アカウント追加・変更・削除	運用担当者の入退に合わせたアカウント情報の管理
	アカウント棚卸	定期的に運用アカウント情報の棚卸を行う。
	パスワード変更	定期的なパスワード変更

▶運用項目一覧（作業タイミング、実施トリガー、作業頻度）

作業名	実施タイミング	実施トリガー	作業頻度（月）
アカウント追加・変更・削除	非定期	依頼時	0.16
アカウント棚卸	定期	2月、8月	0.16
パスワード変更	非定期	インシデント発生後	0.08

運用項目一覧（役割分担、利用ドキュメント、特記事項）

作業名	情報システム室	サポートデスク	監視オペ	運用担当者	利用ドキュメント	特記事項
アカウント追加・変更・削除	△	△	△	●	・運用アカウント管理フロー図 ・AD 管理特権 ID 管理台帳	
アカウント棚卸	▲	▲	▲	●	・運用アカウント棚卸フロー図 ・AD 管理特権 ID 管理台帳	運用繁忙期でない2月、8月に実施する
パスワード変更	△			●	・AD 管理特権 ID 管理台帳 ・ローカル特権 ID 手順書 ・ローカル特権 ID 管理台帳	セキュリティインシデント発生時にリスクが発生したパスワードを変更する

［凡例］●：主担当　◎：承認、サポート　▲：情報連携、情報共有　△：申請、依頼

アカウント追加・変更・削除については、依頼によって作業が実施される想定です。

アカウントの棚卸回数はセキュリティポリシーに記載があればそちらに従い、なければ情報システム室などの運用管理者と相談して決めていきましょう。

パスワード変更に関しては、定期変更ではなく、セキュリティインシデント発生時にリスクを検討したうえで変更する作業と定義しました。

4.7.7 運用アカウント管理の成果物と引き継ぎ先

ここまでの運用アカウント管理で決めてきた設計は、以下のドキュメントに反映します。

設計項目ごとの成果物と引き継ぎ先

設計項目	成果物	引き継ぎ先
運用アカウント管理方針	・基本設計書 OR 運用設計書	・情報システム室 ・運用担当者
管理するパスワードの一覧・手順	・AD 管理特権 ID 管理台帳 ・ローカル特権 ID 管理台帳 ・ローカル特権 ID 手順書	・運用担当者
台帳管理に関する役割分担、フロー図	・運用アカウント管理フロー図 ・運用アカウント棚卸フロー図	・情報システム室 ・運用担当者 ・サポートデスク ・監視オペレーター

ここで記載した成果物は一例です。

運用アカウントの管理は既存ルール、セキュリティポリシーに従う箇所が多くあります。まずはそれらのルールをヒアリングして理解するところから運用設計が始まります。

運用アカウント管理をしっかりと設計することで、担当者に適切な権限が付与され、役割分担を強固なものにすることができます。また、閲覧権限者のオペレーションミスなどのリスクを軽減することもできます。過剰な権限付与や権限不足によるトラブルが発生しないように、しっかりと設計をしましょう。

ここがポイント！

セキュリティ対策と運用上の効率化を考える必要がありそうですね

4.8 保守契約管理

保守契約管理のおもな目的は以下になります。

・障害対応などの解決スピードを向上（インシデント管理）
・サポート切れを防ぐ（EOS、EOL 管理）

運用担当者は、機器、OS、ミドルウェア、アプリケーションなど、さまざまな要素の維持管理をしなければなりません。運用担当者がそれらすべての専門家であればよいのですが、なかなか難しいのでメーカーサポートと保守契約を結びます。メーカーサポートをスムーズに利用して障害などを迅速に解決するために保守契約内容を管理する必要があります。

また、保守契約が切れない、サポートが終了しないように管理を行うことも保守契約管理の重要な役割となります。

■保守契約管理で設計する運用項目

保守契約管理では、保守契約管理台帳を作り、それを更新しながら問い合わせ方法やサポート契約期間を管理していきます。物理機器の故障時対応については、インシデント管理の一部として扱う場合もありますが、本書では保守契約管理として説明します。

▶保守契約管理の代表的な項目一覧

運用項目名	作業名	作業概要
保守契約管理	保守契約管理台帳の更新	保守契約の内容、期間、問い合わせ先などの情報更新
	機器故障時対応	部材発注、受取、現地作業時の立会い、交換した故障部材の発送など

4.8.1 保守契約管理台帳にまとめる項目

メーカーや保守ベンダーと保守契約を結ぶのは発注者となります。対応時間やサポートの手厚さなどによって契約内容も変わってきますが、システム重要度に従い、適切な契約はプロジェクトと発注者が相談して締結します。運用設計ではまず、それらの情報をまとめていくことになります。

保守契約管理対象には、大きく分けてハードウェア保守とソフトウェア保守の2種類があります。

ハードウェア保守は機器のパーツが故障した際の交換作業や、ファームウェアアップデート時の適用手順の提供などが受けられます。

ソフトウェア保守は障害発生時の原因究明のサポートや、セキュリティパッチ公開時の適用手順の相談などが受けられます。

まずはこれらの保守契約がどのように締結されているかを保守契約管理台帳にまとめる必要があります。

保守契約管理台帳で管理する項目

項目	概要
保守契約名	保守契約名を記載します
機器名、ホスト名	保守契約が結ばれている機器名・ホスト名を記載します
型番、シリアルナンバー、バージョン	ハードウェアの型番、シリアル番号、バージョンなどの保守契約の基礎情報を記載します
保守問い合わせ方法	サイトURL、メールアドレス、電話番号など、保守問い合わせ方法とその情報を記載します 複雑な手順が必要な場合は、手順書作成を検討します
問い合わせに必要な情報	ライセンス番号や契約番号など、問い合わせ時に必要な情報を記載します
受付対応時間	保守問い合わせを受け付けてくれる時間を記載します
対応内容概要	対応内容の概要を記載します
オンサイトサポート有無	オンサイトサポートの有無を記載します。対応時間が決まっている場合はその時間も記載します
制約事項	パーツ交換時の役割分担や、月間問い合わせ件数制限などがある場合は記載します
保守契約期間	保守契約期間を記載します
保守契約更新方法	保守契約期間を更新する際の手順を記載します。メーカー側から通知がある場合はその旨も記載します

型番やシリアルナンバーなどは構成管理で別途管理している場合もあります。

二重管理とならないよう、どちらか一方で管理するようにします。

原則としては、他システムの管理方法に従うことになりますが、決まっていない場合は保守契約管理台帳で管理することをお勧めします。

4.8.2　保守契約の内容を確認する

保守管理台帳を埋めるためには、まずは保守契約を確認しなければなりません。発注者へ確認して、障害調査などのサポートを受ける場合にどのように対応したらよいか整理しておきましょう。

保守契約は運用開始前、構築開始あたりから結ばれていることがほとんどです。プロジェクト側で購入して契約者を発注者にする場合もありますし、発注者側の情報システム室が購入する場合もあります。なにはともあれお金が絡むことなので、まずはプロジェクトを担当している営業にヒアリングしましょう。契約書などがあればコピーをもらい内容を読み込みます。

もうすでにサポート契約が結ばれている場合は、直接サポート窓口に確認してもよいでしょう。特に細かい制約事項などの確認は契約書だけではわからないことが多く、直接問い合わせる必要が出てきます。

4.8.3　メーカーサポートを利用する者を明確にする

メーカーサポートのメインの利用者は運用担当者ですが、ほかの役割も保守サポートを利用する可能性があります。

たとえば、ストレージのディスク故障であれば、監視オペレーターが直接保守サポートへ交換依頼を出す運用も考えられます。その際はストレージに関する保守契約内容と手順を監視オペレーターへ引き継いでおく必要があります。

サポートデスクも、アプリケーションに関する軽微なユーザー問い合わせは運用担当者を経由せずに直接アプリケーション保守担当へ相談したほうが、スピーディかつ正確に対応できる可能性があります。

また、システムで独自のセキュリティソフトを導入している場合、情報システム室内のセキュリティ担当が問い合わせを行う可能性があります。

▶メーカーサポートを利用するパターン

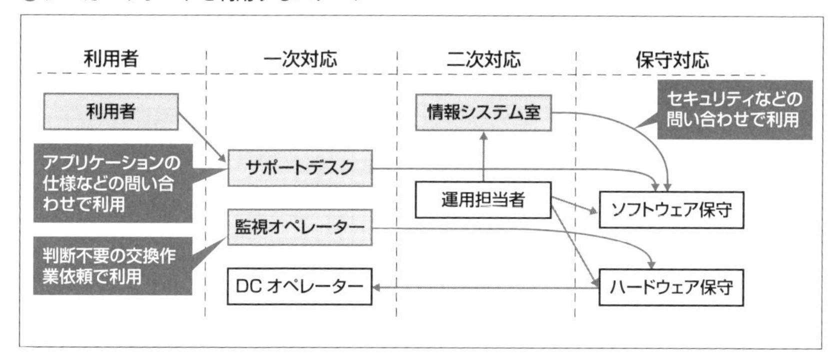

運用担当者以外の保守契約利用も運用設計では押さえておき、必要な情報を連携しておきましょう。

4.8.4 物理機器が故障したときの対応をまとめる

機器が故障したときの対応もまとめておきましょう。故障した部材を交換する際は、以下の2点を整理しておかなければなりません。

①交換時にメーカーサポートがどこまで対応してくれるのか

保守契約によって、メーカーサポートが何をしてくれるかは大きく変わってきます。

全損などの機器交換で、バックアップした設定ファイルを連携すればリストア作業を実施してもらえる契約もあります。逆に、その手の設定はまったくしてくれず、機器をデータセンターへ届けるまでがサポート作業範囲の場合もあります。

故障時にサポートが何をどこまで行ってくれるかといった情報は、役割分担をサポートにヒアリングして保守契約管理台帳に記載しておきましょう。

②データセンターのルールを取りまとめる

データセンターは気軽に機器を持ち込んだり持ち出したりできる場所ではありません。しっかりとした申請を行わなければいけない場合がほとんどです。

持ち込む場合のルールと持ち出す場合のルールをまとめて、メーカーサポートと事前に共有して交換作業で問題となる箇所がないかを洗い出しておきます。顧客データの入った故障ハードディスクの扱い、初期設定に使う持ち込みPCなどの扱いあたりは特に注意が必要です。

洗い出した内容をもとに、機器交換時にサポートへ対して伝えなければいけない情報を保守契約管理台帳に記載しておきましょう。

4.8.5　保守サポート側から提供される情報をまとめる

保守契約のグレードが上がってくると、もっと能動的なサービスを受けられることもあります。

ハードウェア保守ではリモートで機器の状態を監視して、パーツの性能低下などを発見して未然に交換してもらえるサービスなどがあります。ソフトウェア保守でも、セキュリティパッチや製品アップデートの情報を積極的に提供してもらえるサービスもあります。

合わせて、現場まで保守員が来てオンサイトサポートを受けられる契約もあります。システム影響の大きい機器のファームウェアやソフトウェアのアップデートなどは、オンサイトサポートがあるとたいへん心強いところです。

契約をまとめる際はこういった保守サポート側から提供される情報、特典などを運用担当者へ伝えておきましょう。

4.8.6　サポート切れやEOS/EOLを管理する

長期間運用を実施していると、製品アップグレードによる旧バージョンへのサポート・サービスの販売停止や、ハードウェアの販売停止などのEOS/EOL（End of Service ／ End of Support ／ End of Sales ／ End of Life）になることがあります。

クラウドサービスでも、サービスの廃止／統合、海外サービスの日本事業所の撤退による日本語サポートサービスの停止など、さまざまなことが起こります。

サポート期限切れの発見から報告は運用で行い、EOSやEOLが発覚後の対応は運用から切り離して、更改プロジェクトなどで対応するようにしてもよいでしょう。

これらは脆弱性情報の収集と合わせて、定期的にメーカーのサイトを確認したり問い合わせをするとよいでしょう。

4.8.7 有料ライセンスを管理する

保守契約とは少し離れますが、クラウドの利用が増えてきたため、個人に付与する有料ライセンスの管理も運用の仕事として増えてきました。

システム内で個人に付与している有料ライセンスがある場合、ライセンスの残数管理も必要となります。

社内システムで全社員に付与しているライセンスの場合、4月の新入社員の大量入社や会社合併や分社などのイベントに備えておく必要があります。

特定の役割にのみ付与している場合も、残ライセンス数を把握しつつ、組織変更や人事異動などのイベントに備えてライセンスが足りるかなどをモニタリングする必要があります。

4.8.8 運用項目一覧の取りまとめ

これまでのことをふまえて、最後に運用項目一覧の取りまとめを行いましょう。

▶運用項目一覧（作業名、作業概要）

運用項目名	作業名	作業概要
保守契約管理	保守契約管理台帳の更新	保守契約の内容、期間、問い合わせ先などの情報更新
	機器故障時対応	部材発注、受取、現地作業時の立会い、交換した故障部材の発送など

▶運用項目一覧（作業タイミング、実施トリガー、作業頻度）

作業名	実施タイミング	実施トリガー	作業頻度（月）
保守契約管理台帳の更新	定期	依頼時	0.16
機器故障時対応	非定期	機器故障発生時	0.5

▶運用項目一覧（役割分担、利用ドキュメント、特記事項）

作業名	情報システム室	監視オペ	運用担当者	ソフト保守	ハード保守	利用ドキュメント	特記事項
保守契約管理台帳の更新	●		▲			・保守契約管理台帳	保守契約状況の確認は年次で行う。契約延長が必要な場合は情報システム室が契約更新を行う。
機器故障時対応		△	△		●	・保守契約管理台帳	

［汎用］●：主担当　◎：承認、サポート　▲：情報連携、情報共有　△：申請、依頼

保守契約管理台帳の確認は運用担当者が行いますが、実際の契約更新は発注者にて行わなければなりません。そのため、主担当は情報システム室となり、運用担当者から情報連携されることになります。

機器故障時対応は監視オペレーターと運用担当者からハードウェア保守担当者へ依頼されることになります。

利用ドキュメントは、相当複雑な手順がない限りは、保守契約管理台帳へまとめたほうがよいでしょう。サポート問い合わせに関する情報が複数のドキュメントに分かれていると、更新漏れなどによるトラブルのもとになります。

4.8.9 保守契約管理の成果物と引き継ぎ先

ここまでの保守契約管理で決めてきた設計は、以下のドキュメントに反映します。

▶設計項目ごとの成果物と引き継ぎ先

設計項目	成果物	引き継ぎ先
保守契約方針	・基本設計書 OR 運用設計書	・情報システム室 ・運用担当者
保守契約の内容、期間、問い合わせ先などの情報	・保守契約管理台帳	・情報システム室 ・運用担当者 ・サポートデスク ・監視オペレーター
サポート問い合わせ方法の詳細	・保守契約管理台帳 ・サポート問い合わせ手順書（問い合わせ方法が難解な場合や複数のサポート問い合わせ担当がいる場合）	・情報システム室 ・運用担当者 ・サポートデスク ・監視オペレーター

ここで記載した成果物は一例です。

保守契約管理台帳は、運用担当者にとって頻繁に利用する資料です。見やすく、そして使いやすく整理することが重要なドキュメントになります。

システムのトラブルを早急に解決するため、そしてシステムのトラブルを未然に防ぐために、大切な運用設計項目となります。

ここがポイント！

保守サポートを受ける際に、迷わないように整理しておく必要がありますね

Column アジャイル開発における業務運用と基盤運用の優先度

アジャイル開発でシステム開発を行うと、どうしても運用設計はあとまわしになりがちです。

理想論であれば、ウォーターフォールでもアジャイルでも運用設計はしっかりしてからリリースしたほうが、リリース後のサービスは安定します。

ただ、「そんな時間はない」という場合は、以下を優先して運用設計することがおすすめです。

①業務運用設計

なにはともあれ、利用者がシステムを利用できなければサービスを開始しても意味がありません。そのため、利用者がどのようにシステムを利用して、システムの裏側の運用担当者がどのような作業を実施するのかをまとめるのは最優先になります。

②セキュリティ運用設計

利用者がシステムを利用できても、ウイルス感染や情報流出、悪意のある利用者からの攻撃に気がつけないようでは、リスクが高すぎてリリースできない可能性があります。IT が社会基盤となった現在では、どのようなシステムでも最低限のセキュリティ運用設計を実装する必要があります。

業務運用設計とセキュリティ運用設計が一定の水準に達していないと、そもそも社内規定などでシステムをリリースできない場合もあります。

③監視

　システムをリリースしても、いつの間にか止まっていた、主要機能が利用できなくなったなどの不具合を早急に発見して復旧しないと、利用者の不満が爆発して利用されない可能性が高くなります。最低限でもサービス監視は実装して、システム停止に気がつけるようにしておく必要があります。

　それ以外の運用項目に関しては、最悪リリース後に順次設計していく方針でも何とかなります。

　特権アカウントは、とりあえず特定の個人に絞って強い権限を付与して、徐々に分散していく。パッチ適用はセキュリティ運用で脆弱性を検知した際に考える。ジョブ、バックアップ、ログ管理、保守契約管理も順次設計していく。

　リリース後の負荷は高まりますが、プロジェクト全体としてリリースを優先するとなった場合、運用設計が後回しにされるのはシステムのランニングフェーズを設計するという特性上しかたない面もあります。

　その場合は、残設計項目と設計優先度を明確にして、運用設計のロードマップを作成しておくとよいでしょう。

第5章

運用管理のケーススタディ

5.1 運用管理の対象と設計方法

5.1.1　運用管理の設計範囲

運用管理は運用ルールや判断基準に関する設計となります。運用管理の目的は他システムも含めて、業務運用、基盤運用が統一した基準で行われるようになることです。運用全体が円滑に行われるための管理方法を設計していきます。そのため、設計範囲としては本来は企業全体の運用となります。

ただ、企業全体で運用管理ルールが定められていない場合、一時的にシステム個別で設計しなければならないこともあります。

▶ 役割関連図（運用管理部分）

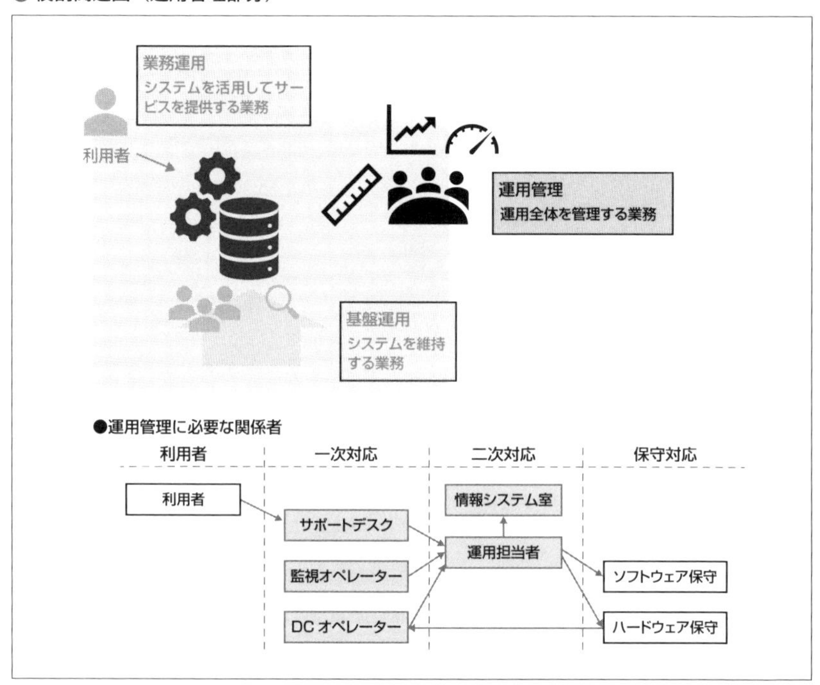

導入先の運用方針、セキュリティポリシーなどをふまえて、導入するシステムが全社共通ルールに従って運用するためにはどうすればよいかを洗い出し、発注者と設計方針を合意していくことになります。

5.1.2 運用管理の設計の進め方

運用管理の代表的な設計の進め方は以下となります。

① 既存のルール、基準、フォーマット、フローなどを確認する
② 今回のシステムで適用できない箇所がないか確認する
③ 決定した運用管理方法をドキュメントへ反映して発注者と最終合意する

運用管理に関してはシステム個別で設計はせず、導入する企業の運用管理方法に従うことが原則です。やり慣れた管理方法に従ったほうが、管理をする側もされる側もサービス開始時の混乱が少なくて済みます。

各システムの維持管理基準やインシデントの扱い、用語の違いなどはできる限りなくしていきます。システムを横断して共通のルールが適用されていたほうが、IT ガバナンスの強化にもつながります。

運用管理設計を行ううえで必要となるインプット情報、処理内容、アウトプット情報は以下のようになります。

▶ 運用管理の基本的な設計方法（IPO チャート）

インプット情報	処理内容	アウトプット情報
既存の運用方針	関係者へのヒアリング	運用フロー図
セキュリティポリシー	運用項目ごとのカスタマイズ	運用手順書
その他ポリシー（あれば）	定期報告内容の取りまとめ	台帳 報告書

※運用設計書と運用項目一覧はすべてに共通のため除く

■ ①既存のルール、基準、フォーマット、フローなどを確認する

まずはインプット情報となる全社共通ルールが書かれた資料を発注者から連携してもらう必要があります。一般的には情報システム室などが管理していると思います。

その際に、漠然と「全社共通ルールの書かれたドキュメントを参照させてください」と伝えても、情報システム室側は何を渡したらよいか迷います。運用管理に関しては、以下のような資料を連携してもらいます。

・会社全体のサービスレベルの考え方などが書かれた資料
・インシデント管理や問題管理、変更・リリース管理などのルールが書かれた資料
・アカウント管理ルールやパスワードルールなどのセキュリティルールが書かれた資料
・システム開始時に運用として準備しておかなければならない基準が書かれた資料
・関連建屋への入館ルールや、データセンターからの情報の持ち運び方法などのルールが書かれた資料
・既存の定期報告書ひな形

これらの資料は1つにまとまっている場合もあれば、細かく分かれている場合もあります。ドキュメントではなく、ポータルサイトなどに書かれていることもあるでしょう。また、体系立てたドキュメントではなく、特定の人物やチームが基準となっている場合もあるでしょう。

資料として存在しているドキュメントは連携してもらって読み込み、ないものに関しては関係者へヒアリングを実施して社内共通ルールを理解していきましょう。

これらの情報は、業務運用と基盤運用を設計していくうえでも基礎資料となります。

■②今回のシステムで適用できない箇所がないか確認する

全社共通ルールに関する情報の取りまとめが終わったら、今回のシステムで適用できない箇所がないかを確認します。

それぞれで確認する観点は以下となります。これらの詳細は5.2節以降で説明するので、ここでは概要の説明だけ示します。

▶運用管理の分類

分類	確認観点（概要）
運用維持管理	今回のシステムが該当するサービスレベルが存在するか、またセキュリティ対策が満たされているか、など
運用情報統制	インシデントを検知してから解決するまでの流れが問題なく扱えるかどうか。構成管理、ナレッジ管理などの情報管理に関するルールに無理がないか
定期報告	既存システムで報告している内容と今回のシステムで報告しようとしている内容に大きく乖離がないか。既存報告書フォーマットで今回のシステムの報告内容が網羅できるかどうか

■③決定した運用管理方法をドキュメントへ反映して発注者と最終合意する

全社共通ルールとシステムの点検が終わったら、今回のシステムの運用管理方針を運用設計書と運用項目一覧などへ反映して顧客と合意します。

全社共通ルールに関しては、既存ドキュメントの参照できる箇所はすべて参照、もしくは転記とします。

どうしてもシステム個別で運用ルールや運用フローを考えなければならない場合だけ、新規でドキュメント作成を行います。

▶アウトプット情報と作成方法、作成基準、注意点

アウトプット情報	作成方法、作成基準、注意点
運用フロー図（あれば）	運用情報統制で既存ルールと異なる関係者間連携が必要となった場合に作成する
運用手順書	障害対応や報告書作成で手順書が必要であれば作成する
台帳	キャパシティデータなどの可変データを長期保管する必要があれば台帳を作成する
報告書	既存フォーマットを今回のシステム用にカスタマイズして作成する

運用フロー図、運用手順書、台帳、報告書は、既存ドキュメントで充足するのであれば、わざわざ別の手順書などを作成する必要はありません。

本項の冒頭にも書きましたが、運用管理では共通ルールを徹底することにより、IT ガバナンスの強化を目指します。運用設計担当は、無駄なドキュメンテーションをして運用担当者を混乱させないように注意しましょう。

次節以降、運用管理設計で行う 3 つの運用業務の項目について、具体的な例を挙げながら説明していきたいと思います。なお、各項は独立しているので、必要な項目から読み進めることができます。

・運用維持管理（5.2 節）
・運用情報統制（5.3 節）
・定期報告（5.4 節）

それでは、運用管理を設計するためには、どのように調整を行うかを解説していきましょう。

5.2 運用維持管理（基準決め）

サービスを継続するためには、システムの維持管理を行わなければなりません。しかし、システムの維持管理はやればやるだけコストがかかるので、システムのレベルにあわせた測定基準を決めてシステム運用する必要があります。

維持管理で重要なことは、最高の状態にするのではなく、最適な状態にすることです。24時間365日サービスを提供しなければいけないシステムと、平日だけサービスを提供できればよいシステムでは最適な状態は違います。

また、運用中に発注者と認識の齟齬が起こらないようにすることも重要です。そのためには、要件定義時に決めた要件に沿った運用の基準をいろいろな箇所で定義し、発注者と合意していくことが必要となります。

■運用維持管理で設計する運用項目

運用管理は作業ではなく、設計対象項目として運用項目をまとめます。

運用維持管理は、以下の項目が設計対象となります。

▶運用維持管理で設計する運用項目

運用項目名	設計対象項目	設計概要
運用維持管理	サービスレベル管理	発注者と利用者の間で結ばれているサービスレベルを維持するための運用体制や仕組みを検討する
	キャパシティ管理	導入するシステムのキャパシティに関する情報収集、調査、分析、報告を実施する
	可用性管理	導入するシステムに求められる可用性から、稼働データを収集・分析・報告する
	情報セキュリティ管理	全社で決まっているセキュリティ方針を維持するために、運用がするべきことをまとめる
	IT サービス継続性管理	災害時にサービスを継続するために運用がするべきことをまとめる
	運用要員教育	運用ドキュメントをベースに各運用担当者がどこまでシステムを理解しているべきかの基準をまとめ、定期訓練の実施周期などを検討する

▶各運用項目の設計箇所

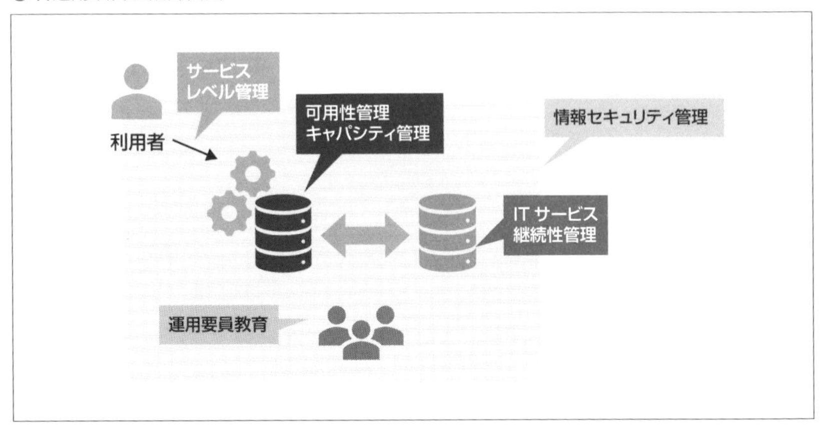

これまでの運用項目一覧の作業レベルとは少し違い、業務運用や基盤運用を行う際の基準を決めていきます。具体的な手順書やフロー図を作る場合もありますが、それよりは考え方を運用設計書にまとめるという場合がほとんどです。

それぞれの項目ごとに目的が違いますので、何を目的に基準を決めるのかという側面から運用設計の方法を探っていきましょう。

5.2.1　サービスレベル管理の運用設計

利用者と発注者の間でサービスレベルを保証する**SLA**（Service Level Agreement：サービスレベル合意）が存在する場合があります。SLA の締結に運用設計が関わることはあまりありませんが、SLA のことは意識して運用設計をする必要があります。

サービスレベルは、SLA、SLO、SLI に分けられることがあります。

▶SLA、SLO、SLI

用語	説明
SLA（Service Level Agreement）	サービスレベル合意。クライアントまたはユーザーとの合意
SLO（Service Level Objectives）	サービスレベル目標。合意を満たすためにチームが達成しなければならない目標
SLI（Service Level Indicators）	サービスレベル指標。目標に向かって活動した実績

SLA、SLO、SLI の領域

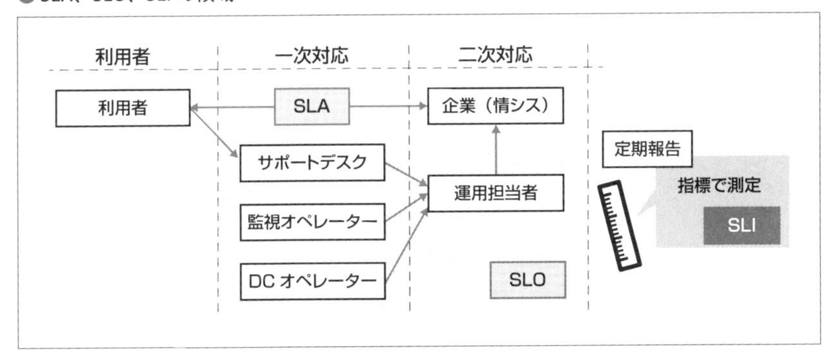

サービスレベルの考え方は、利用者が社内なのか、社外なのかが大きく影響します。

また、システムを構築するうえで色々なサービスを利用することになるので、サービス契約や保守契約内容もサービスレベルに大きな影響を与えます。

一例として、消費者にサイトなどでサービス提供を行っている大企業のケースを以下の図にまとめてみます。

消費者への IT サービス提供を行っている企業のサービスレベル発生個所と考え方

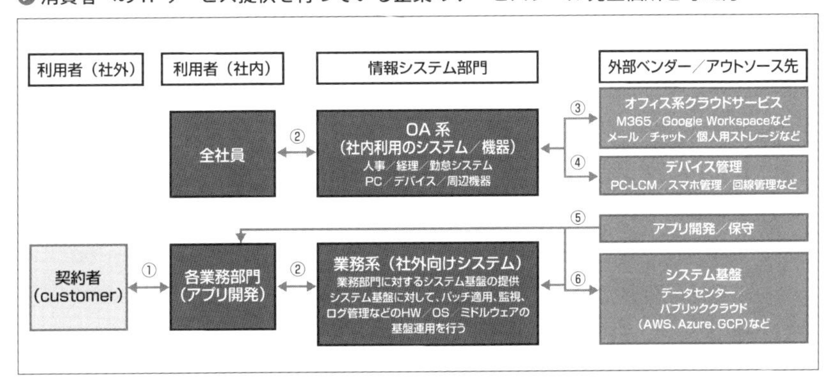

- システムは、社員が利用する「OA 系」と、消費者へサービスを提供する「業務系」に分けられる場合が多い
- ①は契約者と SLA を結ぶ。その際に、②の SLO、⑥の外部ベンダーのサービ

スレベルを考慮する必要がある
- ②は社内での話なので、SLA：アグリーメント（合意／協定）ではなく、SLO：オブジェクティブ（目標）な場合が多い
- ③はほとんどSaaSになっているので、クラウドベンダーが提示するSLAに従うことになる。可用性を上げる場合は別製品の併用を検討する
- ④は可用性よりは、発注から受領までのリードタイムがサービスレベルになる
- ⑤は各業務部門で開発を行っている場合は、業務部門とアプリ開発／保守でサービスレベルを合意する。おもには不具合や障害時の対応スピード
- ⑥はデータセンターやパブリッククラウドのサービスレベルに従う。可用性を上げるためには、冗長化やDRなどを行うことになる

■サービスレベルを維持するために必要な要素

サービスレベルを維持するためには、システム構築時に冗長構成やDR構成を組むという要素と、サービスレベルに耐えられる運用体制を組むという2つの要素があります。

まずはシステム基盤とアプリケーションがサービスレベルを満たすように構築されていきます。社会インフラとなっているようなサービスを扱う官公庁や公共機関、金融業界などでは絶対に停止させてはいけないシステムが存在します。そのようなシステムでは機器やサーバーが何重にも冗長化されますし、DR用のバックアップサイトも用意され、災害時でも切り替えてサービスが継続できるようにしてあることでしょう。これらの構築作業で運用設計が出てくることはまだありません。

システムがサービスレベルを守れる仕組みで構築されてから、運用設計としてサービスレベルを満たせる運用体制を検討していきます。サービスレベルの高いシステムでは、対応時間、対応スキルともに運用体制も厚くしなければなりません。

可能な限り素早い障害復旧が望まれる場合、監視体制が24時間365日であることに加え、ハイスキルで障害が復旧できる運用担当者も輪番で夜間オンコール対応をするなどして復旧時間を短縮する必要が出てくるかもしれません。

逆に、サービスレベルが低ければ、監視体制の対応時間を短くしたり、営業時間外の障害発生時の対応は翌営業日にするなど、運用体制を調整してコストを下

げることも必要です。

大切なことは、利用者と発注者が結んだSLAに対して、適切にサポートできる運用体制を組むことです。サポートが足りないことはもちろん問題になりますが、過剰なサポートも運用コストを増加させ、システムのランニングコスト増加を招きます。

■SLOを決めて目指すべき目標を明確にする

運用を開始する際に、発注者と運用の各役割との間で**SLO**（Service Level Objective：サービスレベル目標）を結ぶ場合があります。

例として、サポートデスクに関するSLOには以下のような項目が挙げられます。

▶サポートデスクのSLOの設定項目（例）

SLO設定項目	説明
サポートデスクの一次回答率	サポートデスクの一次回答で解決したインシデントの割合（パーセンテージで表記）
サポートデスクの応答時間	電話がコールされてからオペレーターが応答するまでの時間（秒、分で表記）
サポートデスクの呼損率	電話呼び出し側によって電話が切られる割合（パーセンテージで表記）
サポートデスクの正答率	サポートデスクの正しい回答を行った割合（パーセンテージで表記）

SLOで重要なのは、数値として測定可能な定量項目にすることです。運用中に担当者のパフォーマンスを測定するためには、「頑張っている」や「迅速に対応している」といった定性評価ではなく、数値で活動内容を確認できるようにしたほうが認識齟齬によるトラブルを防ぐことができます。また、発注者としても合意した測定項目の数値が改善されていけば、運用を正しく評価することができます。

測定不可能なものは評価できません。「測定できないものに責任を負うべきではない」という言葉もあるくらいです。

運用開始後の改善活動を推進していくためにも、サービスレベルの基準から測定項目を明確にしておくことは運用設計の重要な要素となります。

5.2.2 キャパシティ管理と可用性管理の運用設計

キャパシティ管理では、システムに準備されたリソースとパフォーマンスが適正かを計測します。特に基盤のリソースについては、短期的なリソース不足と合わせて、長期的な傾向なども計測していきます。計測した結果から需要予測を行い、必要ならば拡張計画を検討します。

一方の可用性管理は、利用者がどれだけ正常にサービスを利用できたかをサービス稼働率から計測します。計測した結果から、SLAなどで締結した稼働時間を満たせていたかどうかを判断します。このため、アプリケーションの観点からサービス稼働時間を計測する方法を手順書として準備しておく必要があります。

キャパシティ管理と可用性管理は、どちらも監視によって管理を実現し、アラート検知時に随時報告して、月次などでサマリを定期報告するという内容が同じです。

それぞれ、どのような内容に違いがあるのかを理解しておくと、発注者とのディスカッション時に議論がスムーズになります。

▶キャパシティ管理と可用性管理の差分

プロセス	概要	設計者	実現方法	報告方法	関連キーワード
キャパシティ管理	ITリソースが不足していないかの確認を行う	・インフラ構築 ・運用設計	・リソース監視	・アラート検知 ・定期報告	・拡張計画 ・クラウドリソース追加
可用性管理	サービスをどれだけ使えているかの確認を行う（稼働率）	・アプリ開発 ・インフラ構築	・外形監視（サービス監視） ・死活監視	・アラート検知 ・定期報告	・サービスレベル ・システム冗長性

キャパシティ管理と可用性管理の運用設計としては、定期報告でどんな内容を測定して報告するかを発注者と合意することがメインとなります。

アラート検知時の対応は、監視アラート対応、インシデント対応と同じになるため、個別に設計する必要はありません。

定期報告の内容やタイミングについては、5.4節で説明します。

5.2.3 情報セキュリティ管理の運用設計

昨今、IT システムのセキュリティ事故のニュースが世間を騒がすことも少なくありません。IT システム自体が社会インフラとなり、利用者の重要な情報を扱うことが多くなってきたのが要因としてあるでしょう。大規模な情報流出事件が起これば、社会的信頼を失うことになります。そのため、発注者側のセキュリティに対する意識も高まっています。

運用設計でも、セキュリティインシデントの対応など、情報セキュリティ管理を行う必要があります。

どの会社でも情報セキュリティに関するルールが必ずあると思います。これを**セキュリティポリシー**と呼びます。セキュリティポリシーは、守ったほうがよいというゆるいルールではなく、すべてのシステムが必ず守るべき鉄の掟です。

セキュリティポリシーを守ることは、利用者の大切な情報、ひいてはそれを扱う運用担当者を守ることになります。

■セキュリティ対策の実装方法を運用担当者にも理解してもらう

まずはその会社のセキュリティポリシーを確認させてもらいましょう。セキュリティポリシーには、ネットワークの利用や情報へのアクセスルール、パスワードポリシーやアカウントに関する扱いなど、さまざまなことが書かれています。

セキュリティ対策について、システムの機能で対策できるのであれば、そのほうがセキュリティレベルが高いといえます。ネットワーク機器や OS 設定で対策できるのならば、基盤構築担当の設計に盛り込みます。アプリケーションのデータ通信暗号化などで対策ができるのであれば、アプリケーション担当の設計に盛り込みます。

ここで実装されたセキュリティ対策については、運用担当者もインシデント発生時の基礎知識として把握しておかなければなりません。基本設計書にセキュリティ対策実装方法について記載されている箇所があると思いますので、運用設計書ではそれらを参照するようにしておきましょう。

▶セキュリティポリシーの下方展開

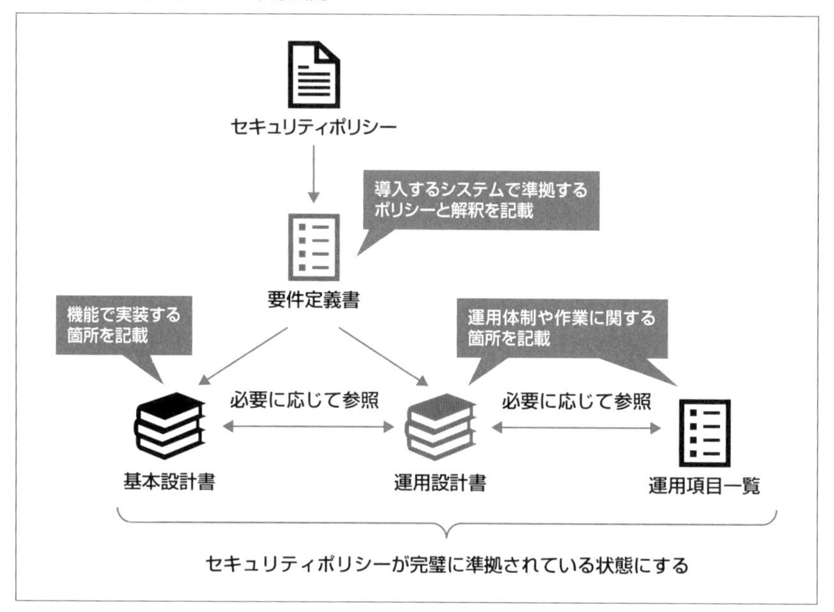

まれにセキュリティポリシーがない企業もあります。その場合は、今回のシステムでどのように情報流出する可能性があるか、マルウェアなどに感染した場合はどのような対応になるかなど、運用中に発生しうるセキュリティインシデントから対策を考えていくことになります。

検討したセキュリティインシデントを基に、インシデントの発生リスクを軽減する仕組み、インシデントが起こった場合に迅速に検知できるような仕組みを構築していきます。その後、インシデントを誰が検知し、トリアージ（優先度付け）して、対応、報告、情報公開などを行うか決める体制構築を行います。

■セキュリティ対策はコストがかかってもやる

セキュリティに関する対応は、できるだけアプリケーションやシステム基盤の機能で実装することが望まれます。ただ、納期や難易度から実装ができず、セキュリティ対策が運用でカバーとなる場合があります。その対応が、日次でログを確認するといった地味でコストのかかる作業になることはよくあります。

しかし、セキュリティ対策に関してはどれだけ運用コストがかかっても、基本的には実施します。全社で決まっているセキュリティポリシーの最低ラインをクリアしなければ、システムリリースができないこともあります。

■セキュリティ対策の作業はわかるように分類しておく

時代に合わせてセキュリティ対応方針は変わっていきます。4.7.3 項で紹介したように、2018 年にはパスワードに関するセキュリティ方針変更が総務省から発表されましたが、このような発表があると、設計の指針としていたセキュリティポリシーが変更となる可能性もあります。

そうなると、セキュリティ対策のために実施していた作業を見直さなければならないかもしれません。どの項目がセキュリティ対策のために行っている作業なのかは、運用項目一覧の関連ドキュメントや特記事項に追記しておきましょう。

▶セキュリティポリシーから反映箇所を残しておく

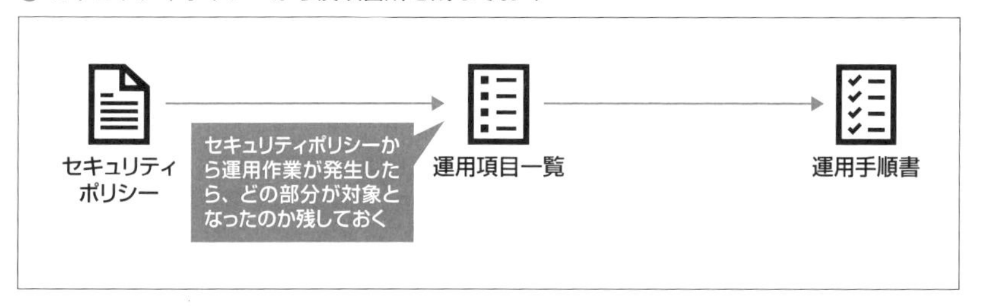

▶セキュリティポリシー関連の残し方

作業名	利用ドキュメント	特記事項
アカウント追加・変更・削除	・運用アカウント管理フロー図 ・AD 管理特権 ID 管理台帳 ・セキュリティポリシー	アカウントの改廃については、セキュリティポリシーのルールに従う

■セキュリティインシデント発生時の対応フローを決めておく

さまざまなセキュリティ系のクラウドサービスやゼロトラストなどの考え方の浸透によって、セキュリティインシデントを検知する方法が増えてきています。セキュリティインシデントが身近になってきたからこそ、実際に発生した場合にどのような対応を取るべきなのかを事前に明確にしておく必要があります。

まず、前提として理解しておきたいのは、セキュリティインシデント対応はCSIRT（Computer Security Incident Response Team）の一部だということです。

CSIRT に必要な機能と役割の一覧

機能分類	役割名称	個別システムの運用組織との関連性	業務内容
情報共有	社外 PoC：自組織外連絡担当	−	社外の連絡窓口。経営者に対しては、CSIRT 統括者とともに連絡を行う
	社内 PoC：自組織内連絡担当	−	社内の連絡窓口。経営者に対しては、CSIRT 統括者とともに連絡を行う
	リーガルアドバイザー:リーガルアドバイス担当	−	コンプライアンス、法的要求内容や法令の解釈において、法務部門と CSIRT の橋渡しを行う
	ノーティフィケーション担当：自組織内調整	−	脅威情報、脆弱性情報などを自組織内へ情報発信したり、対応調整などを行う
情報収集・分析	リサーチャー：情報収集担当	高	セキュリティ機器から発せられるアラートの調査や予兆を分析し、インシデント管理担当に報告する
	キュレーター：情報分析担当	高	情報収集担当が集めたデータを分析し、自社に適応すべきかの判断やトリアージを行う際に必要な情報をインシデント管理担当に報告
	脆弱性診断士：脆弱性の診断・評価担当	高	自社のシステムについてアプリやインフラに脆弱性があるか検査、診断を行い、評価する
	セルフアセスメント担当	高	自社の資産管理の維持管理を行い、最新に保つよう、自社の部門に働きかける
	ソリューションアナリスト：セキュリティ戦略担当	高	自社のセキュリティ機器類の全体設計を行い、有効性評価とともに企画、導入を行う
インシデント対応	コマンダー：CSIRT 全体統括担当	−	平常時、インシデント対応時の CSIRT 全体統括を行う。必要であれば、PoC とともに経営者に説明を行う
	インシデントマネージャー：インシデント管理担当	高	インシデントの情報を情報収集担当や情報分析担当から収集し、CSIRT 全体統括へ情報共有する
	インシデントハンドラー：インシデント処理担当	高	発生しているインシデント対応を行う。また、影響しているシステムへの対応支援も行う
	インベスティゲーター：調査・捜査担当	高	内部犯罪やサイバークライム事案などの調査を必要であれば警察と連携して行う
	トリアージ担当：優先順位選定担当	−	平常時にはインシデントが発生した時のシステム停止、再開の対応基準を準備しておく
	フォレンジック担当	高	機器類の証拠保全やシステム的な鑑識を行い、内部で何が起きているのかの足跡を調査する。また、発見されたマルウェアの解析も行う

自組織内教育	教育担当：教育・啓発担当	–	自組織の一般の役職員に対してセキュリティ教育を行う。CSIRT 要員に対する教育は専門家が行う
経営者	CISO、CSO、社長など	–	セキュリティにかかわる人的、システム的なリソースの手配、インシデント対応も含めたセキュリティ施策の最終判断と責任を持つ
組織運営	CSIRT 運営管理担当	–	CSIRT の予算申請・管理、要員調整、労務管理、工数管理に係わる関係部署との調整を行う
システム運用	システム運用担当	高	CSIRT で利用するセキュリティ機器やネットワーク機器のシステム的な維持管理を行う（CSIRT 内でもシステム運用部門でもよい）

［参考］『CSIRT 人材の定義と確保（Ver.2.1）』「3. 対象とする CSIRT の役割と業務内容」（日本コンピュータセキュリティインシデント対応チーム協議会）の表をもとに作成。
https://www.nca.gr.jp/activity/imgs/recruit-hr20201211.pdf

企業によって CSIRT の構築／成熟レベルは変わってきます。

歴史の長い大企業であれば、しっかりした CSIRT 体制が構築されていて、セキュリティインシデント対応もしっかりセキュリティポリシーなどに定義されているかと思います。

CSIRT 体制が構築されていない場合は最低限のセキュリティ体制を構築します。具体的には表中の「個別システムの運用組織との関連性」が「高」の箇所を設計する必要があります。

「高」が付いている「情報収集・分析」と「インシデント対応」を少し解説します。「システム運用」は、「4 章　基盤運用」を実施する運用担当者をさしているので解説は省略します。

情報収集・分析

おもにパッチ適用に向けた脆弱性情報の収集と、適用判断に向けた分析、パッチ適用後の構成情報の更新などのルールを決めます。

運用体制にセキュリティの専門家を配置できない場合、システム管理者が適用を判断することになるため、脆弱性情報が発見されたら「5.3.3　問題管理の運用設計」で定める問題管理にエントリーして対応方針を検討するとよいでしょう。

CSIRT 体制がある場合、「キュレーター」の役割の方へエスカレーションして適用判断を検討することになります。

インシデント対応

おもにセキュリティ対策製品からのアラートや利用者からのマルウェア検知などをトリガーにセキュリティインシデント対応を実施することになります。

セキュリティ対策製品からのアラートを受け取るSOC（ソック：Security Operation Center）を構築している場合、「インシデントマネージャー」「インシデントハンドラー」「インベスティゲーター」などをSOCへアウトソースすることも可能です。SOCは相応のスキルが必要になるので、社内に構築せずにセキュリティベンダーのサービスを採用する方針でもよいでしょう。

ただ、「トリアージ担当」「コマンダー」は利用者の状況を含めた判断が必要となるため、別組織となるのが一般的です。

また、フォレンジックには専門知識が必要になることが多いので、別途セキュリティベンダーに依頼することが必要となります。

セキュリティインシデントの体制例として、以下のような形になります。

セキュリティインシデント体制（例）

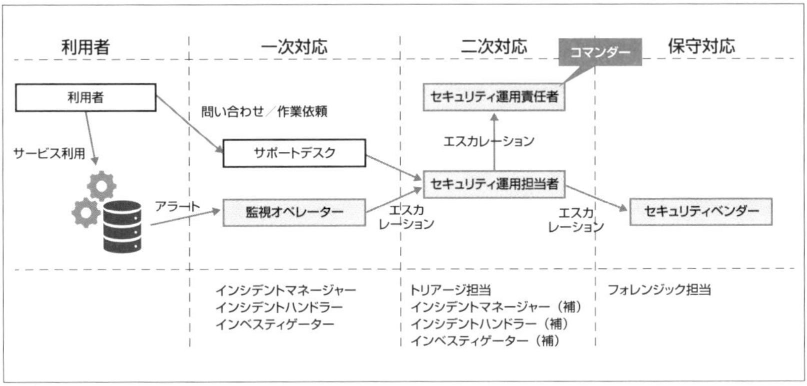

セキュリティインシデント体制が固まってきたら、システムのユースケースや機能から発生しうるインシデントパターンを顧客と合意して、実際にインシデントが起こった場合の対応を検討していきます。

マルウェア対策ソフトでのウイルス検知のようにわかりやすいトリガーがあればよいのですが、情報流出や不正アクセスの場合は判断が難しいので発注者と事前に納得できる対応を合意しておく必要があります。

運用フロー図に関しては、ほかのシステムで同様の対応が行われている場合は同じフローとなるようにしましょう。

運用テストでは、インシデントパターンからサンプルケースを作り、関係者が全員でセキュリティインシデント発生時の流れを確認するシナリオテストを実施しましょう。

単体のシステム導入にあわせて企業全体のCSIRT構築をするのは、工数・スケジュール共にかなり難しいと思うので、原則は既存の仕組みを利用する、もしくは別プロジェクトとして対応することをおすすめします。

もし、企業全体のCSIRT構築をすることになった際は、日本シーサート協議会の構築ガイドや専門書が出ていますので、それらを参照しながら対応するとよいでしょう。

5.2.4 ITサービス継続性管理の運用設計

ITサービス継続性管理では、災害発生時にどのようにシステムを継続させるかを考えなければなりません。

災害時はシステムの全損ではなく、一部の機器だけ破損しているような場合も考えられます。また、ITを使わずにサービスを継続する**事業継続計画**（BCP：Business Continuity Plan）が考えられていることもあります。

そもそも、**災害時に1つのシステムだけが継続されて使えても意味がありません**。そのため、運用設計する際は企業全体のITサービス継続性方針に従う必要があります。

会社全体のITサービス継続方針は、次の図のようなドキュメント体系になっていることが多いかと思います。

▶ IT サービス継続性方針書のドキュメント構成

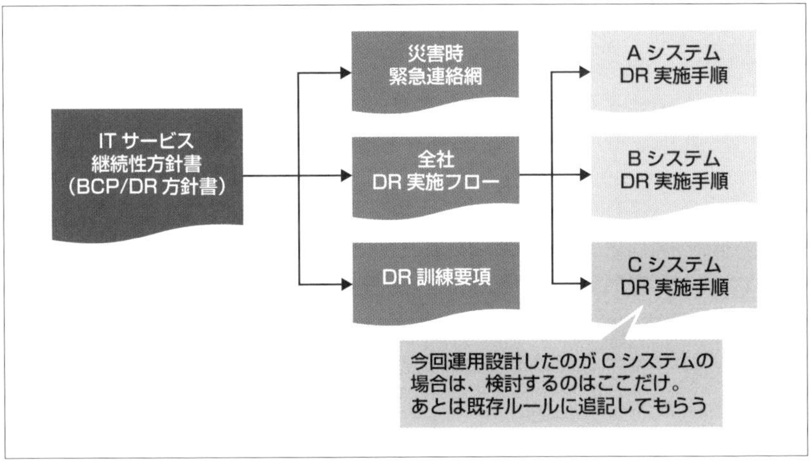

IT サービス継続性方針書（BCP/DR 方針書）
災害時緊急連絡網
全社 DR 実施フロー
DR 訓練要項
A システム DR 実施手順
B システム DR 実施手順
C システム DR 実施手順
今回運用設計したのが C システムの場合は、検討するのはここだけ。あとは既存ルールに追記してもらう

ごくまれに 1 システムを追加／更改する運用設計で、「全社の IT サービス継続性方針も含めて検討してほしい」と言われることがあります。

IT サービス継続性方針書（BCP/DR 方針書）を作成する作業は、その企業の業務知識など幅広い知識が必要となります。経営層も含めた合意が必要となる項目も多いため、別プロジェクトとして対応したほうが賢明です。

もし対応することになった場合は、NISC が公開している「政府機関等における情報システム運用継続計画ガイドライン」が参考になります。

・政府機関等における情報システム運用継続計画ガイドライン
https://www.nisc.go.jp/policy/group/general/itbcp-guideline.html

個別システムの運用設計をする際には、IT サービス継続性方針書にどのような目次レベルが記載されるかだけ押さえておけばよいかと思います。

▶ITサービス継続性方針書の目次

目次	概要
基本方針	基本方針・適用範囲を決定する
策定・運用体制	策定及び運用を推進する体制を整備する
危機的事象の特定	情報システムが曝されている脅威を洗い出し、情報システム運用継続計画の前提となる危機的事象を特定する
被害想定	特定された危機的事象の発生時に、情報システムにおいて生じる被害を想定し、情報システムの抱えるリスクを明らかにする
情報システムの復旧優先度	業務継続計画に定める非常時優先業務を踏まえ、優先する業務と情報システムの関連性を明らかにする。政府機関等が代替拠点に移転する場合における非常時優先業務を支える情報システムの運用継続も含める
情報システム運用持続に必要な構成要素	危機的事象発生時に情報システムの運用を継続させるために必要となる情報システムを支える構成要素を明確にし、対策を実施する
事前対策の計画とその実施	情報システムの現状の対策を、前項で設定した目標対策レベルに基づき把握する
危機的事象発生時の対応計画	政府機関等の業務継続計画による業務継続体制と連携して情報システムの運用継続活動を効率的に実施できるよう、情報システムの運用継続に係る危機的事象発生時の体制を構築し、役割分担を定める
教育訓練・維持改善の計画	危機的事象の発生に対する情報システムの運用を継続する最高責任者、責任者及び担当者の理解や対応力を向上させるとともに、事前対策の有効性を確認し、気づきや反省をもとに改善することを目的とする

個別システムの運用設計からは切り離したほうがよいですが、ITサービス継続性方針書を作成する経験は広い視野を得ることができるチャンスでもあります。可能であれば一度経験しておくと、今後の運用や設計スキルにも良い影響を与えるでしょう。

■BCPとDRの定義

ITサービス継続性管理を考えるうえで、BCPとDRという用語について、しっかりと把握しておく必要があります。

BCP（Business continuity plan）

- ビジネス コンティニュイティ プラン：事業継続計画
- 主眼は事業に置かれている
- 災害時に限られた資源で、どのように事業を継続していくかをあらかじめ定めておくこと
- 極端な話、システムが被災しても紙運用で事業が止まらなければ問題ない

DR（Disaster Recovery）

・ディザスター リカバリー：災害復旧
・主眼はITに置かれている
・災害時にどのような体制で、どのようにデータや機器を調達してシステムを復旧するかをあらかじめ定めておくこと
・システム被災から復旧までの進め方や手順をまとめておくこと

たとえば、役所の窓口業務のようなサービスであれば、システムが止まってもいったん紙の申請書を受理して、後日システムが復旧したあとに作業をして郵送で結果を返送するような対応も可能となります。

ただ、昨今では物理ベースの対応が難しいサービスも増えてきています。ITと切り離しが難しい業務の場合、災害時にどのような復旧プランを準備するか。すなわちDR方法が重要となってきます。

代表的なDR方法は以下となります。

代表的なDR方法

DR方法	概要	コスト	復旧難易度	切り戻し時間（目安）
バックアップ	最も安価なDR対策です。システムのバックアップを定期的に取得し、バックアップデータを安全な遠隔地などに保管します。データを復旧するためには、インフラを用意する必要があります	★☆☆☆☆	高	数週間～数か月
コールドサイト	稼働中のシステムとは別の遠隔地に最低限のインフラだけを確保しておき、災害が発生したら必要な設定作業、バックアップデータのリストアなどを行ない、システムを復旧させます	★★★☆☆	中	数日～数週間
ウォームサイト	稼働中のシステムとは別の遠隔地に同じシステムを構築し、非稼働状態で待機させておきます。障害発生後にシステムを設定して復旧を図ります	★★★★☆	低	数十分～数日
ホットサイト	稼働中のシステムとは別の遠隔地に同じシステムを構築し、常時データレプリケーションを行いながら稼動状態で待機します。災害発生時には、直ちに切り替えてサービスを開始します	★★★★★	低	数秒～数分

最近ではパブリッククラウドサービスの活用が進んできているため、比較的DRを簡単に構成できるようになりました。バックアップからデータを復旧する際も、オンプレ時代のように機器購入してセットアップする必要がなくなったのは大きな変化でしょう。

どのDR方法を採用しているかによって、ITサービス継続性管理で検討する内容は大きく変わってきます。

本書では、個別システムにて全損に近い破損を受けて、遠隔地でホットスタンバイしているバックアップサイトへ切り替えを行うためにはどのような運用設計をしておくべきなのかを考えていきたいと思います。

■災害時に切り替えを実施できる体制を考えておく

災害発生時は、関係者が怪我をして出勤できないかもしれませんし、交通機関が止まってしまっているかもしれません。電話回線やインターネット回線も不通となっている可能性があります。このため、災害時は限られたメンバーとリソースで作業承認と切り替え作業ができる方法を考えておかなければなりません。

まずは、切り替え作業がどこから行えるのかを確認します。自宅からVPNやVDIなどをつないで切り替え作業ができるのであれば、わざわざどこかに集まる必要はありません。

セキュリティ的に決められた運用作業スペースやデータセンターで作業を行わなければならないなら、だれかがそこまで出勤する必要があります。その場合、緊急時出勤担当者の優先順番を決めておかなければなりません。その際、作業場所からの距離は優先順位を決めるうえで重要な要素のひとつとなります。いくらやる気や能力があっても、作業場所にたどり着けなければ意味がありません。

また、作業承認する情報システム室の担当者と連絡が取れなくなる可能性もあります。災害時は「一定時間以上サービス提供できていない」などの条件を設けて、運用担当者で切り替えの実施判断をできるようにしておくのもひとつの手となります。

ただし、事前に利用者への広報が必要だったり、他システムとの連携が多い場合は、全社のシステムを横断して調整できる情報システム室などに承認をもらってから作業としたほうがよいでしょう。

■だれでも実施できる切り替え手順書を作成する

災害時に、だれが実際に作業するかは特定できません。場合によっては、入ったばかりの新人や情報システム室の担当者が作業することになるかもしれません。その際に判断に迷うような手順だったり、状況に合わせてコマンドを作成しなければならないような手順では正しく切り替えられるかが不安です。

DR 切り替えは、実施頻度こそ低いですが重要度の高い作業となります。このような性質の作業では、だれが実施しても確実に同じ結果となる手順書が求められます。できることなら、ジョブやスクリプトを実行するだけで切り替わるといった、ワンクリックで作業が完了するぐらいの単純さであるとよいでしょう。

そのためには、設計段階からできるだけ実施手順を少なくするように、アプリケーション担当や基盤構築担当へ依頼しておく必要があります。

DR 切り替え手順書では、以下のような点に気をつける必要があります。

・ほかのドキュメントを参照する箇所をなくし、1 つの手順書で切り替えが完了するようにする
・手順上の可変データをなくす。日付（YYYYMMDD）や手順書内分岐は極力減らす
・被災状態によって手順が異なる場合は、復旧ケースごとの手順書を作成する
・手順書名は具体的でわかりやすいものにする
・手順書や、手順書内で利用するアカウント、パスワードなどのデータは緊急時にもアクセスできる場所で保管しておく

完成した手順書が、だれが実施しても作業できるかの確認方法として、システムをまったく知らない人にレビューしてもらうことも有効です。

■切り替え後の復旧計画も大枠で決めておく

バックアップサイトへの切り替えを行った後についても、大枠の方向性を運用設計で決めておきましょう。

メインサイトとバックアップサイトが同等の機能を持っている場合は、切り戻しを行わず、被災したメインサイトをバックアップサイトとして再構築するのもひとつの選択肢です。

バックアップサイトに最低限の性能しかなく、縮退状態でサービスを提供しなければならない状態なら、早くメインサイトを復旧しなければなりません。

5.2.5 運用要員教育の運用設計

運用設計でドキュメントをそろえる意味は、教育のときにこそ真価を発揮します。運用要員教育のために、プロジェクトの成果物とは別に運用ドキュメント一覧を作成します。

運用ドキュメント一覧では、以下のような項目を管理します。

▶運用ドキュメント一覧記載項目

項目名	説明
分類	設計書、パラメーターシート、運用フロー図、運用手順書、台帳などの分類を記載
ドキュメント名	ドキュメントのファイル名を記載
概要	ドキュメントに記載してある概要を記載
格納パス	ドキュメントが格納してあるパスを記載
管理担当	ドキュメントを管理している組織名を記載
教育時の利用者	このドキュメントを教育時に利用する組織名を記載

運用要員教育には２つのタイミングがあります。

■運用担当者入れ替え時

運用担当者の入れ替えがあった際に、ドキュメント一覧の対象ドキュメントをもとにシステム知識の教育を行います。

運用現場ではいきなり手順書を持たされて作業を実施するところもありますが、前提知識を入れておくことで作業に対する理解度やトラブル時の対応などが変わってきます。

何よりも、運用作業の目的が明確になることで、作業に対するモチベーションを持つことができます。自分がどのようなシステムのどの役割で、何のために日々の作業を実施しているのかを理解していることはどの担当者でも大切なことです。

また、最初に運用ドキュメント一覧のありかを教えておくことによって、空いた時間に関連ドキュメントを読んでシステムに対する理解をより深くすることも可能になります。

■定期運用訓練

定期訓練では、システムで定期的に思い出すべきことをまとめて、訓練項目としましょう。重大インシデント発生時の対応や DR の切り替え手順など、低頻度高重要度な作業をロールプレイします。いざ本当に非常事態が起こったときにも落ち着いて対応ができることを目指します。

また、運用体制が変わったときなども、訓練をすることによってフローの変更箇所を発見することができます。

合わせて、SLA や SLO、情報セキュリティルールなどの基準を再度確認するようにしましょう。年に一度、半年に一度だけでもシステムの基準を再確認することによって、障害対応や日々の作業に対する接し方が変わってきます。

5.2.6　運用維持管理の成果物と引き継ぎ先

運用維持管理で決めた設計は、以下のドキュメントに反映します。

▶設計項目ごとの成果物と引き継ぎ先

設計項目	成果物	引き継ぎ先
システムのサービスレベルに関する基準	・基本設計書 ・運用設計書 ・SLO 合意書	・情報システム室 ・運用担当者 ・サポートデスク ・監視オペレーター
情報セキュリティに関する基準	・基本設計書 ・運用設計書 ・セキュリティインシデント対応フロー図 ・セキュリティインシデント対応手順書	・情報システム室 ・運用担当者 ・サポートデスク ・監視オペレーター
IT サービス継続性に基準	・基本設計書 ・運用設計書 ・DR 発動フロー図 ・DR 実施手順書	・情報システム室 ・運用担当者
運用要員教育に関する基準	・運用設計書 ・運用ドキュメント一覧	・情報システム室 ・運用担当者 ・サポートデスク ・監視オペレーター

ここで記載した成果物は一例です。

運用引き継ぎ先を見てもらえばわかるように、運用維持管理についてはルールとなるのでほぼすべての役割が知っておくべきことになります。

基準やルールは、それを守る理由が理解できないと逸脱や違反が起こります。

運用設計では、基準やルールをまとめることも重要ですが、なぜその基準が必要なのか、なぜそのルールを守る必要があるのかを考えてドキュメントに反映しておくことが大切です。

ここがポイント！

運用設計でしっかり基準を定めて、運用者が困らないようにしたいですね

運用情報統制（情報選別方法、対応の仕組み）

システム運用をしていると、さまざまなデータや情報が飛び交います。その中には、一時的にしか使えない情報もあれば、運用改善のタネとなる有益な情報もあります。これらの雑多な情報を管理し、データにラベリングを施すなどして有益な情報を選別して必要な情報を統一ルールで管理し、効率的な対応を行っていくのが運用情報統制を行う目的となります。

理想としては、個別のシステムで管理するのではなく、IT システム全体を横断して統一ルールで情報を管理するとよいでしょう。全社共通ルールで情報を管理することにより、IT 運用全体の分析・解析を可能にして問題点を洗い出すことができます。

運用情報統制は、システム追加や更改の運用設計としては検討する箇所は少ないですが、運用設計を考える基礎知識として理解しておいてください。

■運用情報統制で設計する運用項目

運用情報統制では、以下の項目が設計対象となります。

▶運用情報統制で設計する運用項目

運用項目名	設計対象項目	設計概要
運用情報統制	ユーザー問い合わせ対応	「3.3　サポートデスク運用」を参照
	監視アラート対応	「4.5　監視運用」を参照
	改善要望	改善要望の受付、要望実現判断などを行う
	インシデント管理	チケット起票、発生事象の確認、影響範囲の確認、ナレッジ確認、ワークアラウンドの実施、サポートへの問い合わせなどを行う
	問題管理	問題管理表への起票、根本原因の調査、対応方針の検討、対応・対策の実施などを行う
	変更管理	変更要求の起票、変更作業計画の策定、承認などを行う
	リリース管理	リリース計画の作成、承認などを行う
	構成管理	管理対象の追加、更新、削除、棚卸などを行う
	ナレッジ管理	ナレッジの収集、選別、活用などを行う

サービスやシステムに影響を与える出来事、または影響を与えそうな出来事を**インシデント**と呼びます。この節ではインシデントが発覚してから、情報がどのように流れていくのかに着目して解説を進めていきます。

▶運用情報統制の流れ

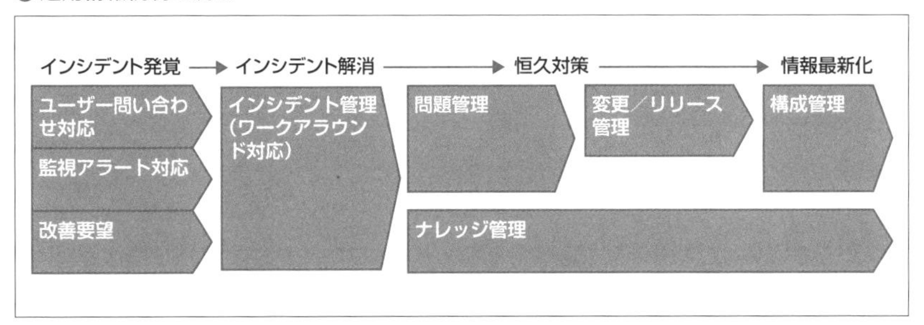

5.3.1 インシデント発覚時の対応

運用担当者で対応が必要となるインシデントは、大きく次の表の 3 つに分類されます。

▶ 対応が必要となるインシデント

分類	説明
ユーザー問い合わせ対応	サポートデスクにて一次対応で解決できなかったものをエスカレーションする
監視アラート対応	監視オペレーターや DC オペレーターが一次対応できなかったものをエスカレーションする
改善要望	情報システム室の要望、もしくは情報システム室経由で利用者の要望をエスカレーションする

ユーザー問い合わせ対応については「3.3　サポートデスク運用」を、監視アラート対応については「4.5　監視運用」を参照してください。

改善要望についてですが、システムを使っているうちに「こうしたほうが使いやすい」「こんな使い方がしてみたい」といったリクエストを利用者や情報システム室から受けることがあります。このようなシステムやサービスに対する変更要求を、本書では改善要望と定義します。

システムを有効活用していくことは運用の大きな役割なので、利用者の改善要望があればできる限り応えていったほうがよいでしょう。

ただし、改善要望を受け入れるかどうかは、投資対効果やメリット・デメリットなどを検討する必要があります。改善要望を実現するために運用コストがかかり過ぎてしまったり、一部の利用者のメリットのために全体にデメリットが出るような改善要望については、場合によっては実施しないという判断も必要です。

改善要望の実施可否の判断は、情報システム室も含めて検討していくことになります。

■インシデントは 1 ヵ所に集める

ユーザー問い合わせ対応、監視アラート対応、改善要望のようなインシデントは、システムで対応が必要な情報を一元管理するために 1 ヵ所に集める必要があります。一元管理することで、インシデントの対応、切り分けルールなどを同じ基準にすることが容易となります。

インシデントの発生箇所と集約

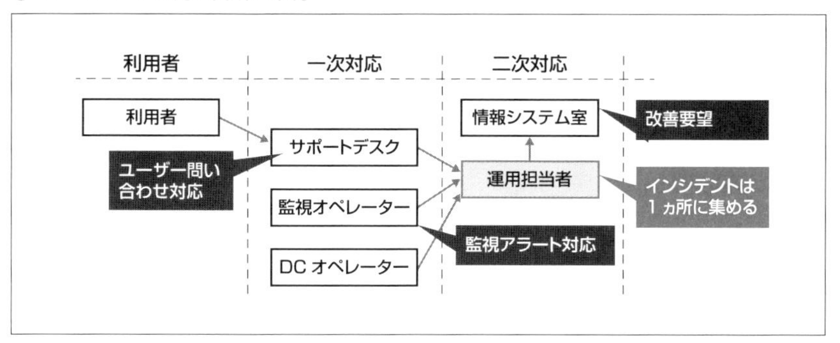

エスカレーションする方法は、既存システムで利用しているインシデント管理ツールやチケットツールがあればそれを利用します。使えるツールが何もなく、役割を横断して同じ共有フォルダが使える場合は、そこにExcelなどで作った管理表を置いておいて記載してもらう方法でもよいでしょう。ファイル共有も難しい場合は、エスカレーション項目を定めてメール送付などの運用を検討します。

インシデント対応をすばやく実施するためには、エスカレーションされる情報を整理して、毎回同じレベルの情報を連携してもらう必要があります。集める情報レベルがそろっていないと、役割間で情報収集のためのやりとりが増え、お互いに稼働を圧迫していくことになります。

インシデントは年間でかなりの件数が発生するので、1件あたりの対応時間を少しでも減らす工夫が必要です。エスカレーションをスムーズに行うために、渡す側と受け取る側で必要となる項目を整理しておきましょう。

5.3.2 インシデント管理の運用設計

インシデントはできるだけ早く解消したほうがよいのですが、まずは解消したというのがどのような状態なのかを定める必要があります。

インシデントの解消には3つのパターンがあります。

① 恒久対策
② 応急処置
③ 許容

■①インシデントの恒久対策が見つかる

サポート問い合わせや他システムのナレッジなどから、インシデントの恒久対策が見つかった場合が該当します。恒久対策ではないけれど、確実にインシデントを解決できる手順を確立した場合もここに該当します。

製品仕様などでインシデントが発生している場合は、恒久対策が手順対応となることもあります。

トリガーが明確で定型作業としてまとめられた場合は、サポートデスクや監視オペレーターへ一次対応として引き継ぐことができないかも検討しましょう。

特定の製品などで類似の事象が発生する可能性があれば、ナレッジとして登録することで同じ製品を利用しているシステムに横展開することができます。

■②インシデントに対して応急処置を施し、根本解決は問題管理で行う

ワークアラウンド（応急処置）を行って一時的に解決したけれど、インシデントの根本的な解決には至っていないという場合は問題管理にて対応を行います。具体的な例で説明しましょう。

- 毎朝7時にあるサーバーでサービスが落ちることがある➡事象の確認
- 単純にサービスを起動させれば、システムとしては復旧する➡ワークアラウンド
- ただし、なぜ朝7時にサービスが落ちてしまうのかはわかっていない➡問題管理にて調査

この場合、「朝7時にサーバーの確認を実施して、サービスが落ちていたら起動させる」という対策を行うことでインシデント管理としてはクローズします。ただし、根本解決は行われていないので、問題管理でインシデントに対する継続調査と対策立案を行います。

このとき、インシデント管理で根本対策まで管理しようとすると、クローズできないインシデントが乱立する恐れがあります。管理対象の増加は全量把握を難しくし、すぐに対応すべきインシデントの優先度を下げてしまう危険性があります。

インシデント管理ではインシデントの解消を目的として、原因究明は問題管理にて行いましょう。

■③インシデントの問題やリスクを許容する

発生したインシデントの問題やリスクを許容するという判断もあります。特に利用者のシステムに対するユーザービリティ（使用性）の改善要求などでは、改修に予算がかかる場合は対応を一時的に見送る、つまり問題を許容する場合があります。

なお、インシデントが許容されて対応しない方針となった場合、ナレッジ管理にどのような経緯で対応しなかったかを記載しておきましょう。今後同様なインシデントのときに過去事例として判断材料のひとつとなります。

▶インシデント管理と問題管理

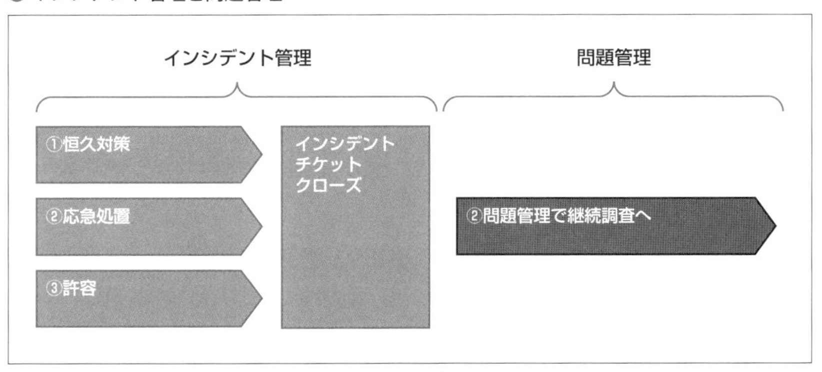

このように、インシデント管理では集めたインシデントに対応して、解決、許容できないものは問題管理に送る対応を行います。

続いては問題管理でどのような整理を行うのかを考えていきましょう。

5.3.3　問題管理の運用設計

インシデント管理の中で、根本対策が必要となるものは問題管理として扱います。

問題と一口に言っても、サービスに影響する重大な問題から、できれば実施したほうがよい程度の軽い問題までさまざまなものが含まれています。運用のリソースは有限ですから、本来のやるべき運用業務を実施しながら、問題解決を実施するので優先度を決めなければなりません。

■問題解決の優先度を決める

問題解決の優先度を考えるうえで便利なのが、スティーブン・R・コヴィー氏の『7つの習慣』でお馴染みの「重要度×緊急度マトリクス」です。ここでは、『ビジネスフレームワーク図鑑 すぐ使える問題解決・アイデア発想ツール70』で紹介された9マス版の重要度×緊急度マトリクスを用いて説明していきます。

▶重要度×緊急度マトリクス（9マス版）

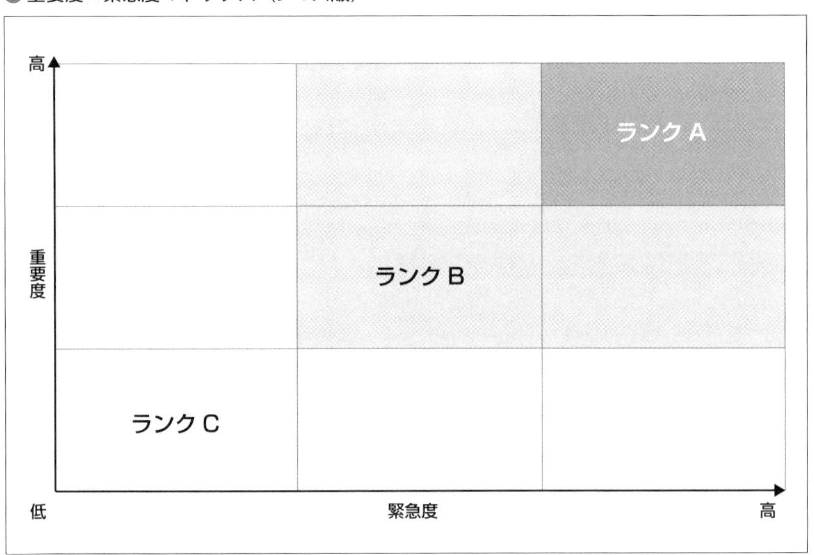

［出典］『ビジネスフレームワーク図鑑 すぐ使える問題解決・アイデア発想ツール70』株式会社アンド 著／2018年／翔泳社／p.36

重要度と緊急度は混同して考えられがちですが、きっぱりと分けて考えましょう。重要度と緊急度を低・中・高の3分類に分けて、優先度としては9つに分類します。以下は重要度と緊急度設定の例となります。

重要度：サービスおよび、システムにどれぐらいの影響を与えているか？

・高：サービス停止を伴う障害が発生する可能性あり

・中：システムの可用性縮退を伴い、サービス縮退の可能性あり

・低：サービスには影響がないが、運用上対応したほうがよい

緊急度：問題が発生する周期、時期からどれぐらいの対応速度が求められるか？
・高：問題が頻発している、もしくは直近に問題が発生する見込みがある
・中：月に一度程度発生。発生してもワークアラウンド対応が存在する
・低：四半期に一度、年に一度程度発生。もしくは発生してもサービスへの影響はない

具体的な内容については、システムの特性によってカスタマイズが必要です。運用設計時は事前にシステムで発生が想定される問題から、重要度と緊急度を設定しておく必要があります。

■優先度に従って問題管理を行う

設定した優先度に従って問題解決活動を行います。情報システム室と運用担当者が、問題管理の進捗確認や対応方針の決定が行えるように、問題管理会議を定期的に開催するようにしましょう。

優先度の高い問題に対して、進捗報告をしないことは運用担当者の評価を下げることになります。根本解決に時間がかかる場合がありますが、そのようなときでも運用担当者から「なぜ根本解決に時間がかかっているのか」を報告できる場を作っておくべきです。

問題管理会議では、何ヵ月も動いていない優先度の低い問題について、対応が不要なら思い切ってクローズとできるようにルールを定めておくとよいでしょう。問題の中には再発しないものや、時間が経って状況が変わり問題でなくなってしまうものもあります。サービスにもシステムにも影響のない優先度の低い問題をクローズすることによって、本当に対応しなければいけない問題が明確に見えるようになります。これも問題管理の重要な役割です。

さて、問題管理で対策が決定したものは、変更管理／リリース管理へ送られることになります。

5.3.4 変更管理／リリース管理の運用設計

問題管理で対応方針が決定した問題を解決するために、変更管理では変更に関わるリスクを明らかにしていきます。似たような概念にリリース管理があります。まずは変更管理とリリース管理の違いを見ていきましょう。

変更管理

- 変更をだれが提起してどのような理由で行うかを明らかにする
- 変更に伴うリスクを洗い出し、その責任者と必要なリソースを明らかにする
- 変更に関連するものを洗い出し、変更による影響を明らかにする
- いつのタイミングで、どのような変更を実施したのか履歴を残す

リリース管理

- リリース手順は本番同等の環境で検証されているか、もしくは有識者によるレビューがされているかを確認する
- 本番リリース作業時に人、システムの観点でリソースは足りているかを確認する
- 本番リリース作業時の責任者、連絡経路は決まっているかを確認する
- 本番リリースに失敗した場合、切り戻しが可能か、もしくは代替手段があるかを確認する
- 切り戻しの手順は確立されているかを確認する

変更管理は変更内容を明らかにするもので、リリース管理は本番作業を実施しても問題ないかを確認するものとなります。

問題管理で対応方針が決定した問題を解決するために、変更管理では変更に関わるリスクを明らかにしていきます。設定値を変更したりパッチを適用したりする場合は、サービス提供に影響を与える可能性があります。変更することにより、連携している他システムへ影響が出る場合もあるでしょう。作業によるシステムへの影響の大小を、まずは机上で明らかにして作業承認を得る必要があります。

ここで大切なことは、本番作業に必要な情報をどのように情報システム室に連携して承認してもらうか、ということです。本番作業に必要な情報が問題管理で出尽くしてしまうのであれば変更管理は不要です。その場合は本番環境作業前に、リリース管理で作業精度を上げるだけでもよい可能性は十分にあるでしょう。

変更管理ありとなしのパターンのイメージを図に示します。

▶変更管理ありとなしのパターン

●変更管理あり

問題解決方針の決定 → 検証環境での効果検証 → 本番環境リリースに向けた準備 → 本番環境リリース作業

問題管理

変更管理

リリース管理

●変更管理なし

問題解決方針の決定 → 検証環境での効果検証 → 本番環境リリースに向けた準備 → 本番環境リリース作業

問題管理

リリース管理

システムの管理項目を増やすということは、それだけ管理工数が必要となります。どこでどのような情報が得られているかを見極めて、その企業にとってどのような管理方法が良いのかを考えるようにしましょう。

5.3.5　構成管理の運用設計

ITIL では、構成管理対象はサービス提供に関わるあらゆる情報を管理するとなっています。構成管理対象を構成アイテム（CI:Configuration Item）として、データベース（CMDB：Configuration Management Database）にて管理することが推奨されています。たしかにすべての構成アイテムをしっかりと管理できているのが理想ですが、現実的にはなかなか難しいものがあります。

目的なき構成管理は、いずれ形骸化します。構成アイテムを最新に保つ目的は何か？ 最新の構成情報から生まれるアクションは何なのか？ これらがあいまいだと意味のない構成管理となってしまう可能性があります。

代表的な構成管理の目的は 3 つあります。

■システムを横断した IT 資産全体の把握

システムごとに端末やライセンスを管理している場合、企業全体で余剰を管理して新規システム導入時に空きリソースを流用できる可能性があります。

システムを横断して IT リソースの効率活用するためには、同一の情報粒度で構成管理DBを作成しておくことにより調査工数削減、判断スピードの向上が見込めます。年に何回もシステムリリースがあるような企業では、共通資源となりうる資産を構成アイテムとするとよいでしょう。

■インシデント管理、問題管理の対応強化

特定の構成アイテムで不具合や脆弱性が見つかった場合、システムを横断した構成管理DBがあれば同じ構成アイテムを利用している他システムにワークアラウンドや問題解決ナレッジを横展開して対応することができます。

また、システム障害などの大規模インシデントが発生した際に、システム間連携を構成アイテムレベルで確認して影響度の調査などを行うことも容易になります。

■変更管理対象の明確化

構成管理DBを利用することで、リリースによる他システムへの影響、他システムのリリースによって受ける影響を明確にすることができます。

また、変更が入る可能性のある構成アイテムを構成管理DBに登録して明確にすることで、発注者と認識を合わせて会話ができるため変更作業によるリスクの説明が容易になります。

構成管理は、変更管理やリリース管理と密接な関係にあります。基本的には、リリース作業によって構成情報が変更となります。変更管理やリリース管理のクローズ条件として、「該当構成アイテムの更新」を入れておくと更新漏れの防止策となります。

5.3.6　ナレッジ管理の運用設計

運用を長く続けていると、さまざまな経験やノウハウがナレッジとして溜まっていきます。こうしたナレッジが特定の運用担当者だけに蓄積されると、運用が暗黙知となって属人化してしまう原因となります。ナレッジ管理では、過去のインシデントや個人スキルの棚卸をして、だれでも利用できる形式知にしていくことで運用品質を向上させることを目的とします。

ナレッジ管理には、収集、選別、活用の３つがあります。それぞれについて説明していきましょう。

▶ナレッジ管理の流れ

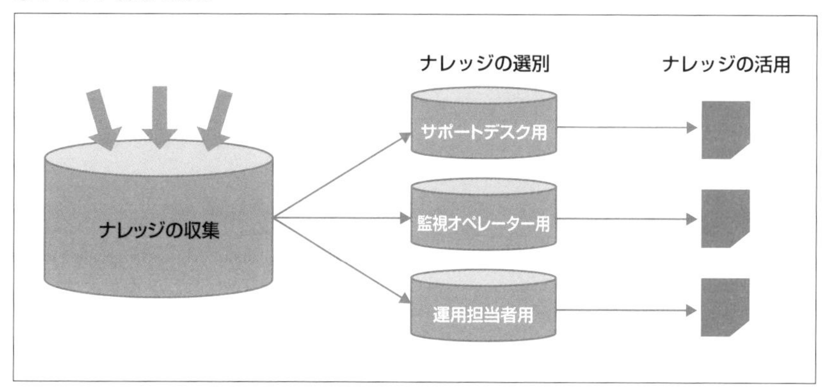

■ナレッジの収集

まずはナレッジを集める必要があります。

運用上の気づきや改善点を書き込める台帳を作成したり、コミュニケーションツールを利用して、情報の粒度にかかわらず気軽に書き込んでもらうようにしておきます。

また、定期的にインシデント一覧をもとに、対応内容を思い出しながらナレッジを棚卸するミーティングを開催するのも有益でしょう。

収集の段階では活用までは考えずに、とにかく量を集められるような仕組みとしましょう。

■ナレッジの選別

集めたナレッジの内容を精査して、どこのだれに有用なナレッジなのかを選別していきます。このナレッジの選別は運用全体を把握できている各役割のリーダー層と情報システム室などが協力して行うべきでしょう。

ナレッジの中で運用フロー図や手順書の流れを大きく変更するようなものは、運用改善として扱うためナレッジ対象から外して問題管理とします。

ナレッジにはマニュアル化できる形式知と、修練しなければ身に付かない暗黙知があります。暗黙知のナレッジについては、手順書を作るだけでなく、実際に作業を経験しなければナレッジを活かすことはできません。そのようなナレッジは、次はだれにOJT（On-the-Job Training：実地訓練）でスキルトランスファーを行うかを決めておきます。

個人のスキルアップ計画も含めてナレッジ管理を考えると、運用全体の底上げがより進みます。

■ナレッジの活用

有用なナレッジが判明したら、それを活用しなければ意味がありません。ナレッジ一覧のようなものを作って参照するようにしてもよいのですが、できるだけ必要なときに目に付くようにしておくほうがよいでしょう。

サポートデスクであれば、利用者へ知らせたほうがよい情報はFAQへ掲載します。監視オペレーターであれば、一次切り分け表などに記載すればよいでしょう。

運用フロー図、運用手順書、台帳、一覧など、そのナレッジが一番有効に利用される可能性が高いドキュメントに情報を反映していきます。

こうしたナレッジの収集、選別、活用のサイクルを定期的に繰り返していくことにより、一次対応率や障害復旧スピードの向上などが見込めるので、運用はより安定していきます。

5.3.7　運用情報統制の成果物と引き継ぎ先

ここまでの運用情報統制で検討してきた設計は、以下のドキュメントに反映します。

設計項目ごとの成果物と引き継ぎ先

設計項目	成果物	引き継ぎ先
運用管理全体の流れを把握する	・運用設計書 ・運用フロー図　情報統制	・情報システム室 ・運用担当者 ・サポートデスク ・監視オペレーター
インシデント管理に必要なドキュメント	・運用設計書 ・インシデント管理台帳（専用の管理ツールがあれば不要）	・情報システム室 ・運用担当者 ・サポートデスク ・監視オペレーター
問題管理に必要なドキュメント	・運用設計書（重要度／緊急度マトリクス） ・問題管理台帳	・情報システム室 ・運用担当者
変更／リリースに必要なドキュメント	・運用設計書 ・変更管理台帳 ・リリース申請書一式 ・リリース管理台帳	・情報システム室 ・運用担当者
構成管理に必要なドキュメント	・運用設計書 ・構成管理台帳（CMDB）	・情報システム室 ・運用担当者
ナレッジ管理に必要なドキュメント	・運用設計書 ・ナレッジ一覧	・情報システム室 ・運用担当者

ここで記載した成果物は一例です。運用管理ツールを利用している場合、すべての台帳がツールとなっている場合もあります。

いろいろと説明をしてきましたが、運用情報統制について既存ルールがあった場合、運用設計としては既存踏襲とすることになります。同じ管理方法で情報統制を行うことにより、情報の解析・分析も容易になりますし、運用ルールが変わった際も全システム同時に変更できるためガバナンスを効かせることもできます。運用情報統制がシステムごとに違うという状態だけは避けるべきです。

導入するシステムで既存ルールを利用するために、どうすればうまく回るかを考えるのが重要となります。

ここがポイント！

情報を正しく扱わないと、運用が混乱してしまいますね

5.4 定期報告（情報共有）

運用を行っているとさまざまなことが起こります。システムの状態も、日々少しずつ変化していきます。それらすべてをリアルタイムで発注者が把握するのはなかなか難しいでしょう。

定期報告では、**発注者へ定期的に報告する内容と情報共有方法を決めることが目的**となります。定期報告は、運用の成果報告でもあり、発注者とコミュニケーションを深めるチャンスでもあります。発注者がどのようなことを運用に求めていて、どのようなことが気になるかを知ることができますし、運用担当者にとっても気づきを与えてくれます。

また、作成した定期報告書をアーカイブすることで、あとから参入した運用担当者がこれまでの運用の軌跡をたどることができます。

■定期報告で設計する運用項目

定期報告では、以下の項目が設計対象となります。

▶定期報告で設計する運用項目

運用項目名	設計対象項目	設計概要
定期報告	定期報告	情報収集、報告用資料の作成、開催調整

まずは定期報告を行う対象を決めます。これまで設計してきたものがそのまま対象となるので、以下の３つとなります。

業務運用に関する報告

利用者の月間利用数、利用時間など、アプリケーション部分に関する報告を行います。

利用にあたってライセンス数などの制限がある場合、しきい値に対して何パーセントぐらいの利用率なのかを報告しましょう。

アプリケーションの応答速度といった性能を監視している場合は、どれぐらいのパフォーマンスを発揮しているかを報告します。

その他、SLOでサービス可用性やサポートデスクの対応状況などを締結している場合は、該当の項目について報告を行います。特にサービス停止の考え方については、全停止か縮退運転か、縮退の場合はサービス可用性としてどのように報告するのかなど、認識を合わせて事前に合意しておきましょう。

基盤運用に関する報告

CPU、メモリ、ハードディスク、ネットワーク通信量など、システム基盤のリソース報告を行います。

一定のしきい値を超えたときに拡張計画を立てる運用となっている場合は、システム利用状況と機器購入などのスケジュールから逆算して適切なタイミングでシステム拡張を提案する必要があります。

SLOでインフラ復旧時間、インシデント平均復旧時間、サポートデスクの対応などを締結している場合は合わせて報告します。

運用管理に関する報告

月間のインシデント、問題管理、変更管理、リリース管理などの起票件数とクローズ件数を報告します。

重大なセキュリティインシデント対応、優先度の高い問題の進捗、作業事故については文章で報告します。

また、運用要員の入れ替えなど運用体制に関するイベントがあった場合も報告できるようにしておきましょう。

定期報告内容としては、次の図のような関係性があります。

▶ 定期報告内容の関係性

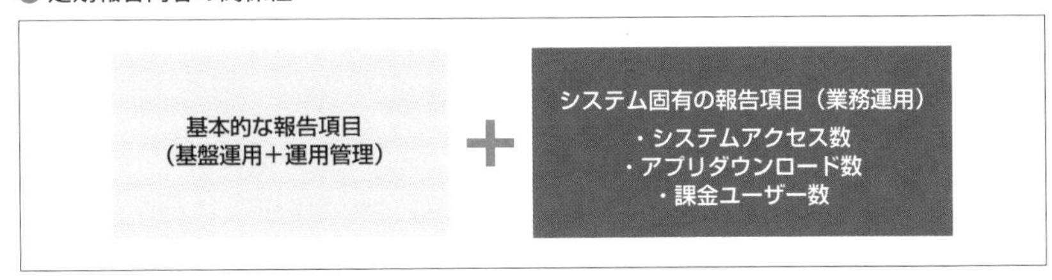

基本的な報告項目は、ここまで設計してきた内容です。以下にサンプルを掲載しておきます。

▶ 基本的な報告項目（例）

大項目	中項目	概要
1. 全体総括	1.1　運用全体統括	当月の運用状況を簡単にまとめる
	1.2　今月の障害トピック	当月の障害状況を簡単にまとめる
	1.3　今月の作業トピック	当月の作業状況を簡単にまとめる
2. インシデント管理	2.1　問い合わせ対応実績	問い合わせ件数、先月からの繰り越し件数、未完了数、クローズ数などをまとめる
	2.2　作業依頼対応実績	作業依頼件数、先月からの繰り越し件数、未完了数、クローズ数などをまとめる
	2.3　障害対応実績	障害対応件数、先月からの繰り越し件数、未完了数、クローズ数などをまとめる
3. 問題管理		問題管理の件数、対応中件数、クローズ件数、重要トピックを報告する
4. 変更・リリース管理		変更・リリースの件数、対応中件数、クローズ件数、重要トピックを報告する
5. キャパシティ管理／拡張計画	5.1　CPU使用率	各リソースのCPU使用率を報告する
	5.2　メモリ使用率	各リソースのメモリ使用率を報告する
	5.3　ストレージ使用率	各リソースのストレージ使用率を報告する
	5.4　トラフィック使用率	各リソースのトラフィック使用率を報告する
6. 課金管理	6.1　従量課金実績報告	前月の従量課金の実績を報告する
	6.2　ライセンス管理状況報告	前月のライセンス使用量を報告、今後不足が予想される場合は追加購入の検討要否を検討する
7. サービスレベル報告	7.1　可用性（システム稼働率／サービス提供率）	システムがサービスを提供できていた時間を%で報告する（任意）
	7.2　平均障害復旧時間	障害から復旧した平均時間を報告する（任意）
	7.3　申請作業リードタイム遵守率	申請受領から完了までのリードタイムを取り決めた時間内に完了した件数を%で報告する（任意）

8. 脆弱性／アップデート情報	8.1 OS	OSに関する情報を報告する
	8.2 ミドルウェア	ミドルウェアに関する情報を報告する
	8.3 ハードウェア	ハードウェアに関する情報を報告する
	8.4 クラウドサービス	クラウドサービスに関する情報を報告する
9. 保守契約情報一覧		保守契約の更新情報を共有する
10. 次月予定作業		次月実施予定の作業スケジュールを共有する
11. 次回開催予定		次月の月次報告開催予定を共有する

報告は情報共有として重要ですが、報告書の作成に時間をかける必要はありません。

運用管理ツールを利用している場合、インシデント管理、問題管理、変更管理などの月間の件数やクローズ数がダッシュボードで表示されるなら、わざわざ資料を作らなくてもそれらを参照すればよいでしょう。

クラウドサービスを利用している場合、管理コンソールからキャパシティ情報、課金情報などが確認できればそちらを参照でもよいでしょう。また、監視ツールにも、いろいろな情報をダッシュボードとしてまとめる機能があります。

有限な運用リソースを有効活用するために、利用しているツールを活用して運用設計の段階から発注者と報告書式について合意しておくことも検討しましょう。

5.4.1 報告のタイミングと参加者を決める

報告の全体像が見えてきたら、報告のタイミングと参加者を決めます。まれにメール送付でよいと言われることもありますが、通常は定期報告会を開催します。

タイミングは月次でよいと思いますが、運用設計時に確認して合意しておきましょう。

定期報告をだれが行うのかも確認しておきます。サポートデスク、監視オペレーター、運用担当者それぞれが定期報告書を作成して報告するのか、それとも1つにまとめて報告するのか。

このあたりは発注者と各チームの契約などが絡んでくるので、事前に確認しておきましょう。サポートデスク、監視オペレーター、運用担当者がすべて同じ会社で発注者との契約も一括なら1つにまとめて報告したほうがよいでしょう。逆に、会社がバラバラだったり、同じだけれども契約が別だと、契約ごとに報告をもらいたいという場合もあります。

▶報告方法

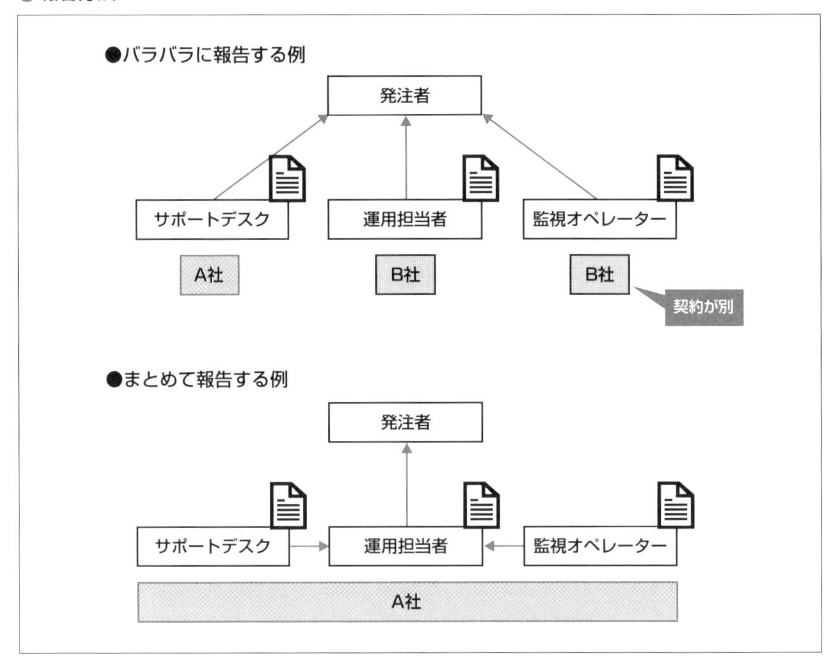

報告書をだれが見るのかも確認しておく必要があります。発注者から経営層に報告する場合は、報告の要点をまとめたエグゼクティブサマリーを付ける必要があるかもしれません。

報告書が発注者側でどのように扱われるかを確認して、運用設計書などに書き残しておきましょう。

5.4.2　報告書のフォーマットの作成とテスト

報告する項目が確定してきたら、報告書フォーマットを作成しましょう。発注者から報告書のフォーマットを指定される場合もあります。

特段指定がなければ、前述したように利用ツールで出力できるデータやダッシュボードをもとに、報告項目を埋めていくことになります。

運用設計中には、仮のデータで報告書を作って、発注者とフォーマットの合意までを実施します。報告書の合意を運用テストの１項目とすると、報告書の内容について合意した証跡にもなるのでよいでしょう。

報告は受け手の納得感によって満足度が変わります。報告したいことと、受け手が知りたい情報のすり合わせをプロジェクト期間中に行うことが大切です。

5.4.3 報告項目の取捨選択

報告の結果として、何かしらのアクションが返ってくるはずです。キャパシティ報告から拡張計画の要否を判断したり、インシデントの件数推移から運用の現状を把握したり、さまざまな反応があると思います。

しかし、中には必須報告と考えられている項目でも、システムの特性などから考えて「ふ〜ん」としかならない項目も存在します。たとえば、システム方針として拡張は行わない場合に、基盤のリソースを報告したところで判断がないのであまり意味がありません。

「リソースについては監視システムでも監視している。キャパシティについてはアラートが上がった時に対応を考える」といった方針でまとまった場合は、定期報告から基盤リソース報告項目を削除することも検討しましょう。

なんの判断も生まない報告は、極力しないほうが運用負荷は下がります。空いたリソースにトラブルや運用改善などを割り当てることができます。

5.4.4 定期報告の成果物と引き継ぎ先

ここまでの定期報告で決めてきた設計は、以下のドキュメントに反映します。

▶ 設計項目ごとの成果物と引き継ぎ先

設計項目	成果物	引き継ぎ先
定期報告の項目とその内容	・定期報告書ひな形 ・情報取得手順書	・発注者 ・運用担当者 ・サポートデスク ・監視オペレーター
定期報告の実施タイミング、報告方法、出席者など	・運用設計書	・発注者 ・運用担当者 ・サポートデスク ・監視オペレーター

ここで記載した成果物は一例です。定期報告は運用活動記録であり、情報シス

テム室とのコミュニケーションツールのひとつとなります。なぜ報告するのか。なぜこの項目を知りたいのか。それらをきちんと深堀していくことによって、システムに求められていることを理解することができます。

運用設計では、定期報告書のひな形を作る作業をします。作成の過程で知りえた情報は、できるだけ運用設計書や報告書ひな形に盛り込みましょう。

運用担当者がそれぞれの項目を報告する意義がわかれば、より良い運用が行えるようになっていくと思います。

ここがポイント！

運用について前向きに話し合える定期報告になるとよいですよね

Column 開発速度向上と運用管理

システムの開発速度（アジリティ）を向上させるという目標は、日本中のほとんどの企業が抱えている課題となっているでしょう。

それに対して、運用管理はITシステム全体にガバナンス（統制）を利かせるものなので、状況によっては開発速度向上を妨げることになります。

このような開発と運用の思想対立の解決策は、DevOpsという開発手法で語られて、GoogleからはSRE（Site Reliability Engineering）という形でひとつの回答例が示されています。

GoogleのようなITテクノロジーを駆使したビジネスを展開している企業であれば、SREのようなモデルケースをそのまま採用することができるかと思いますが、テック企業以外ではなかなかそのまま採用することが難しいのが現実です。

ガバナンスを利かせたまま開発速度を目指す場合、一つの道は運用管理の高度化があると思います。

サービスポートフォリオを管理して運用維持管理の適用を迅速にする。運用管理ツールを高度に使いこなし、情報統制による情報可視化を強化して判断スピードを向上させる。

細かい話だと、ブルーグリーン・デプロイメントを徹底してコンティンジェンシープランを簡素化して変更審査にかかる時間を短縮する。CI/CDを導入して、ビッグバンリリースをなくし大規模障害を起こりづらくする。構成情報をコード管理して構築作業、パッチ適用を迅速にする。などなど、運用管理や基盤運用を企業として高度化していくことで開発速度向上の基礎を作ることができます。

プロジェクト対応である運用設計には終わりがありますが、運用には終わりがありません。企業全体の運用管理を高度化していく話は、本書の姉妹書である『運用改善の教科書』に続きます。もしご興味のある方は手に取っていただけたら幸いです。

あとがき

元も子もない話をしてしまうと、運用設計に正解はありません。

どんなサービスを運用するか、誰が運用するか、どこで運用するか、などによって設計内容は流動的に変わります。そのため非常に残念ですが、この本に書かれたことがすべて正しいわけではありません。

ただ、準拠したほうがよいルールや法則はたくさんあります。多数の関係者と正解のない流動的な設計を合意するためには、ガイドとする共通理解が必要になります。私にとって『運用設計の教科書』とは、正解のない運用設計について、実践で学んで有用だと感じたルールや法則をできるかぎりわかりやすく書くという書籍になってきました。

初版を出版してから4年間。『運用改善の教科書』を執筆しながら運用について再考し、いくつか大規模な運用設計を経験して、そこで得た経験を研修という形にして伝え歩き、さまざまな人と運用設計についてディスカッションする機会を得ました。ディスカッションでは、改めて運用の多面性に気づき、新たな視野の広がりを得ました。それらをどこかにまとめたいと考えていた時に、今回の改版のチャンスが巡ってきたのです。

今回もいま理解できていることはすべて絞りだして改版したつもりですが、ITの変化は早く、運用の世界は広くて深いので本書もきっと陳腐化してしまうことでしょう。ただ、本書を読んでいただいた方が、なにか一つでも良き変化を得て実践していただいたならこの上ない喜びです。その活動こそが、運用の世界をさらに豊かにしていくものだと思います。

最後に、初版を購入していただいた方。みなさんが長らく初版を支持していただいたおかげで、この書籍を改版する機会を得ました。著者にとってこれほどの喜びはありません。また、改版でも最終レビューをしてくれた梅澤健之さん。初版執筆のチャンスを作っていただいた沢渡あまねさん。ポイント君のデザインをして頂いた松村一葉さん。今回も原稿を待ち続けてくれた技術評論社の緒方さん。そして、各所で私と運用についてディスカッションしてくれた皆様。本書執筆にあたり協力して頂いたすべての皆様に深い感謝を。

本書が日本のシステム運用の未来に、少しでも寄与できればと願いながら再び筆をおきます。最後まで読んでいただき、ありがとうございました。

2023年7月

近藤 誠司

参考資料

要件定義

・「非機能要求グレード 2018」（IPA）
https://www.ipa.go.jp/archive/digital/iot-en-ci/jyouryuu/hikinou/ent03-b.html

ログ管理（監査、ログ保管）

・「企業における情報システムのログ管理に関する実態調査 - 調査報告書 -」（IPA）
https://warp.da.ndl.go.jp/info:ndljp/pid/11376004/www.ipa.go.jp/files/000052999.pdf

・「システム監査基準」（経済産業省）
https://www.meti.go.jp/policy/netsecurity/sys-kansa/sys-kansa-2023r.pdf

・「デジタル・ガバメント推進標準ガイドライン実践ガイドブック」（デジタル庁）
https://www.digital.go.jp/assets/contents/node/basic_page/field_ref_resources/e2a06143-ed29-4f1d-9c31-0f06fca67afc/6f2f8a35/20230331_resources_standard_guidelines_guideline_05.pdf

・『図解 ひとめでわかる内部統制 第 3 版』仁木 一彦（著）、久保 惠一（監修）／東洋経済新報社（2014 年）
https://str.toyokeizai.net/books/9784492093160/

セキュリティ設計（パッチ運用、ログ保管、運用アカウント管理、CSIRT 等）

・JVN iPedia
https://jvndb.jvn.jp/

・JPCERT/CC
https://www.jpcert.or.jp/

・「サイバーセキュリティ対策マネジメントガイドライン Ver2.0」（JASA）
https://www.jasa.jp/info/koukaishiryou20201117topics/

・「ゼロトラストアーキテクチャ適用方針」（デジタル庁）
https://www.digital.go.jp/assets/contents/node/basic_page/field_ref_resources/e2a06143-ed29-4f1d-9c31-0f06fca67afc/5efa5c3b/20220630_resources_standard_guidelines_guidelines_04.pdf

・「国民のためのサイバーセキュリティサイト」（総務省）
https://www.soumu.go.jp/main_sosiki/cybersecurity/kokumin/basic/basic_privacy_01-2.html

・「CSIRT 人材の定義と確保（Ver.2.1）」（日本コンピュータセキュリティインシデント対応チーム協議会）
https://www.nca.gr.jp/activity/imgs/recruit-hr20201211.pdf

・『すべてわかるゼロトラスト大全 さらば VPN・安全テレワークの切り札』日経クロステック（編）／日経 BP 社（2020 年）
https://bookplus.nikkei.com/atcl/catalog/20/281530/

IT サービス継続性管理

・「政府機関等における情報システム運用継続計画ガイドライン」（NISC）
https://www.nisc.go.jp/policy/group/general/itbcp-guideline.html

・「政府機関等における情報システム運用継続計画ガイドライン付録 ～(第２版)～」(NISC)
https://www.nisc.go.jp/pdf/policy/general/itbcp1-2_3.pdf

運用管理

・ITIL（IT プレナーズ社による情報サイト）
https://www.itpreneurs.co.jp/itil-4/

索引

か行

さ行

た行

著者略歴

近藤 誠司（こんどう せいじ）

1981 年生まれ。株式会社 K-model 代表。運用設計、運用コンサルティング業務に従事。オンプレからクラウドまで幅広いシステム導入プロジェクトに運用設計担当として参画。そのノウハウを活かして企業の運用改善コンサルティングも行う。

著書に『運用改善の教科書 ～クラウド時代にも困らない、変化に迅速に対応するためのシステム運用ノウハウ』（技術評論社）がある。

お問い合わせについて

本書に関するご質問は、FAXか書面でお願いいたします。電話での直接のお問い合わせにはお答えできません。あらかじめご了承ください。下記のWebサイトでも質問用フォームを用意しておりますので、ご利用ください。ご質問の際には以下を明記してください。

- 書籍名　・該当ページ　・返信先（メールアドレス）

ご質問の際に記載いただいた個人情報は質問の返答以外の目的には使用いたしません。お送りいただいたご質問には、できる限り迅速にお答えするよう努力しておりますが、お時間をいただくこともございます。なお、ご質問は本書に記載されている内容に関するもののみとさせていただきます。

問い合わせ先

〒162-0846　東京都新宿区市谷左内町21-13
株式会社技術評論社　書籍編集部
「運用設計の教科書【改訂新版】」係
FAX：03-3513-6183
Web：https://gihyo.jp/book/2023/978-4-297-13657-4

［カバーデザイン］
西岡裕二
［本文デザイン・DTP］
SeaGrape
［編集］
傳 智之、緒方研一

運用設計の教科書【改訂新版】
～現場でもっと困らないITサービスマネジメントの実践ノウハウ

2019年 9月 5日 初 版　第1刷発行
2023年 9月 9日 第2版　第1刷発行
2024年 8月20日 第2版　第2刷発行

［著　者］日本ビジネスシステムズ株式会社（原著）
近藤誠司（著）

［発行者］片岡 巌

［発行所］株式会社技術評論社
東京都新宿区市谷左内町21-13
電話 03-3513-6150　販売促進部
03-3513-6166　書籍編集部

［印刷・製本］日経印刷株式会社

定価はカバーに表示してあります。

造本には細心の注意を払っておりますが、
万一、乱丁（ページの乱れ）や落丁（ページの抜け）がございましたら、
小社販売促進部までお送りください。送料小社負担にてお取り替えいたします。
ISBN978-4-297-13657-4　C3055　Printed in Japan